量子物理光学

邓履璧 著

科学出版社

北 京

内 容 简 介

本书以光子量子态的路径积分表示式为基础,讨论了几何光学、远场光学(Fraunhofer 近似)、中场光学(Fresnel 近似)、近场光学与亚波长光学、二元光学、光子的极化、变折射率光学及其他光学问题,其中包括单光子与纠缠双光子的超声衍射、逆 Kapitza-Dirac 衍射效应、超分辨成像的量子理论及单片谐衍射透镜复消色差的一种设计等. 本书的一个特点是,书中的计算比传统的物理光学中计算相应问题要简单得多. 本书的理论是关于光的传输、干涉、衍射的量子理论.

本书可作为物理和光学专业的教学参考书,也可供相关技术人员参考.

图书在版编目(CIP)数据

量子物理光学 / 邓履璧著. —北京:科学出版社,2022.3
ISBN 978-7-03-071763-4

Ⅰ. ①量… Ⅱ. ①邓… Ⅲ. ①量子光学-物理光学 Ⅳ. ①O431.2

中国版本图书馆 CIP 数据核字(2022)第 037272 号

责任编辑:陈艳峰 钱 俊 / 责任校对:杨 然
责任印制:吴兆东 / 封面设计:无极书装

科 学 出 版 社 出版
北京东黄城根北街 16 号
邮政编码:100717
http://www.sciencep.com
北京中石油彩色印刷有限责任公司 印刷
科学出版社发行 各地新华书店经销
*
2022 年 3 月第 一 版 开本:720×1000 B5
2023 年 1 月第二次印刷 印张:18 1/4
字数:341 000
定价:128.00 元

著 者 简 历

　　邓履璧，1935 年出生，重庆人，1957 年四川大学物理系本科毕业，1992 年晋升为东南大学物理学教授. 曾主持过国家自然科学基金课题两项，从事过原子分子物理、原子光学、量子光学等方面的研究工作. 发表学术论文近 20 篇，给大学生及研究生讲授过大学物理、理论力学、量子力学、量子场论、固体理论、非线性物理学与路径积分及其应用等课程. 获国务院特殊津贴.

前　言

　　经典物理光学是研究光传输的物理学，从 1865 年 Maxwell 建立电磁场方程开始，Maxwell 光的电磁理论一直是光传输的统治性理论.无论是远场(Fraunhofer 近似)、中场（Fresnel 近似），还是近场光学基本上都用 Maxwell 方程进行求解[1].这一理论经过 150 多年的发展，取得了巨大的成功.但理论中仍存在许多问题，如理论计算复杂，方法上缺乏统一性.特别是在讨论二元光学与近场光学的时候，使用 Maxwell 方程进行求解很困难，无法给出光强分布的简明公式，往往需要通过复杂的数值计算才能给出结果.因此我们不使用 Maxwell 光的电磁场理论，而从光的波粒二象性出发，使用 Feynman 路径积分思想[2]，用一种波函数，即我们提出的光子量子态的路径积分表示式[3]，统一地描述经典物理光学中的主要结果.这样，我们就将物理光学建立在量子力学基础之上，称为**量子物理光学**[4].它所讨论的内容是能用光子量子态的路径积分表示法处理的光传输的物理问题.从 2012 年到 2018 年我们逐步扩展量子物理光学研究的内容，并在国内外的学术会议上，报告了所研究的结果[5-10]，形成了本书目前的内容.

　　因宏观光现象是大量独立光子与物质相互作用的统计结果，干涉与衍射是单光子效应，与光子间任何方式的相互作用无关，所以讨论光的传输可从单光子研究开始.

　　实验证明单光子与物质相互作用后其分布具有统计几率分布的特征，因此，我们用表示光子量子态波函数绝对值的平方表示光子的几率分布.用此波函数可以解释光的干涉、衍射及光传输中的许多其他现象.在本书中，我们将使用光子量子态波函数的几率解释来讨论我们所遇到的物理现象.

　　Born 于 1926 年在 Schrödinger 建立波动力学之后提出了波函数的统计解释，这一解释是针对电子等静质量不为零的粒子提出的.因一些著名科学家持怀疑态度，直到 1954 年 Born 才因这一正确的解释获得诺贝尔物理学奖.但 Born 没有将这一几率解释应用于光子.如果他能将波函数的几率解释应用于光子，则会有更丰富的物理结果.

　　本书从几何光学开始讨论，不过与传统几何光学不同的是我们以光子的散射为基础，将反射与折射定律作为散射的一种特例.使用光子波函数的几率最大值来导出几何光学的各基本定律. 这样我们就将几何光学的内容纳入我们的理论体系中. 借助于光子对大气分子的量子散射, 我们重新解释了天空蓝色的现象. 通过光对几种基本形体的反向散射, 我们提出了飞行器外形隐形与反隐形的原理, 接着, 我们讨论各种组态下的远场、中场及近场光学与亚波长光学, 远场及中场光学在传统物理光学中的干涉与衍射部分. 在经典物理光学中"衍射问题是光学中遇到的最困难的问题之一"[1], 在我们的理论处理中, 它变得异常简单. 近场光学最初起始于如何突破显微镜衍射极限的 Rayleigh 判据 (显微镜分辨率不超过波长的 0.5), 使用近场光学方法, 按我们的理论计算, 可给出分辨率为两万分之一波长的结果, 使光学显微镜也能达到甚至超过非光学显微镜分辨率目前已达到的原子级 (0.1nm) 水平. 在近场光学中光子几率分布图形一般为尖锥形, 可将光子的出射称为**箭射**. 它与光的衍射形态完全不同, 是光子的一种新的运动形态, 它体现了光的粒子性. 再次, 我们讨论二元光学. 二元光学是以光的衍射为基础发展起来的一个新的光学分支, 其元件主要有两种型态, 即阶梯型与浮雕型, 我们给出了二元光学中全新的一系列理论公式. 变折射率光学是微小光学的重要内容, 其中我们讨论了光经变折射率透镜传输的光学特性及量子像差的计算公式. 最后, 我们讨论了光子极化及其他一些光学问题. 其中包括单光子与纠缠双光子的超声衍射, 经多频声行波及多频水表面声行波的衍射, 逆 Kapitza-Dirac 衍射效应, 超分辨成像的量子理论及单片谐衍射透镜复消色差的一种设计. 我们首次提出变折射率微球透镜光学显微镜超分辨成像的量子理论, 使用我们提出的方法有可能将此系统用于探测 1nm 线宽的样品. 还要说明的是, 我们的计算方法在远场与中场光学中与经典物理光学中的计算方法有某些相似之处, 但在近场光学、亚波长光学、二元光学与变折射率光学中则完全不同.

最后说明一下在我们的理论中, 只有在讨论"逆 Kapitza-Dirac 衍射效应"时, 光子的几率分布公式中才出现 Planck 常量, 而其余的公式中都不含 Planck 常量而称之为量子物理光学理论. 因在经典的物理光学中, 光子在传输中所碰到的物体都属于大块物体, 当光子与这种物体相互作用时, 不考虑物体的运动, 因而它没有动量与动能, 也没有与物体的相互作用能, 除相对论静能量外, 它的作用量为零. 在我们讨论的物理问题中大多数情况是光子传播子中的作用量 S 含有因子化的 Planck 常量, 与传播子中的 Planck 常量相除, 于是在传播子中就不含 Planck 常量, 在这种情况下, 所讨论的物理问题的公式中, 都不包含 Planck 常量. 在"逆 Kapitza-Dirac 衍射效应"中, 我们所碰到的物体电子与原子、光子与电子或原子的相互作用中就含有非因子化的 Planck 常量, 因而在传播子中就含有 Planck 常量. 这是由讨论问题的不同性质引起的. 在量子电动力学中, 如在电子间交换虚光子的过程中, 因不承认有光子坐标的几率分布, 所以在那里只能对光子的动量求积分 (即对光子的所有可能方向求积分), 而在这个几率辐中也没有 Planck 常量[11]. 物理光学除包含光子与不动的大块物体相互作用的物理问题外, 还应包含光子与运动物体, 如电子、原子与分子等微观物体相互作用的物理问题. 无论光子所碰到的是大块物体还是电子、原子与分子等微观物体, 光子在传输中的量子态的解释都使用了量子力学中的波函数的几率解释, 光子在传输中的终态我们使用的计算方法是量子力学中的路径积分方法. 结果表明, 使用我们提出的计算方法比经典的求解 Maxwell 电磁场方程的方法简单得多, 而且与实验结果一致. 这表明我们使用的理论计算方法是正确的. 使用我们提出的光子量子态的路径积分表示式建立起物理光学的新的理论表述, 在所讨论的各个问题中都需要有实验证明, 这就是在本书中引入了大量实验结果的原因. 本书是以检验理论与实验一致为基准而写成的, 这应当是理论著作写作的一般原则.

本书主要讨论线性介质中的光现象, 不讨论非线性介质中光传输的问题. 我们在文献[12]中借助路径积分法, 导出了非线性 Schrödinger 方程, 用它可讨论光孤子的运动及辐射场的量子噪声.

使用我们提出的方法, 可给出物理光学中的主要结果, 但是它不能涵盖用 Maxwell 电磁场方程求解光学问题的所有结果, 因每一种理论方法都有它的局限性.

本书是在妻子、东南大学物理学院陈未名的长久支持下完成的. 衷心感谢东南大学物理学院黄宏斌教授、南京理工大学电光学院陶绳堪教授及南京大学物理学院丁剑平教授在出版评审中对本书的推荐. 感谢刘贵勇先生对本书编辑所做的贡献.

由于著者水平有限, 本书难免存在不足之处, 敬请读者指正.

邓履璧

2019 年 7 月于南京　东南大学

参考文献

[1] Born M, Wolf E. Principles of Optics: Electromagnetic Theory of Propagation, Interference and Diffraction of Light. 7th ed. Cambridge: Cambridge University Press, 1999.

[2] Feynman R P, Hibbs A R. Quantum Mechanics and Path Integrals. New York: McGraw-Hill, 1965.

[3] Deng L-B. Diffraction of entangled photon pairs by ultrasonic waves. Frontiers of Physics，2012，7（2）：239-243.

[4] 邓履璧. 量子物理光学. 2012 年第十五届全国量子光学学术报告会，2021：8.

[5] 邓履璧. 逆 Kapitza-Dirac 衍射效应及其统一解释. 2013 年中国物理学会秋季学术会议，2013.

[6] Deng L-B. Quantum theory of binary optics. International Photonics and Opto Electronics Meetings，2014.

[7] 邓履璧. 纠缠双光子对多频声行波的衍射及深海、天、地之间一种可能的通信方案. 中国物理学会秋季学术会议，2014.

[8] 邓履璧. 超分辨成像的量子理论及单片谐衍射透镜复消色差的一种设计. 中国物理学会秋季学术会议，2015.

[9] 邓履璧. 用光子对大气分子的量子散射解释天空蓝色现象. 中国物理学会秋季学术会议，2016.

[10] 邓履璧. 变折射率光学的量子理论. 中国物理学会秋季学术会议，2018.

[11] 理查德·菲利普斯·费曼. 量子电动力学讲义. 张邦固，译. 北京：科学出版社，1985.

[12] Deng L-B，Qian F，Zhang M D，et al. Quantum noise theory for the two-mode radiation fields in the nonlinear optical fiber with gain. Acta Physica Sinica，1994，3（2）：99-110.

目　　录

第1章 光子量子态的路径积分表示

1.1 引　　言

苏联著名理论物理学家朗道等在《量子电动力学》书中断言[1]，由于不能测量光子的坐标，光子坐标概念没有物理意义，光子波函数不能认为可用来描述光子空间局域化的几率幅. 这一断言，在国际上有很大的影响. 我们认为光子局域化表现在它与物质的相互作用上. 例如，光子从原子分子出发，在感光板上光子被原子分子吸收，可以认为光子定域在原子分子处. Compton 效应中光子与电子相互作用时可被认为光子定域在电子处（ <10^{-15}m ），光子与这些粒子的作用可认为是"点"作用. 这样，我们就可用光子坐标波函数描述光子的量子态. 从波粒二象性来看，将光子与电子、原子、分子等同看待，采用量子力学中 Feynman 路径积分思想，将光子量子态表示为光子从原点到终点经所有可能路径几率幅的叠加[2]. 这种用光子坐标波函数表示光子的量子态能正确描述光子在传输、干涉与衍射中的结果吗？我们在量子物理光学中[3, 4]（远场光学、中场光学、近场光学与亚波场光学、二元光学、光的散射，等等）大量理论与实验一致的结果表明，我们使用的方法是正确的. 近几年提出的光子轨道角动量的概念是光子粒子性的又一新的描述. 利用光子轨道角动量概念我们可以重新解释光纤陀螺中 Sagnac 效应[5].

1.2　光子量子态的路径积分表示

如何定量地描述光子传输中的量子态？我们知道，原子、电子等粒子的量子态可用 Feynman 路径积分来表示[6, 7]. 使用 Feynman 路径积分法，我们计算了原子经 23 种组态后的量子态及其几率分布[8, 9]，结果与实验符合得很好. 既然使用路径积分法能简明地给出原子光学中原子经 23 种组态后的量子态及其几率分布，如果将光子与原子等同看待，即波粒二象性，能否也给出光子传输中的量子态及其几率分布？光子是具有能量 $\hbar\omega$、动量 $\hbar k$ 的粒子，它与物质相互作用时显示粒子性. 既然光子局域化表现在它与物质的相互作用上，光子与原子、分子等粒子的作用可认为是"点"作用. 这样, 我们就可用光子坐标波函数描述光子的量子态. 从波粒二象性来看, 将光子与电子、原子、分子等同看待, 采用量子力学中 Feynman 路径积分思想, 我们假定, 光子传输中的这种粒子性可用光子路径来表示, 由于光子传输中带有几率分布的性质, 它没有确定的轨道, 但有不同的可能路径. 可以认为, 每一条路径贡献一个光子量子态的几率幅. 将光子量子态表示为光子从原点到终点经所有可能路径几率幅的叠加[2], 可用路径积分表示

$$
\begin{aligned}
\Psi(r,t) &= \int \mathrm{d}r_c \int \mathrm{d}r_S \exp\left\{\frac{\mathrm{i}}{\hbar}S(P,S)\right\}\Psi(r_S,0) \\
&= \int \mathrm{d}r_c \int \mathrm{d}r_S \exp\left\{\frac{\mathrm{i}}{\hbar}\big[S(P,c)+S(c,S)\big]\right\}\Psi(r_S,0)
\end{aligned}
\tag{1.2.1}
$$

式中 $S(P, S)$, $S(c, S)$ 与 $S(P, c)$ 分别是光子从 S 点到 P 点, S 点到 c 点及从 c 点到 P 点的经典作用量, $\exp\{\mathrm{i}S(P, S)/\hbar\}$, $\exp\{\mathrm{i}S(c, S)/\hbar\}$ 与 $\exp\{\mathrm{i}S(P, c)/\hbar\}$ 分别是光子从 S 点到 P 点, S 点到 c 点及 c 点到 P 点的传播子, 它是路径积分表示的结果. 它的物理意义是光子从某点出发经某一条可能路径到达另一点的几率幅. $\Psi(r_S, 0)$ 是光子 $t=0$ 时的初态, $\Psi(r, t)$ 是光子 t 时的终态. t 是光子从初始点 S (物理点) 出发经 c 点到感光屏上 P 点的时间. r_S 是光子在初始点的跑动坐标, r_c 是光子经途中某点 c 的坐标. r 是光子在感光屏上 P 点的坐标. 上述路径积分表示可用光子的单缝衍射图 1.2.1 形象地表示出来. 在图 1.2.1 中, 光子终态在 P 点的几率, 即相对光强为 $|\Psi(r, t)|^2$. 我们认为, 无论是在远场光学与中场光学的情况下, 还是在近场光学与亚波长光学中, 光子都具有坐标表示的波函数, 可用这种波函数描写光子粒子性的几率分布. 我们建立的理论与大量实验结果一致, 证明上述光子量子态的路径积分表示式所给出的结果是正确的. 注意, (1.2.1) 式表示的积分是普通积分, 上述传播子是路径积分表示的结果 (未写出显示表示式), 我们仍然将上述积分称为路径积分表示, 是因为我们的计算都遵从 Feynman 路径积分的思想.

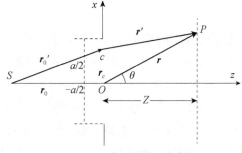

图 1.2.1　光子的单缝衍射

a 是单缝的缝宽, 各 r 为矢径

下面我们从（1.2.1）式出发，讨论光子传输中的物理光学问题.

对于单光子，我们假定，光子的初始态为位于 r_0 点的 δ 函数形式：

$$\Psi(r_S, 0) = \delta(r_S - r_0) \tag{1.2.2}$$

对于频率为 ω、波矢为 k 的光子，它的作用量可由粒子的作用量 $S = p \cdot r - Et$[6]（p 为粒子的动量，E 为粒子的能量）推广而来，可取为 $S = \hbar(k \cdot r - \omega t)$，于是光子传播子可表示为 $\exp\{i(k \cdot r - \omega t)\}$，它是光子经路径 r 的**传播子**. 在经典物理光学中[10]，它是平面波的指数函数形式，r 是平面波波面上点的坐标. 同一函数形式，它们在不同的物理问题中的语言却不同，物理含义也不同. 利用（1.2.2）式，（1.2.1）式变为

$$\Psi(r, t) = \int dr_c \exp\left\{\frac{i}{\hbar}\Big[S(P, c) + S(c, S)\Big]\right\} \tag{1.2.3}$$

即

$$\Psi(r, t) = \int dr_c \exp\left\{i\big[k \cdot (r - r_c) + k_0 \cdot (r_c - r_S) - \omega t\big]\right\} \tag{1.2.4}$$

式中 k_0 为光子经路径 $r_c - r_S$ 的波矢.

使用（1.2.1）或（1.2.3）式，我们可以计算物理光学中光子传输、干涉与衍射的物理问题. 我们称为量子物理光学. 与之相对应的是经典物理光学，它是关于光传输、干涉与衍射的电磁场理论[10].

参 考 文 献

[1] Landau L D, Lifshitz E M. Quantum Electrodynamics. 2nd ed. London：Pergamon Press，1982.

[2] Deng L-B. Diffraction of entangled photon pairs by ultrasonic waves. Frontiers of Physics，2012，**7**（2）：239-243.

[3] 邓履璧. 量子物理光学. 第十五届全国量子光学学术报告会，2012：8.

[4] Deng L-B. Quantum theory of binary optics. International Photonics and OptoElectronics Meetings，2014.

[5] Scully M O，Zubairy M S. Quantum Optics. Cambridge：Cambridge University Press，1997：101.

[6] Feynman R P，Hibbs A R. Quantum Mechanics and Path Integrals. New York：McGraw-Hill，1965.

[7] 邓履璧. 电子的衍射态及其几率分布. 大学物理，1990，（11）：4-7.

[8] Deng L-B. Theory of atom optics：Feynman's path integral approach. Frontiers of Physics in China，2006，1：47-53.

[9] Deng L-B. Theory of atom optics: Feynman's path integral approach (II). Frontiers of Physics in China, 2008, 3: 13-18.

[10] Born M, Wolf E. Principles of Optics: Electromagnetic Theory of Propagation, Interference and Diffraction of Light. 7th ed. Cambridge: Cambridge University Press, 1999.

第2章 几 何 光 学

下面我们使用光子波函数的几率分布最大值讨论几何光学中各基本定律.

2.1 反射定律与折射定律

具有单一入射与出射方向的光的反射定律可由公式（1.2.4）推导出来.

一光子沿着一条可能的轨道射到长度为 a 的物质线段上的 c 点，再反射到 P 点，光子的入射角为 α，出射角为 θ，见图 2.1.1. 图中 r_0 为光子从远场某点出发至 O 点的距离，r' 为 c 点到 P 点的矢径，r 为 O 点到 P 点的矢径. 图中虚线是垂直于光子入射方向的辅助线. P 点的光来自线段 Oa 上所有可能的光子. 对于从远处来的入射角为 α 的斜入射光，出射角 θ 可取任意方向. 当光波长 $\lambda \ll a$ 时，从远场的 P 点来观测，我们有 $r' \approx r - x_c \sin \theta$，光子在 P 点的几率辐应该是从 S，O 到 a 线段上的 c 点（跑动点）再到 P 点所有可能路径来的光子几率辐的叠加，于是可得

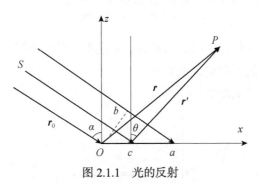

图 2.1.1 光的反射

$$\Psi(\boldsymbol{r},t) = \int_0^a \mathrm{d}x_c \exp\{\mathrm{i}[k(r_0 + x_c \sin \alpha + r') - \omega t]\}$$

$$= \int_0^a \mathrm{d}x_c \exp\{\mathrm{i}[k(r_0 + x_c \sin \alpha + r - x_c \sin \theta) - \omega t]\}$$

$$= \exp\left\{k\left[r_0 + r + (\sin \alpha - \sin \theta)\frac{a}{2}\right] - \omega t\right\}$$

$$\times \frac{a\cdot \sin k\left[(\sin\alpha-\sin\theta)\dfrac{a}{2}\right]}{k(\sin\alpha-\sin\theta)\dfrac{a}{2}} \qquad (2.1.1)$$

式中 k 是光子的波矢，它与波长 λ 的关系是 $k=2\pi/\lambda$. 取几率分布 $|\varPsi(r,t)|^2$ 的极大值，我们有**反射定律**：入射角等于反射角

$$\alpha=\theta \qquad (2.1.2)$$

给定光子入射角、波长及线段长度等参数，可得到光子经线段反射后的几率分布，见图 2.1.2.

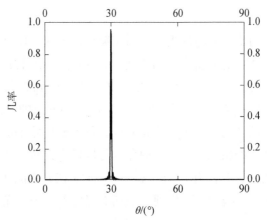

图 2.1.2　光子经线段 Oa 反射后的几率分布

$\alpha=30°,\ \lambda=1,\ a=100$

　　上述理论计算与作图表明，当光波长 λ 远小于反射体线度 a 时，具有单一入射与出射方向的光的反射定律成立.

　　对于光的折射，见图 2.1.3.

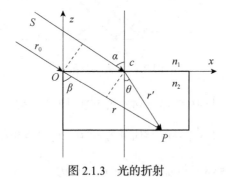

图 2.1.3　光的折射

图 2.1.3 中 n_1、n_2 分别是上下两层介质的折射率. r_0 表示光从远点到折射面的距离，α 为光的入射角，θ 为折射角，β 为 OP 与垂直线间的夹角. 对于远场，用与上述类似的考虑和计算，由（1.2.4）式，我们有

$$\Psi(r,t) = \int_0^a \mathrm{d}x_c \exp\{\mathrm{i}[k(n_1 r_0 + n_1 x_c \sin\alpha + n_2(r - x_c \sin\beta)) - \omega t]\}$$

$$= \exp\left\{\mathrm{i}\left[k\left(n_1 r_0 + n_2 r + (n_1 \sin\alpha - n_2 \sin\beta)\frac{a}{2}\right) - \omega t\right]\right\} \quad （2.1.3）$$

$$\times \frac{a \cdot \sin\left\{k(n_1 \sin\alpha - n_2 \sin\beta)\dfrac{a}{2}\right\}}{k(n_1 \sin\alpha - n_2 \sin\beta)\dfrac{a}{2}}$$

图 2.1.3 中 n_1 与 n_2 为介质折射率. 上式取最大几率时，对于远场，$\beta=\theta$，我们得到**折射定律**：

$$n_1 \sin\alpha = n_2 \sin\theta \quad （2.1.4）$$

光子经物体折射的几率分布见图 2.1.4.

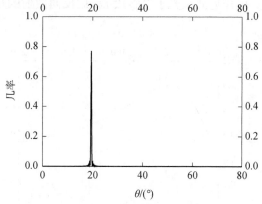

图 2.1.4 光折射的几率分布

$\alpha=30°$，$\lambda=1$，$a=100$，$n_1=1$，$n_2=n=1.5$

当 $\theta=19.47°$时，折射定律成立

$$\frac{\sin\alpha}{\sin\theta} = 1.5$$

上述理论计算与作图表明，当光波长远小于折射体线度时，具有单一入射与出射方向的光的折射定律成立.

2.2　光的散射及反射定律与折射定律成立的条件

我们定义：一束有确定方向的光入射到具有实心的物体或颗粒后变成有无穷多出射方向的光现象，称为**光的散射**. 如果是单光子或纠缠双光子对这种物体的散射，则称为**量子散射**.

由（2.1.3）式中第一等式，考虑图 2.1.1，当 $\lambda > a$ 时，我们有光子经线段 Oa 后反向散射的波函数

$$
\begin{aligned}
\Psi(\boldsymbol{r},t) &= \int_0^a \mathrm{d}x_c \exp\{\mathrm{i}[k(r_0 + x_c \sin\alpha + r') - \omega t]\} \\
&= \exp\{\mathrm{i}(kr_0 - \omega t)\int_0^a \mathrm{d}x_c \exp\Big\{\mathrm{i}\Big[k\Big(x_c \sin\alpha + \sqrt{z^2 + (x - x_c)^2}\Big)\Big]\Big\}
\end{aligned}
\tag{2.2.1}
$$

它表示（见图 2.1.1）对于入射角为 α 的光子，经线段 Oa 上任一点散射后，在 P 点的几率辐为从 S 出发经线段 Oa 上任一点再到 P 点的所有可能路径几率幅的叠加. 由（2.2.1）式，可作近波长光子经线段 Oa 后反向散射的几率分布 $q(x)=|\Psi|^2$，见图 2.2.1.

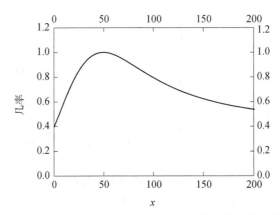

图 2.2.1　近波长光子经线段 Oa 后反向散射的几率分布

$\alpha=30°$，$\lambda=1$，$a=1$，$z=85$

图 2.2.1 表明，具有确定入射角的光子，出射角有无穷多，反射定律不成立，其中几率分布最大值所对应的 x 轴上的值为 49.1，它对应于 $\theta=30°$[arctan(49.1/85)≈0.524，$0.524\times180/\pi=30°$]，这时入射角等于反射角.

对于**亚波长光子**（光子波长大于散射体的线度）经线段 Oa 反向散射的几率分布见图 2.2.2.

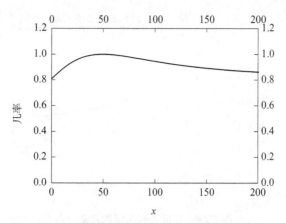

图 2.2.2 亚波长光子经线段 Oa 反向散射的几率分布

$\alpha=30°$，$\lambda=2$，$a=1$，$z=85$

图 2.2.1 与图 2.2.2 表明当光子波长接近或大于散射体线度时，在很宽的方向上都有光的散射，没有单一的出射方向，反射定律不成立．但其最大几率分布对应的方向，反射定律成立．由此可见，光的散射与光的波长及散射体的线度有关．**光的反射定律成立的条件是光的波长远小于反射体的线度**，如图 2.1.2 所示．

对于光的折射，在图 2.1.3 中，令 $n_1=1$，$n_2=n$，对于非远场，我们有

$$\begin{aligned}
\Psi(r,t) &= \int_0^a \mathrm{d}x_c \exp\left\{\mathrm{i}\left[k\left(r_0 + x_c \sin\alpha + n\sqrt{z^2 + (x-x_c)^2}\right) - \omega t\right]\right\} \\
&= \exp\{\mathrm{i}[kr_0 - \omega t]\}\int_0^a \mathrm{d}x_c \exp\left\{\mathrm{i}k\left[x_c \sin\alpha + n\sqrt{z^2 + (x-x_c)^2}\right]\right\}
\end{aligned}$$

$(2.2.2)$

与（2.2.2）式对应的近波长光与亚波长光折射的几率分布分别见图 2.2.3 和图 2.2.4.

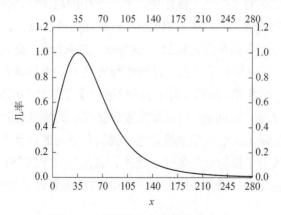

图 2.2.3 近波长光折射的几率分布

$\alpha=30°$，$\lambda=1$，$a=1$，$n=1.5$，$z=100$

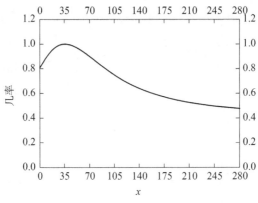

图 2.2.4　亚波长光折射的几率分布

$\alpha=30°$,　$\lambda=2$,　$a=1$,　$n=1.5$,　$z=100$

由图 2.2.3 与图 2.2.4 可见, 对于近波长光与亚波长光, 光的折射定律不成立, 因它没有一个单一角度的出射方向. 但图中最大几率对应的角度满足折射定律. 所以, **光的折射定律成立的条件是光的波长远小于折射体的线度**, 如图 2.1.4 所示.

2.3　用光子对大气分子的量子散射解释天空蓝色现象

天空呈现蓝色的现象目前都采用经典的 Rayleigh 散射机理来解释, Rayleigh 指出, 太阳光的电场对大气分子的作用, 使分子中的电子作偶极振动产生辐射, 其辐射的功率与光的波长的四次方成反比[1], 即光的波长越短, 辐射功率越大, 如红光波长（0.75μm）约是蓝光波长（0.44μm）的 1.7 倍, 蓝光的散射强度是红光的 $1.7^4 \approx 8$ 倍, 所以天空呈蓝色. 这种解释忽略了紫光与绿光的散射强度对散射光颜色的影响. 而紫光（波长 0.4μm）的散射强度是红光（0.75μm）的 $1.875^4 \approx$ 12 倍, 天空应呈紫色. Rayleigh 以比紫光散射强度小的单色蓝光解释天空蓝色现象是不合理的. 实际上天空大多呈淡蓝色. 我们在下面的计算表明, 天空颜色主要由太阳光经大气分子散射后的紫光、蓝光、绿光及白光混合呈淡蓝色光（更准确地说是淡蓝靛色光）. 下面使用光子量子态的路径积分表示式[2], 来解释天空蓝色现象.

设 λ 为光的波长, $I_0(\lambda,T)$ 为入射太阳光的光强. 大气外层的太阳光谱接近于将太阳当作温度 $T=6000K$ 的黑体辐射的光谱[3], 其强度分布为

$$I_0(\lambda, T) = \frac{2\pi hc^2}{\lambda^5} \times \frac{1}{\exp(hc/(\lambda kT)) - 1} \qquad (2.3.1)$$

式中 c 是真空中光速, T 是太阳的表面温度, h 是 Planck 常量, k 是 Boltzmann 常量.

严格地说, 要讨论光色问题, 应在粒子数表示中进行计算. 在 (2.3.1) 式中除以光子能量, 得到太阳光在被大气分子散射前的光子数表示

$$N_0(\lambda) = \frac{b}{\lambda^4 \{ e^{a/(\lambda T)} - 1 \}} \qquad (2.3.2)$$

式中 $a = hc/k$, $a = 1.4388 \times 10^4 \mu m \cdot K$; $b = f 2\pi c$, $b = 4.05502 \times 10^{22} \mu m/s$, $f = (r/R)^2$, $r = 6.96 \times 10^8 m$ (太阳半径), $R = 1.5 \times 10^{11} m$ (地球与太阳间的平均距离), $f = 2.15 \times 10^{-5}$[4].

因太阳光谱中绝大部分能量集中在 0.15～4μm 范围, 在可见光范围内取如下波长分段[5].

紫色: 0.380～0.430μm; 蓝色: 0.430～0.490μm; 绿色: 0.490～0.570μm;

黄色: 0.570～0.590μm; 橙色: 0.590～0.650μm; 红色: 0.650～0.760μm;

计算太阳光在大气外层各波段的光子数:

$$\Delta N_0 1 = \int_{0.380}^{0.430} \frac{b}{\lambda^4 \left(e^{\frac{a}{\lambda T}} - 1 \right)} d\lambda, \quad \Delta N_0 2 = \int_{0.430}^{0.490} \frac{b}{\lambda^4 \left(e^{\frac{a}{\lambda T}} - 1 \right)} d\lambda$$

$$\Delta N_0 3 = \int_{0.490}^{0.570} \frac{b}{\lambda^4 \left(e^{\frac{a}{\lambda T}} - 1 \right)} d\lambda, \quad \Delta N_0 4 = \int_{0.570}^{0.590} \frac{b}{\lambda^4 \left(e^{\frac{a}{\lambda T}} - 1 \right)} d\lambda \qquad (2.3.3)$$

$$\Delta N_0 5 = \int_{0.590}^{0.650} \frac{b}{\lambda^4 \left(e^{\frac{a}{\lambda T}} - 1 \right)} d\lambda, \quad \Delta N_0 6 = \int_{0.650}^{0.760} \frac{b}{\lambda^4 \left(e^{\frac{a}{\lambda T}} - 1 \right)} d\lambda$$

太阳光在大气外层的总光子数为

$$\Delta N_0 = \Delta N_0 1 + \Delta N_0 2 + \Delta N_0 3 + \Delta N_0 4 + \Delta N_0 5 + \Delta N_0 6 = 2.036136 \times 10^{21}$$

大气分子直径一般在 0.26～0.43nm 范围, 如 N_2 分子直径为 0.364nm. 太阳光谱中的可见光在 0.38～0.76μm 范围. 可见, 太阳光谱中的可见光对大气分子的散射属于亚波长散射. 例如 N_2 分子, 可将它看成光子对球形分子的散射 (对线形分子也有同样的关系).

单光子对球形分子的反向散射如图 2.3.1 所示, 单光子从远场点 S 出发经 A 点再反向到达 P 点. 在 P 点的终态波函数为从 S 经任一点 c (跑动点) 到达 P 点的所有可能路径的几率幅的叠加, 由 (1.2.4) 式, 其几率分布可用下式表示[2]:

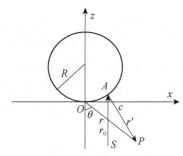

图 2.3.1　单光子对球形分子的反向散射

$$q(\lambda) = 4.54545 \times 10^{18} \times \left| \int_0^R \int_0^{2\pi} \rho \exp \left\{ i \frac{4\pi}{\lambda} \left[-R\sqrt{1 - \left(\frac{\rho}{R}\right)^2} \right. \right. \right.$$

$$\left. \left. \left. + z\sqrt{1 + \left(\frac{x - \rho\cos(\varphi)}{z}\right)^2 + \left(\frac{y - \rho\sin(\varphi)}{z}\right)^2} \right] \right\} d\varphi d\rho \right|^2 \qquad (2.3.4)$$

式中 R 是分子球的半径. 太阳辐射的主要能量集中在 $0.15 \sim 4\mu m$ 范围，选择 $0.15\mu m$ 处的几率为零. 式中重积分前的系数表示取相同光子数以便比较不同波长光子散射几率的大小，由于大气分子的线度比可见光波长小很多，可假设反向散射的几率不超过 0.2，于是光子对大气分子前向散射的几率为

$$p(\lambda) = 1 - q(\lambda) \qquad (2.3.5)$$

对于直径 $D=3.0\times10^{-3}\mu m$ 的分子，令 $x=0$，$y=0$，$z=1\times10^3\mu m$，由（2.3.4）及（2.3.5）式可给出光子经大气分子反向及前向散射的几率，如图 2.3.2 及图 2.3.3 所示.

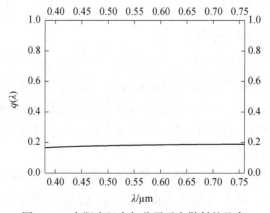

图 2.3.2　太阳光经大气分子反向散射的几率

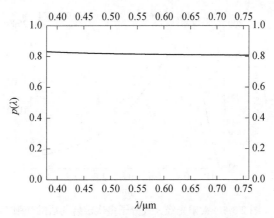

图 2.3.3　太阳光经大气分子前向散射的几率

太阳光经大气分子前向散射的强度分布为

$$I(\lambda) = p(\lambda)I_0(\lambda) \tag{2.3.6}$$

其图形表示见图 2.3.4，图中虚线表示太阳光在大气外层的光强分布，实线表示太阳光经大气分子散射后的光强分布．

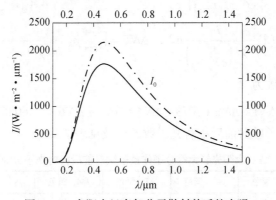

图 2.3.4　太阳光经大气分子散射前后的光强

图 2.3.4 中，太阳光在大气外层光谱的最大强度在蓝光波长 0.483μm 处，它接近实际测量值 0.4821μm[6]，太阳光经大气分子散射后的最大强度在蓝光波长 0.478μm 处．如果考虑多次散射，则可给出其光强分布，见图 2.3.5．

$$I(\lambda) = p^{13}(\lambda)I_0(\lambda) \tag{2.3.7}$$

图中虚线表示太阳光在大气外层的光强分布，实线表示太阳光经大气分子 13 次散射后的光强分布（实线数据用左边轴标注，虚线数据用右边轴标注），其峰值波长在 0.413μm 处，与实测值 0.41～0.43μm 一致[6]．

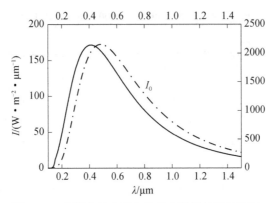

图 2.3.5　太阳光经大气分子多次散射前后的光强

太阳光各波段光子经大气分子散射后的光子数为

$$\Delta N1 = \int_{0.380}^{0.430} p(\lambda) \cdot \frac{b}{\lambda^4 \left(e^{\frac{a}{\lambda T}} - 1 \right)} \, d\lambda \,, \quad \Delta N2 = \int_{0.430}^{0.490} p(\lambda) \cdot \frac{b}{\lambda^4 \left(e^{\frac{a}{\lambda T}} - 1 \right)} \, d\lambda$$

$$\Delta N3 = \int_{0.490}^{0.570} p(\lambda) \cdot \frac{b}{\lambda^4 \left(e^{\frac{a}{\lambda T}} - 1 \right)} \, d\lambda \,, \quad \Delta N4 = \int_{0.570}^{0.590} p(\lambda) \cdot \frac{b}{\lambda^4 \left(e^{\frac{a}{\lambda T}} - 1 \right)} \, d\lambda \quad (2.3.8)$$

$$\Delta N5 = \int_{0.590}^{0.650} p(\lambda) \cdot \frac{b}{\lambda^4 \left(e^{\frac{a}{\lambda T}} - 1 \right)} \, d\lambda \,, \quad \Delta N6 = \int_{0.650}^{0.760} p(\lambda) \cdot \frac{b}{\lambda^4 \left(e^{\frac{a}{\lambda T}} - 1 \right)} \, d\lambda$$

散射后的总光子数为

$$\Delta N = \Delta N1 + \Delta N2 + \Delta N3 + \Delta N4 + \Delta N5 + \Delta N6 = 1.660867 \times 10^{21}$$

各波段光子在量子散射前后相对光子数的比较见表 2.3.1.

表 2.3.1　太阳光经大气分子作量子散射前后相对光子数的比较

	$j=1$，紫色	$j=2$，蓝色	$j=3$，绿色	$j=4$，黄色	$j=5$，橙色	$j=6$，红色
$\Delta N_{0j}/\Delta N_0$	0.099311	0.145633	0.220336	0.057266	0.172446	0.305009
$\Delta N_j/\Delta N$	0.100822	0.146761	0.220642	0.057157	0.171772	0.302845
$\Delta N_j/\Delta N - \Delta N_{0j}/\Delta N_0$	0.001511	0.001128	0.000306	−0.000109	−0.000674	−0.002164

从表 2.3.1 中第四行可看出，对于紫、蓝、绿三色光，散射后的光子数占总光子数的百分比比散射前增加，其他三色光散射后的光子数占总光子数的百分比比散射前减少，这增加的紫、蓝、绿三色光合成淡蓝色光. 实际上观察天空即呈淡蓝色，为具体说明，计算如下.

取太阳光经大气分子散射后的总光子数中一部分光子按散射前的比例组成

白光 $\Delta N\_0=1.649085\times10^{21}$，这时各波段的光子数为

$$\Delta N\_1=1.637717\times10^{20}（紫），\quad \Delta N\_2=2.401614\times10^{20}（蓝）$$

$$\Delta N\_3=3.633527\times10^{20}（绿），\quad \Delta N\_4=9.443602\times10^{19}（黄）$$

$$\Delta N\_5=2.843775\times10^{20}（橙），\quad \Delta N\_6=5.029857\times10^{20}（红）$$

散射后各色光的光子数减去组成白光的光子数即为各色光剩余的光子数

$$\Delta N1-\Delta N\_1=3.680757\times10^{18}（紫），\quad \Delta N2-\Delta N\_2=3.589606\times10^{18}（蓝）$$

$$\Delta N3-\Delta N\_3=3.104927\times10^{18}（绿），\quad \Delta N4-\Delta N\_4=4.939875\times10^{17}（黄）$$

$$\Delta N5-\Delta N\_5=9.121399\times10^{17}（橙），\quad \Delta N6-\Delta N\_6=1.987163\times10^{14}（红）$$

散射后剩余的总光子数为 $\Delta N-\Delta N\_0=1.178162\times10^{19}$，各色光占剩余总光子数的比例为

$$\frac{\Delta N1-\Delta N\_1}{\Delta N-\Delta N\_0}=0.312415（紫），\quad \frac{\Delta N2-\Delta N\_2}{\Delta N-\Delta N\_0}=0.304679（蓝）$$

$$\frac{\Delta N3-\Delta N\_3}{\Delta N-\Delta N\_0}=0.26354（绿），\quad \frac{\Delta N4-\Delta N\_4}{\Delta N-\Delta N\_0}=0.041929（黄）\qquad(2.3.9)$$

$$\frac{\Delta N5-\Delta N\_5}{\Delta N-\Delta N\_0}=0.077421（橙），\quad \frac{\Delta N6-\Delta N\_6}{\Delta N-\Delta N\_0}=1.686664\times10^{-5}（红）$$

由（2.3.9）式可见，紫、蓝、绿三色光所占比例最大，按 Grassman 光颜色混合定律[7]，其中紫色光与绿色光混合呈青色光，青色光再与蓝色光混合呈蓝靛色光，蓝靛色光再与白光混合呈淡蓝靛色光，可简称为淡蓝. 因此，太阳光经大气分子散射后，天空呈淡蓝色，**天空颜色是多色光的混合色，而不是某一波段的单色光. 上述光子对大气分子的散射与 Rayleigh 散射是两种完全不同的物理基础与机理.**

早晚太阳光经大气分子反向散射，在可见光波段，波长长的红光散射几率最大（除白光外，红色光子占剩余总光子数的比例为 45%），从地球上看，天空呈红色. 太阳升起后，从地球看天空，天空呈淡蓝色；如从卫星看地球，太阳光中大部分穿过大气分子射向地球，反射后可看见地球的各色反射光，由于地球上海洋比陆地面积大得多，地球大部分呈蓝色，而对陆地的不同区域，可呈现不同的反射颜色. 这就是早晚天空呈红色，太阳升起后天空呈淡蓝色现象的一种解释.

对于早晚太阳光经大气分子反向散射的光强，由（2.3.4）式，得到

$$I(\lambda)=q(\lambda)I_0(\lambda)\qquad(2.3.10)$$

由上式可得到图 2.3.6.

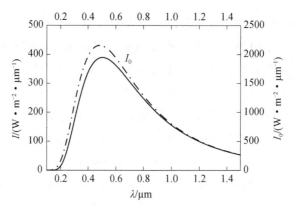

图 2.3.6　太阳光经大气分子反向散射前后的光强

式中 I_0（$W \cdot m^{-2} \cdot \mu m^{-1}$）是太阳光散射前的光强（右纵轴标注），其峰值波长为 $0.483\mu m$（青色）. 太阳光经大气分子反向散射后的光强 I（$W \cdot m^{-2} \cdot \mu m^{-1}$），其峰值波长为 $0.503\mu m$（绿色）.

太阳光各波段光子经大气分子反向散射后的光子数为

$$\Delta Nq1 = \int_{0.380}^{0.430} q(\lambda) \cdot \frac{b}{\lambda^4 \left(e^{\frac{a}{\lambda T}} - 1 \right)} d\lambda , \quad \Delta Nq2 = \int_{0.430}^{0.490} q(\lambda) \cdot \frac{b}{\lambda^4 \left(e^{\frac{a}{\lambda T}} - 1 \right)} d\lambda$$

$$\Delta Nq3 = \int_{0.490}^{0.570} q(\lambda) \cdot \frac{b}{\lambda^4 \left(e^{\frac{a}{\lambda T}} - 1 \right)} d\lambda , \quad \Delta Nq4 = \int_{0.570}^{0.590} q(\lambda) \cdot \frac{b}{\lambda^4 \left(e^{\frac{a}{\lambda T}} - 1 \right)} d\lambda \quad （2.3.11）$$

$$\Delta Nq5 = \int_{0.590}^{0.650} q(\lambda) \cdot \frac{b}{\lambda^4 \left(e^{\frac{a}{\lambda T}} - 1 \right)} d\lambda , \quad \Delta Nq6 = \int_{0.650}^{0.760} q(\lambda) \cdot \frac{b}{\lambda^4 \left(e^{\frac{a}{\lambda T}} - 1 \right)} d\lambda$$

反向散射后的总光子数为

$$\Delta N = \Delta Nq1 + \Delta Nq2 + \Delta Nq3 + \Delta Nq4 + \Delta Nq5 + \Delta Nq6 = 3.752698 \times 10^{20}$$

取太阳光经大气分子散射后的总光子数中的一部分光子按散射前的比例组成白光：

$$\Delta N\_0 = 3.499871 \times 10^{20}$$

令

$$\Delta N\_j = \frac{\Delta Nj}{\Delta N0} \cdot \Delta N\_0 , \quad j = 1, 2, 3, 4, 5, 6 \quad （2.3.12）$$

散射后各色光的光子数减去组成白光的光子数即为各色光剩余的光子数：

$$\Delta Nq1 - \Delta N\_1 = 1.216465 \times 10^{14} （紫）, \quad \Delta Nq2 - \Delta N\_2 = 1.808183 \times 10^{18} （蓝）$$

$$\Delta Nq3 - \Delta N\_3 = 5.061666 \times 10^{18} （绿）, \quad \Delta Nq1 - \Delta N\_4 = 1.628525 \times 10^{18} （黄）$$

$\Delta Nq1-\Delta N\_5=5.479435\times10^{18}$（橙），$\Delta Nq1-\Delta N\_6=1.130474\times10^{19}$（红）

散射后剩余的总光子数为 $\Delta N-\Delta N\_0=2.528267\times10^{19}$，各色光占剩余总光子数的比例为

$$\frac{\Delta Nq1-\Delta N\_1}{\Delta N-\Delta N\_0}=4.811459\times10^{-6}（紫），\qquad \frac{\Delta Nq2-\Delta N\_2}{\Delta N-\Delta N\_0}=0.071519（蓝）$$

$$\frac{\Delta Nq3-\Delta N\_3}{\Delta N-\Delta N\_0}=0.200203（绿），\qquad \frac{\Delta Nq4-\Delta N\_4}{\Delta N-\Delta N\_0}=0.064413（黄）\qquad（2.3.13）$$

$$\frac{\Delta Nq5-\Delta N\_5}{\Delta N-\Delta N\_0}=0.216727（橙），\qquad \frac{\Delta Nq6-\Delta N\_6}{\Delta N-\Delta N\_0}=0.447134（红）$$

由（2.3.13）式可见，红、橙、绿三色光所占比例最大，其中橙色光与绿色光混合呈黄色光，黄色光再与红色光混合呈偏红的红橙色光，它再与白光混合呈淡的偏红的红橙色光. 因此，太阳光经大气分子反向散射后，天空呈淡红橙色.

如果用 Rayleigh 散射机理. 太阳光经大气分子作 Rayleigh 一次散射后的光强分布，其峰值在波长 0.266μm 处（中紫外线）（图 2.3.7），它与实测值 0.41～0.43μm（紫光区）相去甚远[6]. 图 2.3.7 按如下公式计算.

$$I(\lambda)=p(\lambda)\cdot I_0(\lambda) \qquad（2.3.14）$$

其中 Rayleigh 散射因子为

$$p(\lambda)=\frac{b_1}{\lambda^4} \qquad（2.3.15）$$

式中 $b_1=5.062502\times10^{-4}$.

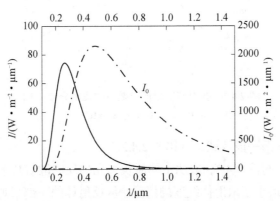

图 2.3.7　太阳光经大气分子作 Rayleigh 散射前后的光强分布（6000K）

图 2.3.7 中实线数据用左边轴标注，虚线数据用右边轴标注.

上述量子散射理论还可应用于大气科学、胶体化学、生物化学及飞行器外形隐形与反隐形等研究中.

2.4 几种基本形体的光散射及飞行器外形隐形与反隐形的原理

下面我们讨论光对直线、三角形、矩形平面、圆盘、圆锥、圆柱面及球体的散射.

2.4.1 光对直线段的反向散射

光对于直线的反向散射，由（2.2.1）式，当入射角 $\alpha=0$ 时，我们有垂直于直线的反向散射的量子态公式

$$\Psi(r,t) = \exp\{\mathrm{i}(kr_0 - \omega t)\}\int_{-a/2}^{a/2}\mathrm{d}x_c \exp\left\{\mathrm{i}k\sqrt{z^2 + (x - x_c)^2}\right\} \qquad （2.4.1）$$

式中 a 是直线的长度，对于不同波长其几率分布见图 2.4.1～图 2.4.3.

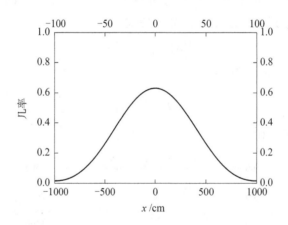

图 2.4.1　光对直线段反向散射的几率分布（1）
$a=1000\mathrm{cm},\ \lambda=1\mathrm{cm},\ z=1\times10^6\mathrm{cm}$

图 2.4.1 取中部一段区域，可作图 2.4.2.

比较图 2.4.1 与图 2.4.3，表明不同波长，光的反向散射几率分布不同. 它们都属于光的波长远小于散射体线度的情况，从反射体的中部来观察，光的散射强度最大.

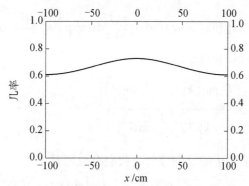

图 2.4.2　光对直线段反向散射的几率分布（2）

a=1000cm，λ=1cm，z=1×10^{6}cm

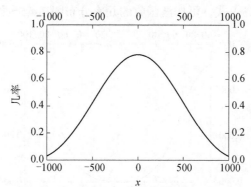

图 2.4.3　光对近直线型反向散射的几率分布

a=25m，λ=3m，z=1×10^{2}m

2.4.2　光对尖角形（一个锯齿）的反向散射及飞行器外形隐形与反隐形的原理

光对尖角形的反向散射如图 2.4.4 所示，图中 r_0 是远处始点 S 到 c 点的距离，光子经尖角形一边 A 点散射后到达场点 P. 我们计算光子从始点 S 经尖角形散射后到达 P 点的所有可能路径几率幅的叠加，即当光子波长远小于三角形各边长时，我们可以得到光子从尖角形反向散射后的远场波函数.

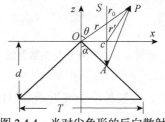

图 2.4.4　光对尖角形的反向散射

$$\Psi(\boldsymbol{r},t) = \exp\{\mathrm{i}[k(r_0 + r) - \omega t]\}\int_{-T/2}^{T/2}\mathrm{d}x_c \exp\left\{\mathrm{i}k\left(\frac{4d}{T} - \sin\theta\right)x_c\right\}$$

$$= \exp\{\mathrm{i}[k(r_0 + r) - \omega t]\} \quad (2.4.2)$$

$$\times \frac{T \cdot \sin\left[k\left(2d - \dfrac{T}{2}\sin\theta\right)\right]}{k\left(2d - \dfrac{T}{2}\sin\theta\right)}$$

对于近波长及亚波长光子的反向散射，我们有波函数

$$\Psi(\boldsymbol{r},t) = \exp\{\mathrm{i}(kr_0 - \omega t)\}\int_{-T/2}^{T/2}\mathrm{d}x_c \exp\left\{\mathrm{i}k\left[\frac{4d}{T}|x_c| + \sqrt{z^2 + (x - x_c)^2}\right]\right\} \quad (2.4.3)$$

从（2.4.2）和（2.4.3）式，可作波函数的几率分布图 2.4.5～图 2.4.7.

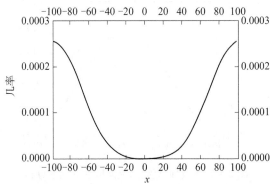

图 2.4.5　光对三角形反向散射的几率分布

$T=1$，$d=1$，$\lambda=0.1$，$z=1000$

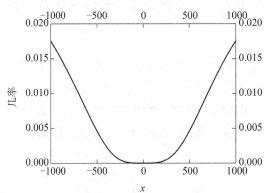

图 2.4.6　近波长光对三角形反向散射的几率分布

$T=1$，$d=1$，$\lambda=1$，$z=1000$

图 2.4.5 与图 2.4.6 表明，当波长小于或近于散射体线度时，从中部方向观测不到反向散射的光信号.

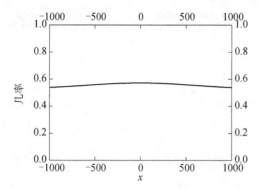

图 2.4.7　亚波长光对三角形反向散射的几率分布

$T=1$, $d=1$, $\lambda=5$, $z=1000$

图 2.4.7 表明，使用亚波长光，可在离中部很宽的范围内观测到反向散射的光信号．

下面以某隐形飞机的参数说明对于厘米波、分米波与米波雷达，其反向散射的几率分布，见图 2.4.8～图 2.4.10．

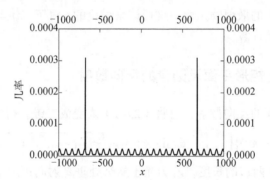

图 2.4.8　光对三角形反向散射的几率分布（F-117A）（1）

$T=13.21\text{m}$, $d=20.09\text{m}$, $\lambda=0.05\text{m}$, $z=1\times10^4\text{m}$

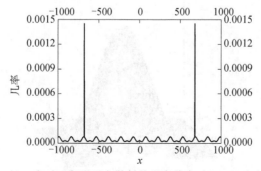

图 2.4.9　光对三角形反向散射的几率分布（F-117A）（2）

$T=13.21\text{m}$, $d=20.09\text{m}$, $\lambda=0.1\text{m}$, $z=1\times10^4\text{m}$

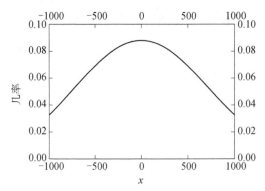

图 2.4.10 光对三角形反向散射的几率分布（F-117A）（3）

T=13.21m，d=20.09m，λ=3m，z=1×10⁴m

从图 2.4.8 与图 2.4.9 看出，对于厘米波与分米波雷达，中部的反向散射的几率很微弱，而在图 2.4.10 中看出，对于米波雷达，中部的反向散射的几率很强．由此得到结论：**欲使飞行器外形隐形需采用三角形，但对于波长较长的光，飞行器不隐形．这就是飞行器外形隐形与反隐形的原理．**

以上我们讨论的散射物是取一维形体来讨论的，对于二维与三维物体可用上述方法进行类似的计算．

2.4.3 光对矩形平面及圆盘的反向散射

光对矩形平面的反向散射，可将（2.4.1）式变成二维，得到

$$\Psi(r,t) = \exp\{i(kr_0 - \omega t)\}\int_{-a/2}^{a/2}\int_{-b/2}^{b/2} dx_c dy_c \exp\left\{ik\sqrt{z^2 + (x - x_c)^2 + (y - y_c)^2}\right\} \quad （2.4.4）$$

式中 a，b 为矩形两边的长度，r_0 为光子从远处垂直射向矩形平面的距离．取一定参数，可作图 2.4.11 和图 2.4.12．

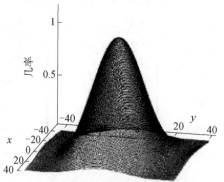

图 2.4.11 光对矩形平面的反向散射（1）

λ=1，a=30λ，b=20λ，z=1000λ

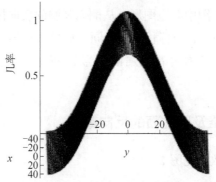

图 2.4.12 光对矩形平面的反向散射（2）

$\lambda=1$，$a=20\lambda$，$b=2\lambda$，$z=1000\lambda$

从图 2.4.11 与图 2.4.12 可见，如果波长为米波，从 x 侧面（如飞行器侧面）在相当宽的范围内可观测到很高的散射信号.

对于飞行的导弹，从正面看，形如圆盘，光子对它的反向散射的波函数为

$$\Psi(r,t)=\exp\{\mathrm{i}(kr_0-\omega t)\}\int_0^a \rho_c \mathrm{d}\rho_c \int_0^{2\pi}\mathrm{d}\varphi_c \exp\left\{\mathrm{i}\frac{2\pi}{\lambda}\sqrt{z^2+(x-\rho_c\cos\varphi_c)^2+(y-\rho_c\sin\varphi_c)^2}\right\} \quad （2.4.5）$$

上式中给一定参数，再取绝对值平方，可得到光对圆盘的反向散射几率，见图 2.4.13.

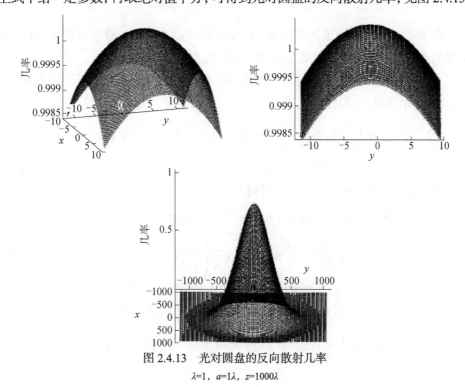

图 2.4.13 光对圆盘的反向散射几率

$\lambda=1$，$a=1\lambda$，$z=1000\lambda$

式中 a 是圆盘的半径. 图中右边图形是从侧面观测的反向散射信号, 左边及下边图形的区别是它们的 x, y 坐标长度的不同. 如果波长为米波, 则米波雷达对圆盘的反向散射在较宽范围内有较强的信号, 而不管导弹前面的形状（参考图 2.4.7）.

2.4.4 光对圆锥及圆柱面的反向散射

光对圆锥的反向散射见图 2.4.14.

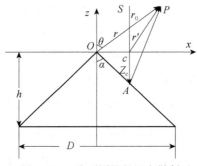

图 2.4.14 光对圆锥的反向散射

图 2.4.14 只画了圆锥体的剖面. D 是圆锥底的直径, R 是它的半径. h 是圆锥顶的高度. r_0 是光子从远处始点到 c 点的距离.

光子从圆锥顶反向散射的量子态为（从 S 经 cAc 到达 P 点的路径, 近似路径）

$$\Psi(\boldsymbol{r},t) = \exp\{i(kr_0 - \omega t)\}$$

$$\times \int_0^a \rho_c \mathrm{d}\rho_c \int_0^{2\pi} \mathrm{d}\varphi_c \exp\left\{i\frac{2\pi}{\lambda}\left[\frac{4h}{D}\rho_c + \sqrt{z^2 + (x - \rho_c\cos\varphi_c)^2 + (y - \rho_c\sin\varphi_c)^2}\right]\right\}$$

$$(2.4.6)$$

或（从 S 经 cA 到达 P 点的路径, 严格路径）

$$\Psi(\boldsymbol{r},t) = \int \mathrm{d}r_c \exp\{i[k(r_0 + z_c + r') - \omega t]\}\exp\{i(kr_0 - \omega t)\}$$

$$\times \int_0^a \rho_c \mathrm{d}\rho_c \int_0^{2\pi} \mathrm{d}\varphi_c \exp\left\{i\frac{2\pi}{\lambda}\left[\frac{2h}{D}\rho_c \right.\right. \qquad (2.4.7)$$

$$\left.\left. + \sqrt{\left(z + \frac{2h}{D}\rho_c\right)^2 + (x - \rho_c\cos\varphi_c)^2 + (y - \rho_c\sin\varphi_c)^2}\right]\right\}$$

取相同参数, 用上两式分别作几率分布图, 见图 2.4.15 与图 2.4.16.

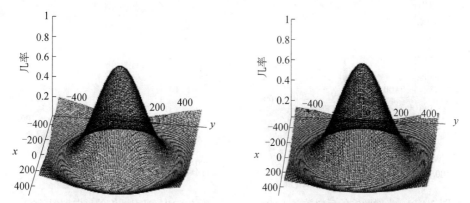

图 2.4.15 光对圆锥的反向散射（（2.4.6）式） 图 2.4.16 光对圆锥的反向散射（（2.4.7）式）

图 2.4.15～图 2.4.17 中光子几率峰值为 1（它们的参数都相同）. 比较图 2.4.15 与图 2.4.16，可见它们没有差别. 这表明，对于远场及中场的物理光学问题，使用近似的光子路径，给出的结果（图 2.4.15）与使用较严格的路径给出的结果（图 2.4.16）一样. 但使用近似的光子路径往往能给出比较简明的表示式，所以在后面我们将采用近似路径计算光子的量子态波函数. 将（2.4.6）式与（2.4.7）式展开，即可看出，它们的表示式相同. 图 2.4.17 与图 2.4.15 的区别是它们坐标标度的不同.

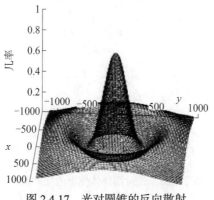

图 2.4.17 光对圆锥的反向散射

$\alpha = 45°$，$\lambda = 1$，$R = 1\lambda$，$z = 1000\lambda$

如果用厘米波或分米波照射锥体，在 1km 处将探测到光子的几率分布，见图 2.4.18 与图 2.4.19.

定义光的相对强度为 $I(x,y) = |\Psi(x,y)|^2$，图 2.4.18 中光的相对强度的峰值为 $I(0, 0) = 0.01$，图 2.4.19 中光的相对强度的峰值 $I(0,0) = 1.60162 \times 10^{-7}$，实际上为零. 图 2.4.18 表示分米波射线对圆锥的反向散射强度，只有图 2.4.15 中的峰值强

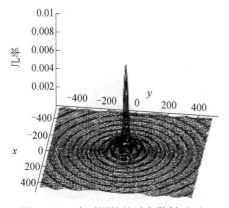

图 2.4.18　光对圆锥的反向散射（1）

$\alpha=45°$,　$\lambda=0.1$,　$R=1\lambda$,　$z=1000\lambda$

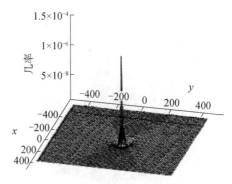

图 2.4.19　光对圆锥的反向散射（2）

$\alpha=45°$,　$\lambda=0.02$,　$R=1\lambda$,　$z=1000\lambda$

度 $I(0,0)=1$ 的百分之一. 图 2.4.19 表示厘米波射线对圆锥的反向散射强度更小，只有图 2.4.15 中峰值强度 $I(0,0)=1$ 的千万分之一，比较图 2.4.15、图 2.4.18 与图 2.4.19 的结果，可以得到结论，只有米波雷达才能探测到圆锥顶（如导弹）正面的反向散射信号. 如果使用厘米波雷达要使圆锥面的反向散射强度为 1，则需要提高雷达辐射强度达 10^7 倍，或采用高灵敏度的探测器.

　　光对圆柱体侧面的反向散射，见图 2.4.20.

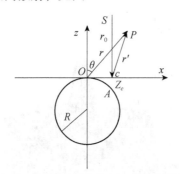

图 2.4.20　光对圆柱体侧面的反向散射

　　设光从远处始点 S 经 cA，在 A 点散射后到达场点 P，光子在 P 点的量子态为

$$\Psi(\boldsymbol{r},t)=\int \mathrm{d}\boldsymbol{r}_c \exp\{\mathrm{i}[k(r_0+z_c+r')-\omega t]\}$$

$$=\exp\{\mathrm{i}[k(r_0-2R)-\omega t]\}$$

$$\times \int_{-d/2}^{d/2}\mathrm{d}y_c\int_{-R}^{R}\mathrm{d}x_c \exp\left\{\mathrm{i}\frac{2\pi}{\lambda}\Big[2\sqrt{R^2-x_c^2}\right. \tag{2.4.8}$$

$$\left.+\sqrt{z^2+(x-x_c)^2+(y-y_c)^2}\,\Big]\right\}$$

式中 $z_c = -R + \sqrt{R^2 - x_c^2}$ 是线段 Ac 的长度，R 是圆柱体的半径，d 是圆柱体的长度．r_0 是 S 到 c 的距离．给一定参数可给出上式的几率分布，见图 2.4.21.

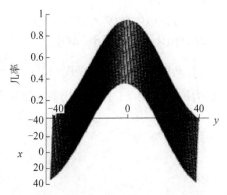

图 2.4.21　光对圆柱体侧面反向散射的几率

$\lambda = 1$，$R = 1\lambda$，$d = 20\lambda$，$z = 1000\lambda$

由图 2.4.21 可见，光对圆柱体侧面（如导弹）反向散射在很宽范围内都有相当高的几率分布．比较图 2.4.21 与图 2.4.12 中两图的参数，圆柱体的剖面参数与矩形参数一致，它们的几率分布图相同．这表明，对于亚波长的圆柱体侧面，它对光的散射几率与矩形平面在相同参数下一致．

2.4.5　光对介质球的散射（Mie 散射）

我们将讨论光对介质球的反向散射与前向散射（Mie 散射）[8].

光对介质球的反向散射，见图 2.4.22. 设介质球的折射率为 n，单光子从 S 出发经 A 再反向到达 P 点．在 P 点的终态波函数为从 S 经任一点 c（跑动点）到达 P 点的所有可能路径几率幅的叠加，可用下式表示：

$$\Psi(\boldsymbol{r}, t) = \int \mathrm{d}r_c \exp\{\mathrm{i}[k(r_0 + 2Ac + r') - \omega t]\} \qquad （2.4.9）$$

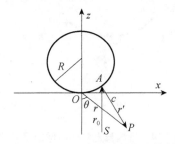

图 2.4.22　光对介质球的反向散射

对于远场，我们得到光对介质球反向散射的量子态为

$$\Psi(r,t) = \int_0^R \rho_c \mathrm{d}\rho_c \int_0^{2\pi} \mathrm{d}\varphi_c \exp\{\mathrm{i}[k(r_0 + 2R - 2\sqrt{R^2 - \rho_c^2}$$
$$+ r - \rho_c \sin\theta\cos(\varphi_c - \varphi)) - \omega t]\}$$
$$= 2\pi \exp\{\mathrm{i}k(r_0 + r + 2R - \omega t)\} \qquad (2.4.10)$$
$$\times \int_0^R \rho_c \mathrm{d}\rho_c \mathrm{J}(k\rho_c \sin\theta)\exp\left\{-\mathrm{i}2k\sqrt{R^2 - \rho_c^2}\right\}$$

式中，R 为球的半径（D 为球的直径）. 上式的几率分布见图 2.4.23～图 2.4.25.

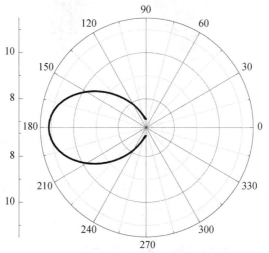

图 2.4.23　光对介质球的反向散射

$R=100$，$D=200$，$\lambda=1$

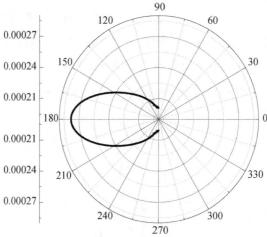

图 2.4.24　近波长光对介质球的反向散射

$R=0.5$，$D=1$，$\lambda=1$

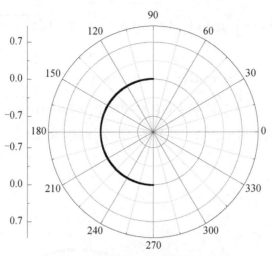

图 2.4.25 亚波长光对介质球的反向散射

$R=0.5$, $D=1$, $\lambda=1000$

图 2.4.23～图 2.4.25 中,图 2.4.23 是波长小于介质球直径的光对介质球的反向散射几率随角度的变化. 图 2.4.24 是近波长光对介质球的反向散射几率随角度的变化, 图 2.4.25 是亚波长光对介质球的反向散射几率随角度的变化, 它是等几率的.

光对介质球的前向散射, 见图 2.4.26. 设介质球的折射率为 n, 单光子从 S 出发经 A、B 到达 P 点. 在 P 点的终态波函数为从 S 经任一点 c (跑动点) 到达 P 点的所有可能路径几率幅的叠加.

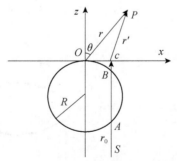

图 2.4.26 光对介质球的前向散射

对于远场, 与 (2.4.10) 式类似计算, 我们得到光对介质球的前向散射的量子态

$$\Psi(\boldsymbol{r},t) = \int_0^R \rho_c \mathrm{d}\rho_c \int_0^{2\pi} \mathrm{d}\varphi_c \exp\{\mathrm{i}[k(r_0 + 2R - 2\sqrt{R^2 - \rho_c^2}$$

$$+ n2\sqrt{R^2 - \rho_c^2} + r - \rho_c \sin\theta\cos(\varphi_c - \varphi)) - \omega t]\} \qquad (2.4.11)$$

$$= 2\pi \exp\{\mathrm{i}k(r_0 + r + 2R - \omega t)\}$$

$$\times \int_0^R \rho_c \mathrm{d}\rho_c \mathrm{J}_0(k\rho_c \sin\theta)\exp\left\{\mathrm{i}k2(n-1)\sqrt{R^2 - \rho_c^2}\right\}$$

式中 n 是介质球的折射率.（2.4.11）式的几率分布见图 2.4.27～图 2.4.29.

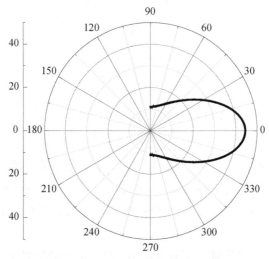

图 2.4.27 光对介质球的前向散射

$n=1.5$, $R=100$, $D=200$, $\lambda=1$

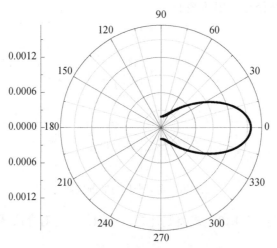

图 2.4.28 近波长光对介质球的前向散射

$n=1.5$, $R=0.5$, $D=1$, $\lambda=1$

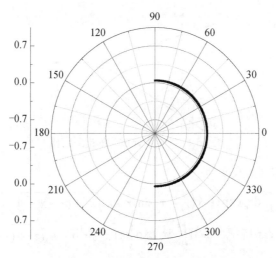

图 2.4.29　亚波长光对介质球的前向散射

n=1.5，R=1，D=2，λ=1000

图 2.4.27 是波长小于介质球直径的光对介质球的前向散射几率随角度的变化. 图 2.4.28 是近波长光对介质球的前向散射几率随角度的变化，图 2.4.29 是亚波长光对介质球的前向散射几率随角度的变化，它是等几率的.

2.5 "左手介质"折射定律

使用与导出（2.1.3）式同样的方法，我们给出光经"左手介质"（也称超材料）折射后的量子态（图 2.5.1）为

$$\Psi(\boldsymbol{r},t)=\int_0^a \mathrm{d}x_c \exp\{\mathrm{i}[k(r_0+x_c\sin\alpha+n(r-x_c\sin\beta))-\omega t]\}$$

$$=\exp\left\{\mathrm{i}\left[k\left(r_0+nr+(\sin\alpha-n\sin\beta)\frac{a}{2}\right)-\omega t\right]\right\}$$

$$\times\frac{a\cdot\sin\left\{k(\sin\alpha-n\sin\beta)\dfrac{a}{2}\right\}}{k(\sin\alpha-n\sin\beta)\dfrac{a}{2}} \quad\quad（2.5.1）$$

式中 n 是"左手介质"的折射率. 对于远场，$\beta=\theta$，取上述波函数的几率极大值，我们得到"左手介质"的折射定律

$$\sin\alpha=n\cdot\sin\theta \quad\quad（2.5.2）$$

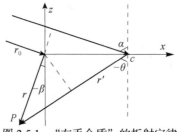

图 2.5.1 "左手介质"的折射定律

对于非远场，(2.5.1) 式变为

$$\Psi(r,t) = \int_0^a dx_c \exp\left\{i\left[k\left(r_0 + x_c \sin\alpha + n\sqrt{z^2 + (x - x_c)^2}\right) - \omega t\right]\right\}$$

$$= \exp\{i[kr_0 - \omega t]\}\int_0^a dx_c \exp\left\{ik\left[x_c \sin\alpha + n\sqrt{z^2 + (x - x_c)^2}\right]\right\} \qquad (2.5.3)$$

式中 a 是折射体的宽度.

2.6 双折射定律

光以入射角 α 从折射率为 n 的介质（图 2.6.1 中 x 轴上面的介质）射向双折射晶体（图 2.6.1 中 x 轴下面的介质）后，光分成非常光线（e 光）与寻常光线（o 光）在双折射晶体中传播，见图 2.6.1.

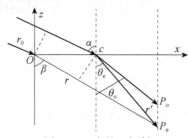

图 2.6.1 光的双折射

使用 2.1 节中导出（2.1.4）式的类似方法，可得到非常光线（e 光）的量子态

$$\Psi(r,t) = \int_0^a dx_c \exp\{i[k(r_0 + x_c n \sin\alpha + n_e(r - x_c \sin\beta)) - \omega t]\}$$

$$= \exp\left\{i\left[k\left(r_0 + n_e r + (n\sin\alpha - n_e\sin\beta)\frac{a}{2}\right) - \omega t\right]\right\} \qquad (2.6.1)$$

$$\times \frac{a \cdot \sin\left\{k(n\sin\alpha - n_e\sin\beta)\frac{a}{2}\right\}}{k(n\sin\alpha - n_e\sin\beta)\frac{a}{2}}$$

式中 a 是双折射晶体的宽度，n_e 是双折射晶体对 e 光的折射率. 对于远场，$\beta=\theta_e$，取上述波函数的几率极大值，我们得到非常光线（e 光）的折射定律

$$n \sin \alpha = n_e \sin \theta_e \qquad (2.6.2)$$

同样，可得寻常光线（o 光）的折射定律

$$n \sin \alpha = n_o \sin \theta_o \qquad (2.6.3)$$

式中 n_o 是双折射晶体对 o 光的折射率.

2.7 Fresnel公式

光子在介质中的反射与折射情况见图 2.7.1.

在经典理论中，图 2.7.1 中 E_{is}、E_{rs} 与 E_{ts} 分别为入射波、反射波与折射波垂直于入射面的电矢量，E_{ip}、E_{rp} 与 E_{tp} 分别为入射波、反射波与折射波平行于入射面的电矢量.

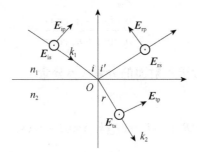

图 2.7.1 光子在介质中的反射与折射

由于电磁场是矢量，而波函数是标量，所以我们要将矢量分解为两个分量来讨论.

1. 对于电矢量垂直于入射面的分量（s 分量）

对于光子，它表示在平面内一个任意方向的线极化光子可分解为两个互相垂直的线极化光子的叠加. 所以，对于光子，入射、反射与折射光子的波函数分别为

$$\Psi_{E_{is}} = A_{is} \exp\left\{ j[k_1(x\sin i - z\cos i) - \omega t] \right\} \qquad (2.7.1)$$

$$\Psi_{E_{rs}} = A_{rs} \exp\left\{ j[k_1(x\sin i' + z\cos i') - \omega t] \right\} \qquad (2.7.2)$$

$$\Psi_{E_{ts}} = A_{ts} \exp\left\{ j[k_2(x\sin r - z\cos r) - \omega t] \right\} \qquad (2.7.3)$$

式中 j 为虚数，$k_1 = n_1 k$，$k_2 = n_2 k$．A_{is}、A_{rs} 与 A_{ts} 分别为入射、反射与折射光子波函数的振幅．

考虑波函数在分界面处（$z=0$）的连续性，再取反射点为 x 轴的原点，得

$$A_{is} + A_{rs} = A_{ts} \qquad (2.7.4)$$

由波函数导数在分界面处（$z=0$）的连续性

$$\frac{\partial \varPsi_{E_{is}}(r,t)}{\partial z} + \frac{\partial \varPsi_{E_{rs}}(r,t)}{\partial z} = \frac{\partial \varPsi_{E_{ts}}(r,t)}{\partial z} \qquad (2.7.5)$$

可得折射系数

$$t_s = \frac{A_{ts}}{A_{is}}$$
$$= \frac{2 n_1 \cos i}{n_1 \cos i + n_2 \cos r} \qquad (2.7.6)$$

与反射系数

$$r_s = \frac{A_{rs}}{A_{is}}$$
$$= \frac{n_1 \cos i - n_2 \cos r}{n_1 \cos i + n_2 \cos r} \qquad (2.7.7)$$

2. 对于电矢量平行于入射面的分量（p 分量）

我们有

$$\varPsi_{E_{ip}} = B_{ip}(\cos i) \exp\left\{ j[k_1(x\sin i - z\cos i) - \omega t] \right\} \qquad (2.7.8)$$

对反射光子

$$\varPsi_{E_{rp}} = -B_{rp}(\cos i') \exp\left\{ j[k_1(x\sin i' + z\cos i') - \omega t] \right\} \qquad (2.7.9)$$

以及折射光子

$$\varPsi_{E_{tp}} = B_{tp}(\cos r) \exp\left\{ j[k_2(x\sin r - z\cos r) - \omega t] \right\} \qquad (2.7.10)$$

由（2.7.8）～（2.7.10）式，可得到折射系数

$$t_p = \frac{B_{tp}}{B_{ip}} = \frac{2 n_1 \cos i}{n_2 \cos i + n_1 \cos r}$$
$$= \frac{2 \cos i \, \sin r}{\sin(i+r)\cos(i-r)} \qquad (2.7.11)$$

与反射系数

$$r_p = \frac{B_{rp}}{B_{ip}} = \frac{n_2 \cos i - n_1 \cos r}{n_2 \cos i + n_1 \cos r} \tag{2.7.12}$$

$$= \frac{\sin 2i - \sin 2r}{\sin 2i + \sin 2r}$$

（2.7.6）、（2.7.7）、（2.7.11）与（2.7.12）式中的反射系数和折射系数，即 Fresnel 公式，与经典波动光学中一致.

设光子单位时间入射到界面单位面积上的能量（即能流）密度是

$$J^{(i)} = \varepsilon_0 c n_1 \left| \Psi^{(i)} \right|^2 \cos i \tag{2.7.13}$$

反射光与折射光的能流密度分别是

$$J^{(r)} = \varepsilon_0 c n_1 \left| \Psi^{(r)} \right|^2 \cos i' \tag{2.7.14}$$

$$J^{(t)} = \varepsilon_0 c n_2 \left| \Psi^{(t)} \right|^2 \cos r \tag{2.7.15}$$

定义反射率与透射率分别是

$$R = \frac{J^{(r)}}{J^{(i)}}, \quad T = \frac{J^{(t)}}{J^{(i)}} \tag{2.7.16}$$

则有

$$R = \frac{\left| \Psi^{(r)} \right|^2}{\left| \Psi^{(i)} \right|^2} = r^2 \tag{2.7.17}$$

$$T = \frac{n_2 \cos r}{n_1 \cos i} \frac{\left| \Psi^{(t)} \right|^2}{\left| \Psi^{(i)} \right|^2} = \frac{n_2 \cos r}{n_1 \cos i} t^2 \tag{2.7.18}$$

对于电矢量垂直于入射面的分量（s 分量），得反射率

$$R_s = r_s^2 = \frac{\sin^2(i-r)}{\sin^2(i+r)} = \left(\frac{n_1 \cos i - n_2 \cos r}{n_1 \cos i + n_2 \cos r} \right)^2 \tag{2.7.19}$$

对于电矢量平行于入射面的分量（p 分量），得反射率

$$R_p = r_p^2 = \frac{\tan^2(i-r)}{\tan^2(i+r)} = \left(\frac{n_2 \cos i - n_1 \cos r}{n_2 \cos i + n_1 \cos r} \right)^2 \tag{2.7.20}$$

对于电矢量垂直于入射面的分量（s 分量），得透射率

$$T_s = \frac{n_2 \cos r}{n_1 \cos i} t_s^2 = \frac{\sin 2i \sin 2r}{\sin^2(i+r)} = \frac{4 n_1 n_2 \cos i \cos r}{(n_1 \cos i + n_2 \cos r)^2} \tag{2.7.21}$$

对于电矢量平行于入射面的分量（p 分量），得透射率

$$T_p = \frac{n_2 \cos r}{n_1 \cos i} t_p^2 = \frac{\sin 2i \sin 2r}{\sin^2(i+r)\cos^2(i-r)} = \frac{4 n_1 n_2 \cos i \cos r}{(n_2 \cos i + n_1 \cos r)^2} \qquad (2.7.22)$$

（2.7.19）～（2.7.22）式与经典波动光学中的公式一致.

2.8 全反射时光反射点纵向位移的 Goos-Hänchen 效应

如图 2.8.1 所示两层介质，当光由光密介质进入光疏介质时，即介质折射率满足 $n_1 > n_2$ 时，由折射定律（2.1.4）式，有一临介角 $\theta_c = \arcsin(n_2/n_1)$，当光的入射角大于临介角时，发生**全反射**，这时入射光的全部能量返回介质 n_1 中. 但出射的反射点不在两介面的入射点，而是沿前进方向在介质 n_2 内有一位移 Δ. 这一位移称为 **Goos-Hänchen 位移**[9]，也称 **Goos-Hänchen 效应**.

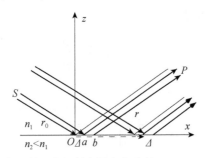

图 2.8.1 全反射时光反射点纵向位移的 Goos-Hänchen 效应

对于全反射时光的反射定律，可类似（2.1.1）式的推导，给出其散射的波函数

$$\begin{aligned}
\Psi(r,t) &= \int_{\Delta}^{L-\Delta} \mathrm{d}x_c \exp\{\mathrm{i}[k(n_1 r_0 + n_2 \Delta + n_1 x_c \sin\alpha + n_1 r') - \omega t]\} \\
&= \int_{\Delta}^{L-\Delta} \mathrm{d}x_c \exp\{\mathrm{i}[k(n_1 r_0 + n_2 \Delta + n_1 x_c \sin\alpha + n_1 r - n_1 x_c \sin\theta) - \omega t]\} \\
&= \exp\left\{\mathrm{i}\left\{k\left[n_1(r_0+r) + n_2\Delta + n_1(\sin\alpha - \sin\theta)\frac{L}{2}\right] - \omega t\right\}\right\} \qquad (2.8.1) \\
&\quad \times 2\left(\frac{L}{2}-\Delta\right)\frac{\sin\left[k(\sin\alpha-\sin\theta)\left(\frac{L}{2}-\Delta\right)\right]}{k(\sin\alpha-\sin\theta)\left(\frac{L}{2}-\Delta\right)}
\end{aligned}$$

式中 L 为大于 Δ 从 0 到 L 的线段长度，上式的几率取极大值可以得到反射定律：$\alpha = \theta$.

所求的 Δ 值，可由光子经两路径的波函数的叠加给出. 光子经 $SOaP$ 路径的

波函数为

$$\Psi_1 = \exp\left\{i\left[k(n_1 r_0 + n_2 \Delta + n_1 \Delta \sin \alpha + n_1 r) - \omega t\right]\right\} \quad (2.8.2)$$

光子经 $SabP$ 路径的波函数为

$$\Psi_2 = \exp\left\{i\left[k(n_1 r_0 + n_1 \Delta \sin \alpha + n_2 \Delta + n_1 r) - \omega t\right]\right\} \quad (2.8.3)$$

上两式相加，得

$$
\begin{aligned}
\Psi &= \Psi_1 + \Psi_2 \\
&= \exp\left\{i\left[k(n_1 r_0 + n_2 \Delta + n_1 \Delta \sin \alpha + n_1 r) - \omega t\right]\right\} \\
&\quad + \exp\left\{i\left[k(n_1 r_0 + n_1 \Delta \sin \alpha + n_2 \Delta + n_1 r) - \omega t\right]\right\} \\
&= 2\exp\left\{i\left[k(n_1(r_0 + r) + n_2 \Delta + n_1 \Delta \sin \alpha) - \omega t\right]\right\} \\
&= 2\exp\left\{i[k(n_1(r_0 + r) - \omega t]\right\}\exp\left\{ik\Delta(n_2 + n_1 \sin \alpha)\right\}
\end{aligned}
\quad (2.8.4)
$$

式中如 α 是临界角 θ_c 时，有 $\sin\theta_c = n_2/n_1$，上式变为

$$
\begin{aligned}
\Psi &= 2\exp\left\{i[kn_1(r_0 + r) - \omega t]\right\}\exp\left\{i2kn_2\Delta\right\} \\
&= 2\{\cos(2kn_2\Delta) + i\sin(2kn_2\Delta)\}\exp\left\{i[kn_1(r_0 + r) - \omega t]\right\}
\end{aligned}
\quad (2.8.5)
$$

当 $2kn_2\Delta = m2\pi(m=1,2,3,\cdots)$ 时，波函数 Ψ 的振幅最大，得到

$$\Delta = \frac{m\lambda}{2n_2}, \quad m = 1,\ 2,\ 3,\ \cdots \quad (2.8.6)$$

当 $m=50$，$n_2=1.409$，$\lambda=3.39\mu m$ 时，$\Delta=60.149\mu m$，而实验值为 $\Delta_{exp}=60\mu m$[10].

2.9　近轴物近轴光条件下球面折射的物像公式

光子经过球面折射的光路见图 2.9.1. 对图中符号与距离作如下符号规定：垂直于球面并通过中心的线为主轴，光路倾角从主轴算起，如转向光路的倾角需逆时针转向则倾角为负，如转向光路的倾角需顺时针转向则倾角为正，距离从顶点 O 算起，向左为负，向右为正，如图中所指明的那样.

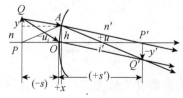

图 2.9.1　近轴物在近轴光路条件下经折射面的成像光路[11]

设光子从 Q 点出发，再经 QAQ' 到达 Q' 点，考虑到近轴物近轴光路条件，其波函数为

$$\Psi = \int_0^{h_m} dh \exp\{i[kn\left((-s+x)^2 + (y-h)^2\right)^{1/2}$$
$$+ kn'\left((s'-x)^2 + (-y'+h)^2\right)^{1/2} - \omega t]\}$$
$$\approx \int_0^{h_m} dh \exp\left\{i\left[k\left(-ns + n's' - \left(\frac{ny^2}{2s} + \frac{n'y'^2}{2s'}\right)\right.\right.\right.$$
$$\left.\left.\left. + h\left(\frac{ny}{s} - \frac{n'y'}{s'}\right) + \frac{h^2}{2}\left(-\frac{n}{s} + \frac{n'}{s'} + \frac{n}{r} - \frac{n'}{r'}\right)\right) - \omega t\right]\right\} \quad (2.9.1)$$
$$= \exp\left\{i\left[k\left(-ns + n's' - \left(\frac{ny^2}{2s} + \frac{n'y'^2}{2s'}\right)\right) - \omega t\right]\right\}$$
$$\times \int_0^{h_m} dh \exp\left\{ikh\left(\frac{ny}{s} - \frac{n'y'}{s'}\right)\right\}$$

上式表示光子从 Q 点出发经球面上 A 点（跑动点）到达 Q' 点的所有可能路径几率幅的叠加，式中考虑到路径对 h 的线性关系，可令 h^2 的因子为零，即

$$\frac{n'}{s'} - \frac{n}{s} = \frac{n'-n}{r} \quad (2.9.2)$$

对（2.9.1）式积分，得

$$\Psi = \exp\left\{i\left[k\left(-ns + n's' - \left(\frac{ny^2}{2s} + \frac{n'y'^2}{2s'}\right) + \left(\frac{ny}{s} - \frac{n'y'}{s'}\right)\frac{h_m}{2}\right) - \omega t\right]\right\}$$
$$\times \frac{h_m \cdot \sin\left[k\left(\frac{ny}{s} - \frac{n'y'}{s'}\right)\frac{h_m}{2}\right]}{k\left(\frac{ny}{s} - \frac{n'y'}{s'}\right)\frac{h_m}{2}} \quad (2.9.3)$$

上式取几率极大值，得

$$\frac{ny}{s} = \frac{n'y'}{s'}$$

即得像的放大率

$$\frac{y'}{y} = \frac{s'}{s}\frac{n}{n'} \quad (2.9.4)$$

（2.9.2）与（2.9.4）式是近轴物在近轴光路条件下经折射面的**物像公式**.

2.10　薄透镜的物像公式

对于薄透镜成像, 见图 2.10.1. 设光子从 Q 点出发, 经光路 $QAA'Q'$ 到达 Q' 点. 光子从始点 Q 经透镜到达 Q' 点的所有可能路径的几率幅的叠加波函数为 (A 为跑动点)

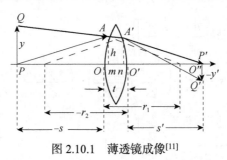

图 2.10.1　薄透镜成像[11]

$$
\begin{aligned}
\varPsi &= \int_0^{h_m} \mathrm{d}h \exp\{\mathrm{i}[kQAA'Q' - \omega T]\} \\
&= \int_0^{h_m} \mathrm{d}h \exp\{\mathrm{i}[kn_1\left((-s+t_1)^2 + (y-h)^2\right)^{1/2} \\
&\quad + n(t - t_1 - t_2) + kn_2\left((s'-t_2)^2 + (-y'+h)^2\right)^{1/2} - \omega T]\} \\
&\approx \int_0^{h_m} \mathrm{d}h \exp\left\{\mathrm{i}\left[k\left(n_1(-s+t_1) + n_1\frac{(y-h)^2}{-2s} + n(t-t_1-t_2)\right.\right.\right. \\
&\quad \left.\left.\left. + n_2(s'-t_2) + n_2\frac{(-y+h)^2}{2s'}\right) - \omega T\right]\right\}
\end{aligned}
\tag{2.10.1}
$$

式中 k 是光子的波矢, ω 是光子的频率, n 是透镜的折射率, n_1、n_2 分别为透镜左右两边介质的折射率, T 为光子从 Q 到 Q' 的时间, 这里 t 为薄透镜中部的厚度, t_1 为 Om 的长度, t_2 为 $O'n$ 的长度:

$$
t_1 \approx \frac{h^2}{2r_1}, \quad t_2 \approx \frac{h^2}{2(-r_2)}
$$

(2.10.1) 式变为

$$
\begin{aligned}
\varPsi &= \exp\{\mathrm{i}[k(n_1 r_0 - \omega T]\} \\
&\quad \times \int_0^{h_m} \mathrm{d}h \exp\left\{\mathrm{i}\left[k\left(-n_1 s + n_2 s' - \left(\frac{n_1 y^2}{2s} + \frac{n_2 y'^2}{2s'}\right) + nt\right.\right.\right. \\
&\quad \left.\left.\left. + h\left(\frac{n_1 y}{s} - \frac{n_2 y'}{s'}\right) + \frac{h^2}{2}\left(-\frac{n_1}{s} + \frac{n_2}{s'} + \frac{n_1}{r_1} - \frac{n_2}{r_2} - \frac{n}{r_1} + \frac{n}{r_2}\right)\right)\right]\right\}
\end{aligned}
\tag{2.10.2}
$$

考虑到路径对 h 的线性关系，可令上式中 h^2 的因子为零，即

$$\frac{n_2}{s'} - \frac{n_1}{s} = \frac{n - n_1}{r_1} + \frac{n_2 - n}{r_2}$$ （2.10.3）

（2.10.2）式变为

$$
\begin{aligned}
\Psi &= \exp\left\{i\left[k\left(-n_1 s + n_2 s' - \left(\frac{n_1 y^2}{2s} + \frac{n_2 y'^2}{2s'}\right)\right) - \omega T\right]\right\} \\
&\quad \times \int_0^{h_m} \mathrm{d}h \exp\left\{ikh\left[\frac{n_1 y}{s} - \frac{n_2 y'}{s'}\right]\right\} \\
&= \exp\left\{i\left[k\left(-n_1 s + n_2 s' - \left(\frac{n_1 y^2}{2s} + \frac{n_2 y'^2}{2s'}\right) + \left(\frac{n_1 y}{s} - \frac{n_2 y'}{s'}\right)\frac{h_m}{2}\right) - \omega T\right]\right\} \\
&\quad \times \frac{h_m \cdot \sin\left[k\left(\frac{n_1 y}{s} - \frac{n_2 y'}{s'}\right)\frac{h_m}{2}\right]}{k\left(\frac{n_1 y}{s} - \frac{n_2 y'}{s'}\right)\frac{h_m}{2}}
\end{aligned}
$$ （2.10.4）

式中 h_m 为 h 的最大值. 由（2.10.3）式，当 $s' \to \infty$ 时，物方焦距 $s = f$ 为

$$f = \frac{-n_1}{\dfrac{n - n_1}{r_1} + \dfrac{n_2 - n}{r_2}}$$ （2.10.5）

由（2.10.3）式，当 $s \to \infty$ 时，像方焦距 $s' = f'$ 为

$$f' = \frac{n_2}{\dfrac{n - n_1}{r_1} + \dfrac{n_2 - n}{r_2}}$$ （2.10.6）

再利用（2.10.3）式，可得到薄透镜的**高斯公式**

$$\frac{f'}{s'} + \frac{f}{s} = 1$$ （2.10.7）

如果透镜两边为空气，则 $f = -f'$，**高斯公式**变为

$$\frac{1}{s'} - \frac{1}{s} = \frac{1}{f'}$$ （2.10.8）

由（2.10.4）式，取几率分布极大值得到

$$\frac{n_1 y}{s} = \frac{n_2 y'}{s'}$$ （2.10.9）

由近轴条件有

$$\sin u' = \frac{h}{s'}, \quad \sin(-u) = \frac{h}{-s} \tag{2.10.10}$$

（2.10.10）式代入（2.10.9）式，得

$$n_1 y \sin u = n_2 y' \sin u' \tag{2.10.11}$$

上式称为 **Abbe 正弦条件**. 如能满足此条件，近轴物所成的像是清晰的.

  上面我们只讨论了几何光学中的基本问题. 有了上述基本定律与公式，使用上述方法，便可研究几何光学中较为复杂的光学系统.

  由（2.10.6）式我们看到，当 $n_1=n_2=1$，$r_1=-r_2=R$ 时，球面双凸薄透镜的像方焦距为

$$f' = \frac{R}{2(n-1)} \tag{2.10.12}$$

这个公式是近轴光线给出的结果. 它忽略了沿光轴方向射向透镜光束的半径与随波长而变的折射率的变化. 实际上，透镜的焦距与透镜的几何参数、折射率的分布、折射率随波长的分布及光束的半径有关. 同时考虑这四种因素的描述方式是符合实验的正确表示，这就是光子态的路径积分表示式. 这样的描述方式将完全不同于经典几何光学中光线光学与波动光学的描述.

  我们以平凸透镜为例，见图 2.10.2. 设光从远处射向透镜，所经距离为 r_0，经路径 ABc 到 P 点（B 到 P 的路径我们近似用 BcP 代替）.

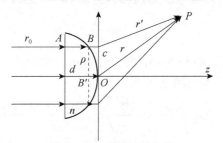

图 2.10.2　薄透镜的焦距

  图 2.10.2 中 R 是球面透镜的曲率半径，n 是透镜的折射率，d 是透镜的厚度，O 是坐标原点，c 是跑动点. 令 $AB=z_0$

$$z_0 = \sqrt{R^2 - \rho_c^2} - (R-d) \tag{2.10.13}$$

及

$$r' = \sqrt{z^2 + (x - \rho_c \cos\varphi_c)^2 + (y - \rho_c \sin\varphi_c)^2} \tag{2.10.14}$$

这样，从远处经 ABc（c 是跑动点）到达 P 点的所有可能的路径的几率幅的叠加，即光子态为

$$\Psi(r,t) = \int dr_c \exp\{i[k(r_0 + nz_0 + (d - z_0) + r') - \omega t]\} \tag{2.10.15}$$

将（2.10.13）式与（2.10.14）式代入上式，得到

$$\Psi(r,t) = \exp\{i\{k[r_0 + nd - (n-1)R] - \omega t\}\} \int_0^h \rho_c d\rho_c \int_0^{2\pi} d\varphi_c$$
$$\times \exp\Big\{ik\Big[(n-1)\sqrt{R^2 - \rho_c^2}$$
$$+ \sqrt{z^2 + (x - \rho_c \cos\varphi_c)^2 + (y - \rho_c \sin\varphi_c)^2}\Big]\Big\} \tag{2.10.16}$$

式中 h 是光子所经路径离光轴的最大高度. 为求平凸透镜的焦距，上式变为

$$\Psi(z) = \exp\{i\{k[r_0 + nd - (n-1)R] - \omega t\}\} \int_0^h \rho_c d\rho_c \int_0^{2\pi} d\varphi_c$$
$$\times \exp\Big\{ik\Big[(n-1)\sqrt{R^2 - \rho_c^2}$$
$$+ \sqrt{z^2 + (x - \rho_c \cos\varphi_c)^2 + (y - \rho_c \sin\varphi_c)^2}\Big]\Big\} \tag{2.10.17}$$

令 $q(z) = |\Psi(z)|^2$，它表示光子沿光轴 z 的几率分布，即相对光强分布，**最大几率分布的点即为焦点**. 我们的定义与经典几何光学中的定义不同. 在经典几何光学中，射高相同的光线会聚于一点，不同射高的光线会聚于光轴上不同的点，因而有无穷多焦点，即使是近轴光线也有无穷多焦点. 实际上射向透镜的光一般都是一束光，即不同射高的光线都有. 实验给出的是这一束光的焦点，即光强分布最大的一点. 这与我们定义的焦点一致. 按公式（2.10.12）可给出平凸薄透镜的焦距公式

$$f' = \frac{R}{n-1} \tag{2.10.18}$$

设透镜折射率 $n=1.575$，$R=57.5\mu m$，则 $f'=100\mu m$. 使用波长 $\lambda=0.5876\mu m$（D 线），如按（2.10.17）式，可给出图 2.10.3.

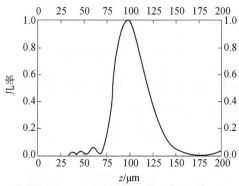

图 2.10.3　平凸薄透镜的焦距（1）

$\lambda=0.5876\mu m$，$R=57.5\mu m$，$d=5\mu m$，$D=46.904158$

$f'=97.2\mu m$，$n(0)=1.575$，$h=0.7D/2$

从图 2.10.3 可见，用平凸透镜焦距公式（2.10.18）计算的焦距为 100μm，对于光束半径为 0.7D/2 的光（D 为平凸薄透镜的直径），实际的焦距为 97.2μm. 如果用光束半径为 0.3D/2 的光（近轴光），可给出图 2.10.4.

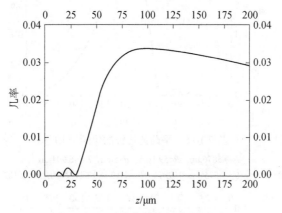

图 2.10.4　平凸薄透镜的焦距（2）

λ=0.5876μm, R=57.5μm, d=5μm, D=46.904158

f′=99.5μm, n(0)=1.575, h=0.3D/2

图 2.10.4 给出的焦距在 99.0～99.9μm，取中间值为 99.5μm，它也不等于按公式（2.10.18）计算的计算值. 上述结果没有考虑折射率随波长的变化. 如果考虑折射率随波长的变化，我们可给出图 2.10.5～图 2.10.7 的结果.

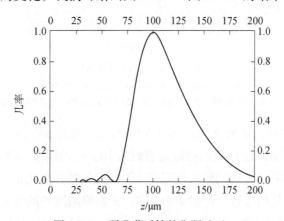

图 2.10.5　平凸薄透镜的焦距（3）

λ=0.6563μm, R=59.1μm, d=5μm, D=46.904μm

f′=100.8μm, n(0)=1.571, h=0.7D/2. 按（2.10.18）式计算的焦距为 103.503μm

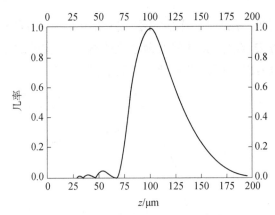

图 2.10.6　平凸薄透镜的焦距（4）

$\lambda=0.5876\mu m$，$R=59.1\mu m$，$d=5\mu m$，$D=46.904\mu m$

$f'=100.0\mu m$，$n(0)=1.575$，$h=0.7D/2$. 按（2.10.18）式计算的焦距为 102.783μm

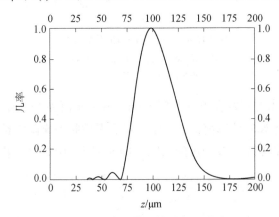

图 2.10.7　平凸薄透镜的焦距（5）

$\lambda=0.4861\mu m$，$R=59.1\mu m$，$d=5\mu m$，$D=46.904\mu m$

$f'=98.3\mu m$，$n(0)=1.585$，$h=0.7D/2$. 按（2.10.18）式计算的焦距为 101.026μm

在图 2.10.6 中，如果对于 D 线（0.5876μm）设计焦距为 100μm，透镜的曲率半径应取 59.1μm. 这样我们就得到焦距为 100μm 的结果. 图 2.10.5～图 2.10.7 中给出的结果表明，透镜几何参数不变，不同波长的光焦距不同. 因此，透镜的焦距应与透镜的几何参数、折射率的分布、折射率随波长的分布及光束的半径有关，（2.10.17）式正是考虑了这四个要求的结果. 它与实验结果一致. 见后面第 8 章中关于变折射率透镜表 8.5.1（焦距的理论计算值与实验数据比较）. 不过，平凸薄透镜的焦距公式（2.10.18）还是有用的，它可以表示所设计的透镜焦距的近似估计值.

2.11　平凸薄透镜的量子像差

当我们讨论光子经透镜成像时，无论是焦距还是像高，都是给出它们的几率分布，这样形成的像差称为量子像差. 对于平凸薄透镜的像差，我们讨论它的球差与色差.

1. 球差

1）轴向球差

由（2.10.17）式，取光束半径为 $D/2$ 及 $0.3D/2$ 两种积分限，分别给出平凸薄透镜的轴向球差. 图 2.11.1（a）和（b）是（2.10.17）式取绝对值的平方给出的沿轴向的几率分布，积分限 $0.3D/2$ 表示对近轴光路求积分，积分限 $D/2$ 表示对边沿光路求积分，它们给出的焦距之差即为平凸薄透镜的轴向球差. 因焦距是按（2.10.17）式取几率分布的极大值求出的，这种球差可称为量子轴向球差.

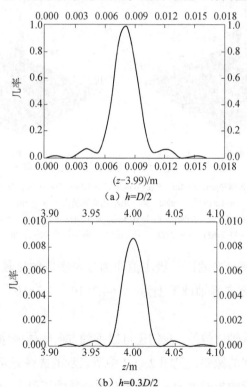

（a）$h=D/2$

（b）$h=0.3D/2$

图 2.11.1　平凸薄透镜的焦距

$\lambda=0.5876\mu m$，$f'=4m$，$R=2.06548m$，$d=1.549858\times10^{-3}m$，$D=0.16m$，$n=1.51637$. 按（a）图焦距为 3.99810m，按（b）图焦距为 3.99983m

由图 2.11.1 可得平凸薄透镜的轴向球差为 $\Delta z=3.99983-3.99810=1.73\times10^{-3}$(m)，它与按经典几何光学设计的轴向球差相近（1.77mm）[12].

2）垂轴球差

对于平凸薄透镜的垂轴球差，可将（2.10.5）式改写为二维形式

$$\Psi(x,y)=\exp\{i\{k[r_0+nd-(n-1)R]-\omega\,t\}\}\int_0^h\rho_c\mathrm{d}\rho_c\int_0^{2\pi}\mathrm{d}\varphi_c$$
$$\times\exp\Big\{ik\Big[(n-1)\sqrt{R^2-\rho_c^2}$$
$$+\sqrt{z^2+(x-\rho_c\cos\varphi_c)^2+(y-\rho_c\sin\varphi_c)^2}\Big]\Big\}$$

（2.11.1）

取上式绝对值的平方可给出光在平凸薄透镜焦距处的横向几率分布，见图 2.11.2（a）和（b）.

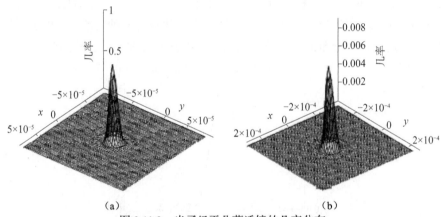

（a）   （b）

图 2.11.2　光子经平凸薄透镜的几率分布

（a）λ=0.5876μm，f'=4m，R=2.06548m，d=1.549858$\times10^{-3}$m，D=0.16m
n=1.51637，h=D/2．第一最小几率半径为 1.3×10^{-5}m
（b）λ=0.5876μm，f'=4m，R=2.06548m，d=1.549858$\times10^{-3}$m，D=0.16m
n=1.51637，h=0.3×D/2．第一最小几率半径为 4.2×10^{-5}m

我们以图中几率分布的第一极小值作为分辨率以便比较它们的垂轴像差的大小．这样，垂轴方向垂轴球像差为 $\Delta x=4.2\times10^{-5}-1.3\times10^{-5}=2.9\times10^{-5}$（m），即 0.029mm.

对于垂轴方向垂轴球像差，我们还可以垂轴方向物体的像高比较透镜的边沿光线与近轴光线之间的像差，见图 2.11.3 中所表示的成像光路图.

图 2.11.3 中透镜的折射率为 n，透镜左边介质的折射率为 n_1，透镜右边介质的折射率为 n_2，y 为物高，y'为像高，透镜厚度为 d，物体离坐标原点 O 的距离

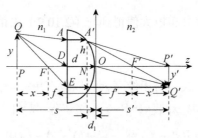

图 2.11.3　平凸薄透镜成像光路图

为$-s$（符号正负的说明见 2.9 节），像距为 s'. A'点（跑动点）距 z 轴的距离为 h. 我们考虑从 Q 点发出的光子经透镜后聚焦于 Q'点，光子从 Q 点出发经 AA' 到 Q'点的所有可能路径几率幅的叠加为（只考虑一维问题）

$$
\begin{aligned}
\Psi(\boldsymbol{r},t) &= \int_0^h \mathrm{d}h\, \exp\{\mathrm{i}[kQAA'Q' - \omega t]\} \\
&= \int_0^h \mathrm{d}h\, \exp\{\mathrm{i}[k(n_1 QA + nAA' + n_2 A'Q') - \omega t]\} \\
&= \int_0^h \mathrm{d}h\, \exp\{\mathrm{i}[k\{n_1[(-s-d)^2 + (y-h)^2]^{1/2} + n(d-d_1) \\
&\quad + n_2[(s'-d_1)^2 + (-y'+h)^2]^{1/2}\} - \omega t]\}
\end{aligned}
\tag{2.11.2}
$$

式中积分上限 h 为光子的射高，在如下条件下：$s \gg d$，$s' \gg d_1$，即薄透镜，将上式方括号中作近似展开，得到

$$
\begin{aligned}
\Psi(\boldsymbol{r},t) &= \exp\left\{\mathrm{i}\left[k\left\{n_1(-s-d) + n_1\frac{y^2}{-2s} + n_2 s' + n_2\frac{y'^2}{2s'}\right\} - \omega t\right]\right\} \\
&\quad \times \int_0^h \mathrm{d}h\, \exp\left\{\mathrm{i}k\left[nd + h\left(\frac{n_1 y}{s} - \frac{n_2 y'}{s'}\right)\right.\right. \\
&\quad \left.\left. + \frac{h^2}{2}\left(\frac{n_1}{-s} + \frac{n_2}{s'} + \frac{n}{R} - \frac{n_2}{R}\right) + \cdots\right]\right\}
\end{aligned}
\tag{2.11.3}
$$

略去 h^2 及更高方次的项，得到

$$
\begin{aligned}
\Psi(\boldsymbol{r},t) &= \exp\left\{\mathrm{i}\left[k\left[n_1(-s-d) + n_1\frac{y^2}{-2s} + n_2 s' + n_2\frac{y'^2}{2s'}\right] - \omega t\right]\right\} \\
&\quad \times \int_0^h \mathrm{d}h\, \exp\left\{\mathrm{i}k\left[nd + h\left(\frac{n_1 y}{s} - \frac{n_2 y'}{s'}\right)\right]\right\}
\end{aligned}
\tag{2.11.4}
$$

上式取绝对值的平方，得到像高的几率分布

$$
q(y') = |\Psi(\boldsymbol{r},t)|^2 = \left|\int_0^h \mathrm{d}h\, \exp\left\{\mathrm{i}k\left[h\left(\frac{n_1 y}{s} - \frac{n_2 y'}{s'}\right)\right]\right\}\right|^2
\tag{2.11.5}
$$

由（2.11.5）式，取几率分布极大值得到与（2.10.9）式相似的公式

$$\frac{n_1 y}{s} = \frac{n_2 y'}{s'} \qquad (2.11.6)$$

由（2.11.2）式的最后一式，对于像高，我们也有更一般的表示式

$$\Psi(y') = \int_0^h dh \exp\{i[k\{n_1[(-s-d)^2 + (y-h)^2]^{1/2} + n(d-d_1) \\ + n_2[(s'+d_1)^2 + (-y'+h)^2]^{1/2}\} - \omega t]\} \qquad (2.11.7)$$

式中 $d = R - \sqrt{R^2 - (D/2)^2}$ ，$d_1 = R - \sqrt{R^2 - h^2}$.

（2.11.7）式中的波函数取绝对值的平方可得到像高的几率分布，见图 2.11.4
（a）和（b）.

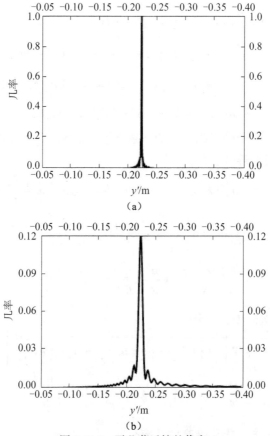

（a）

（b）

图 2.11.4　平凸薄透镜的像高

（a）λ=0.5876μm, f'=4m, R=2.06548m, d=1.549858×10⁻³m, D=0.16m,
n=1.51637, h=D/2, y=0.7×D/2, y'=−0.2230m, s=−5m, s'=19.911m
（b）λ=0.5876μm, f'=4m, R=2.06548m, d=1.549858×10⁻³m, D=0.16m,

n=1.51637, h=0.3×D/2, y=0.7×D/2, y'=−0.2228m, s=−5m, s'=19.893m

从图 2.11.4 中几率分布的最大值给出垂轴球差 $\Delta y'=-0.2228\text{m}+0.2230\text{m}=$ $2\times10^{-4}\text{m}$，即 0.2mm，图中像高为负，表示此像为倒立的实像.

当透镜两边介质相同时，由（2.11.6）式，可得到

$$\frac{y'}{y}=\frac{s'}{s} \qquad (2.11.8)$$

再由高斯公式（2.10.8），可得

$$s'=\left(1-\frac{y'}{y}\right)f' \qquad (2.11.9)$$

由图 2.11.3，有关系式 $s'=x'+f'$，$s=x+f$，再由高斯公式（2.10.7），可得

$$\frac{f'}{x'+f'}+\frac{f}{x+f}=1$$

即可得到**牛顿公式**

$$x\cdot x'=f\cdot f' \qquad (2.11.10)$$

在图 2.11.3 中，ΔQPF 与 ΔFDE 及 $\Delta A'NF'$ 与 $\Delta F'P'Q$ 四个三角形两两相似，得到

$$\frac{y'}{y}=-\frac{x'}{f'}=-\frac{s'-f'}{f'}$$
$$=-\frac{f}{x}=-\frac{f}{s-f} \qquad (2.11.11)$$

在经典几何光学中，我们知道，由薄透镜得出的高斯公式（2.10.8）与牛顿公式（2.11.10），在厚透镜及理想光学系统中均成立，这时，物距 s 应从物方基点量起，像距 s' 应从像方基点量起.

2. 色差

1）轴向色差

将光源的 C 线（0.6563μm）与 F 线（0.4861μm）所对应的 K9 玻璃的折射率代入（2.10.17）式，即 n=1.514（0.6563μm）与 n=1.522（0.4861μm），可以求出平凸薄透镜的轴向色差，见图 2.11.5（a）和（b）. 图中横轴表示沿轴向的距离，用米为单位；纵轴为（2.10.17）式中波函数取绝对值的平方，表示光子沿 z 轴的几率分布，即相对光强分布.

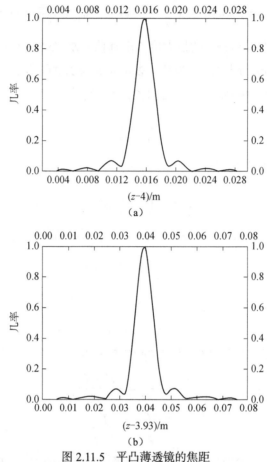

图 2.11.5　平凸薄透镜的焦距

（a）$\lambda=0.6563\mu m$，$f'=4m$，$R=2.0652m$，$d=1.5501\times10^{-3}m$，$D=0.16m$，$n=1.514$，$h=D/2$，$f=4.0160m$
（b）$\lambda=0.4861\mu m$，$f'=4m$，$R=2.0652m$，$d=1.5501\times10^{-3}m$，$D=0.16m$，$n=1.522$，$h=D/2$，$f=3.9544m$

在图 2.11.5 中 $f'=4m$ 为设计波长，而 $f=4.0160m$（$\lambda=0.6563\mu m$）与 $f=3.9544m$（$\lambda=0.4861\mu m$）分别为这些波长所对应的平凸薄透镜的焦距．它们的差值 $\Delta z_{FC}=4.0160-3.9544=0.0616$（m），即 61.6mm，表示平凸薄透镜对这两个波长的轴向色差．我们的量子色差表示值与经典几何光学的结果接近．在经典几何光学中，它的值为 $\Delta l'_{FC}=62.5mm$，见文献[12]．

由图 2.11.1～图 2.11.5 的结果看到，单透镜的像差中色差最大，是必须首先校正的像差．

2）垂轴色差

由（2.11.7）式，可给出平凸薄透镜的垂轴像高，见图 2.11.6（a）和（b）．

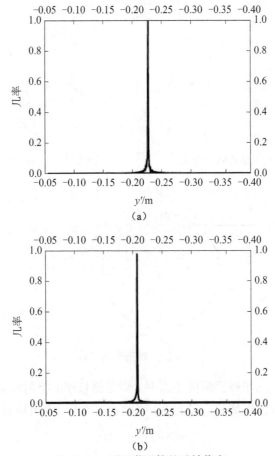

$$y'/m$$

（a）

$$y'/m$$

（b）

图 2.11.6 平凸薄透镜的垂轴像高

（a）$\lambda=0.6563\mu m$，$f'=4m$ ，$R=2.056m$，$d=1.577\times10^{-3}m$，$D=0.16m$，
$n=1.514$，$h=D/2$，$y=0.7\times D/2$，$y'=-0.22319m$，$s=-5m$，$s'=19.9277m$
（b）$\lambda=0.4861\mu m$，$f'=4m$，$R=2.056m$，$d=1.577\times10^{-3}m$，$D=0.16m$，
$n=1.522$，$h=D/2$，$y=0.7\times D/2$，$y'=-0.20711m$，$s=-5m$，$s'=18.4920m$

图 2.11.6 可给出平凸薄透镜对不同波长的垂轴色差

$$\Delta y'_{FC}=-0.20711+0.22319=0.0161（m）即 16.1mm$$

图中像高为负，表示此像为倒立的实像.

2.12 半球与球透镜的焦距

半球与球透镜是厚透镜. 为计算半球与球透镜的焦距，我们作如下的光路径
图，见图 2.12.1～图 2.12.3.

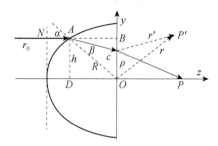
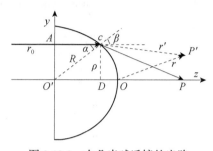

图 2.12.1　左凸半球透镜的光路　　　　　图 2.12.2　右凸半球透镜的光路

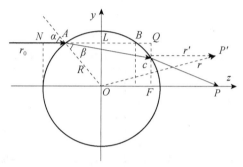

图 2.12.3　球透镜的光路

从图 2.12.1 左凸半球透镜的光路中，设透镜玻璃的折射率为 n，光的入射角为 α，折射角为 β，半球的半径为 R，光路的射高为 h，由折射定律，有

$$\sin(\alpha) = n\sin(\beta) \qquad (2.12.1)$$

$$\sin(\alpha) = \frac{h}{n}, \quad \sin(\beta) = \frac{h}{nR} \qquad (2.12.2)$$

设 r_0 是光子从初始出发点至半球顶点的距离，光子经各路径的距离为

$$NA = R - AB = R - R\cos(\alpha) \qquad (2.12.3)$$

$$Ac = \frac{AB}{\cos(\alpha - \beta)} = \frac{R\cos\alpha}{\cos(\alpha - \beta)} \qquad (2.12.4)$$

$$cO \equiv \rho = h - Bc = h - AB\tan(\alpha - \beta) = h - R\cos\alpha\tan(\alpha - \beta) \qquad (2.12.5)$$

$$cP = \sqrt{cO^2 + z^2} = \sqrt{\rho^2 + z^2} \quad \text{（二维表示）}$$

$$cP = \sqrt{(x - \rho\cos\varphi)^2 + (y - \rho\sin\varphi)^2 + z^2} \quad \text{（三维表示）} \qquad (2.12.6)$$

光子经路径 r_0NAcP 后的波函数为

$$\Psi(\mathbf{r},t) = \int \mathrm{d}\mathbf{r}_c \exp\{\mathrm{i}[k(r_0 + NA + nAc + cP) - \omega t]\}$$

$$= \exp\left\{\mathrm{i}[(r_0 + R) - \omega t]\int_0^{\rho_0}\int_0^{2\pi}\rho\mathrm{d}\rho\mathrm{d}\varphi\right.$$

$$\times \exp\left\{\mathrm{i}k\left[-\sqrt{R^2 - h^2} + \frac{n\sqrt{R^2 - h^2}}{\cos(\alpha - \beta)}\right.\right. \qquad (2.12.7)$$

$$\left.\left.\left. + \sqrt{(x - \rho\cos\varphi)^2 + (y - \rho\sin\varphi)^2 + z^2}\right]\right\}\right\}$$

式中 ρ_0 是光的最大射高 h_0 所对应的射高. 给定透镜的折射率，球面的曲率半径，可作光沿 z 轴的强度分布 $q(z) = |\Psi(z)|^2$，见图 2.12.4.

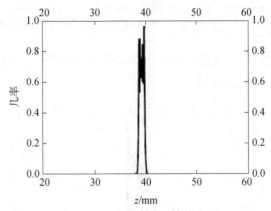

图 2.12.4　左凸半球透镜的焦距

$\lambda = 0.520 \times 10^{-3}$mm, $n=1.5$, $R=30$mm, $h_0=0.3R$, $x=0$, $y=0$, $f'=39.81$mm

图 2.12.4 中给出的焦距为 39.81mm（以图 2.12.1 中半球心为坐标原点）. 这一数值与按经典几何光学中给出的公式计算半球透镜焦距的结果一致：$4R/3=40$mm[13]，其差别在于，在经典几何光学中所给出的公式只适用于近轴光线. 实际上这近轴光线是很难确定的，对于近轴的光束仍然有无穷多焦点，因经典几何光学中不讨论光的强度分布. 而我们计算焦距的公式中同时考虑了透镜的几何参数、折射率分布、折射率随波长的分布及光束的半径这四种因素的影响，它的结果比经典几何光学中计算焦距的公式要精确.

从图 2.12.2 右凸半球透镜的光路中，类似上面的计算，我们有

$$n\sin\alpha = \sin\beta \qquad (2.12.8)$$

$$\sin\alpha = \frac{\rho}{R}, \quad \sin\beta = \frac{n\rho}{R} \qquad (2.12.9)$$

$$Ac = R\cos\alpha \qquad (2.12.10)$$

$$DO = R - R\cos\alpha \qquad (2.12.11)$$

$$cP = \sqrt{DO^2 + \rho^2} = \sqrt{\left(z + R - \sqrt{R^2 - \rho^2}\right)^2 + \rho^2} \quad (\text{二维表示}) \quad (2.12.12)$$

$$cP = \sqrt{\left(z + R - \sqrt{R^2 - \rho^2}\right)^2 + (x - \rho\cos\varphi)^2 + (y - \rho\sin\varphi)^2} \quad (\text{三维表示}) \quad (2.12.13)$$

光子经路径 r_0AcP 后的波函数为

$$\Psi(\boldsymbol{r},t) = \int d\boldsymbol{r}_c \exp\{i[k(r_0 + nAc + cP) - \omega t]\}$$

$$= \exp\{i(kr_0 - \omega t)\}\int_0^{\rho_0}\int_0^{2\pi}\rho d\rho d\varphi \exp\left\{ik\left[n\sqrt{R^2 - \rho^2}\right.\right. \qquad (2.12.14)$$

$$\left.\left. + \sqrt{\left(z + R - \sqrt{R^2 - \rho^2}\right)^2 + (x - \rho\cos\varphi)^2 + (y - \rho\sin\varphi)^2}\right]\right\}$$

给定光束的最大射高 ρ_0、透镜的折射率及球面的曲率半径，可作光沿 z 轴的强度分布 $q(z) = |\Psi(z)|^2$，见图 2.12.5.

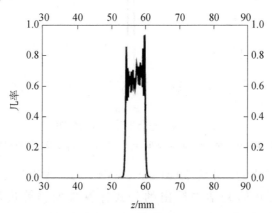

图 2.12.5　右凸半球透镜的焦距

$\lambda = 0.520\times10^{-3}$mm，$n=1.5$，$R=30$mm，$\rho_0 = 0.3R$，$x=0$，$y=0$，$f'=59.53$mm

图 2.12.5 中给出的焦距为 59.53mm（以图 2.12.2 中半球顶点为坐标原点）. 如果以半球球心为坐标原点，焦距为 30+59.53=89.53（mm），这一数值与按经典几何光学中给出的公式 $nR/(n-1)=90$mm 计算半球透镜焦距的结果基本一致. 注意，光束的最大射高 ρ_0 不同可给出略微不同的焦距.

对于光经图 2.12.3 球透镜的光路，按上述同样的方法，可计算如下

$$NA = R - AL = R - \sqrt{R^2 - h^2} \qquad (2.12.15)$$

$$Ac = 2R\cos\beta \qquad (2.12.16)$$

$$\rho = h - Qc = h - Ac\sin(\alpha - \beta) = h - 2R\cos\beta\sin(\alpha - \beta)$$
$$= h - \frac{2}{n}\sqrt{n^2 R^2 - h^2}\sin(\alpha - \beta) \tag{2.12.17}$$

式中

$$\sin(\alpha - \beta) = \frac{h}{nR^2}\left(\sqrt{n^2 R^2 - h^2} - \sqrt{R^2 - h^2}\right) \tag{2.12.18}$$

$$OF = \sqrt{R^2 - \rho^2}$$

$$cP = \sqrt{\rho^2 + FP^2} = \sqrt{\rho^2 + (z - OF)^2} = \sqrt{\rho^2 + \left(z - \sqrt{R^2 - \rho^2}\right)^2} \tag{2.12.19}$$

光子经路径 $r_0 NAcP$ 后的波函数为

$$\Psi(\boldsymbol{r},t) = \int \mathrm{d}\boldsymbol{r}_c \exp\{\mathrm{i}[k(r_0 + NA + nAc + cP) - \omega t]\}$$
$$= \exp\{\mathrm{i}[k(r_0 + R) - \omega t]\}\int_0^{\rho_0}\int_0^{2\pi}\rho\mathrm{d}\rho\mathrm{d}\varphi$$
$$\times \exp\left\{\mathrm{i}k\left[-\sqrt{R^2 - h^2} + 2\sqrt{n^2 R^2 - h^2}\right.\right. \tag{2.12.20}$$
$$\left.\left.+ \sqrt{(x - \rho\cos\varphi)^2 + (y - \rho\sin\varphi)^2 + (z - \sqrt{R^2 - \rho^2})}\right]\right\}$$

给定光束的最大射高 h_0 所对应的 ρ_0、透镜的折射率及球面的曲率半径, 可作光沿 z 轴的强度分布 $q(z) = |\Psi(z)|^2$, 见图 2.12.6.

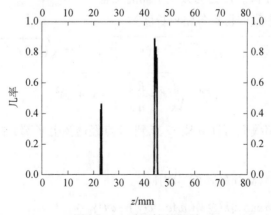

图 2.12.6　球透镜的焦距

$\lambda = 0.520\times10^{-3}$mm, $n=1.5$, $R=30$mm, $h_0=0.3R$, $x=0$, $y=0$, $f_1=22.589$mm, $f_2=44.875$mm

由图 2.12.6 可见, 球透镜有两个焦点, 一个在球内, 焦距为 $f_1=22.589$mm, 一个在球外, 焦距为 $f_2=44.875$mm. 第二个焦距 f_2 与按经典几何光学中给出的公式 $nR/2$ ($n-1$)$=45$mm 计算的球透镜焦距的结果基本一致, 而第一个焦距在经典几何光学中一般没有给出.

2.13 半球与球透镜的成像

对于左凸半球透镜成像的光路图，见图 2.13.1.

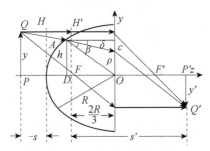

图 2.13.1 左凸半球透镜成像的光路图（n=1.5）

图 2.13.1 中 R 是半球的半径，$-s$ 是物与物方主点间的距离，s' 是像与像方主点间的距离，y 是物的高度，y' 是像的高度，h 是 A 点离 z 轴的距离，F' 是像方焦点，F 是物方焦点，$2R/3$（R/n）是对于折射率 n=1.5 的介质给出的半球平面与像方主平面 H' 间的距离，H 为物方主平面的位置.

从图 2.13.1 中我们得到各路径长度为

$$QA = \sqrt{\left(-s + R - \sqrt{R^2 - h^2}\right)^2 + (y - h)^2}, \quad Ac = \sqrt{(h - \rho)^2 + R^2 - h^2}$$

$$cQ' = \sqrt{\left(s' - \frac{R}{n}\right)^2 + (-y' + \rho)^2}$$

由上述各距离我们可计算从 Q 点到 Q' 点经透镜上半部分的光所形成的光子量子态为

$$\begin{aligned}
\varPsi(\boldsymbol{r}, t) &= \int dh \exp\{i[kQAcQ' - \omega t]\} \\
&= \int dh \exp\{i[k(QA + nAc + cQ') - \omega t]\} \\
&= \exp(-i\omega t) \int_0^{h_0} dh \exp\left\{k\left[\sqrt{\left(-s + R - \sqrt{R^2 - h^2}\right)^2 + (y - h)^2}\right.\right. \qquad (2.13.1) \\
&\quad \left.\left. + n\left(\sqrt{(h - \rho)^2 + R^2 - h^2}\right) + \sqrt{\left(s' - \frac{R}{n}\right)^2 + (-y' + \rho)^2}\right]\right\}
\end{aligned}$$

式中

$$\rho = h - \sqrt{R^2 - h^2} \cdot \tan\delta \qquad (2.13.2)$$

给一定参数，我们得到左凸半球透镜成像像高的几率分布，见图 2.13.2.

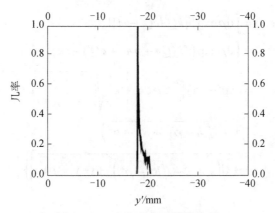

图 2.13.2 左凸半球透镜的成像

$\lambda = 0.520 \times 10^{-3}$mm, $n=1.5$, $R=30$mm, $h_0 = 0.3R$, $f=59.81$mm

$s = -89.715$mm, $s' = 179.43$mm, $y = 0.3R$, $y' = -18.07$mm

从图 2.13.2 中我们看到，像的放大倍数为 $y'/y = -2.008$，负号表示像为倒立实像，与（2.11.6）式给出的结果一致：$s'/s = -2.0$. 证明了关系式：$y'/y = s'/s$.

对于右凸半球透镜的成像光路图，见图 2.13.3. 图中 R 是半球的半径，$-s$ 是物与物方主点间的距离，s' 是像与像方主点间的距离，y 是物的高度，y' 是像的高度，h 是 A 与 c 点离 z 轴的距离，F' 是像方焦点，F 是物方焦点（未标出）.

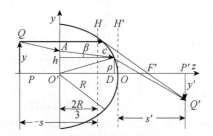

图 2.13.3 右凸半球透镜的成像光路图（$n=1.5$）

从图 2.13.3 中我们得到各路径长度为

$$QA = \sqrt{\left(-s - \frac{R}{n}\right)^2 + (y-h)^2}, \quad Ac = \sqrt{(h-\rho)^2 + R^2 - \rho^2}$$

$$CQ' = \sqrt{\left(s' + R - \sqrt{R^2 - \rho^2}\right)^2 + (-y' + \rho)^2}$$

由上述各距离我们可计算从 Q 点到 Q' 点经透镜上半部分的光路所形成的光子量子态为

$$
\begin{aligned}
\Psi(\boldsymbol{r},t) &= \int \mathrm{d}\rho \exp\{\mathrm{i}[kQAcQ' - \omega t]\} \\
&= \int \mathrm{d}\rho \exp\{\mathrm{i}[k(QA + nAc + cQ') - \omega t]\} \\
&= \exp(-\mathrm{i}\omega t)\int_0^{\rho_0} \mathrm{d}\rho \exp\left\{\mathrm{i}k\left[\sqrt{\left(-s - \dfrac{R}{n}\right)^2 + (y - h)^2}\right.\right. \quad (2.13.3)\\
&\quad + n\left(\sqrt{(h - \rho)^2 + R^2 - \rho^2}\right)\\
&\quad \left.\left.+ \sqrt{\left(s' + R - \sqrt{R^2 - \rho^2}\right)^2 + (-y' + \rho)^2}\right]\right\}
\end{aligned}
$$

式中

$$h = \rho + \sqrt{R^2 - \rho^2}\cdot \tan\beta \qquad (2.13.4)$$

给一定参数，我们得到右凸半球透镜成像像高的几率分布图 $|\Psi(y')|^2$，见图 2.13.4.

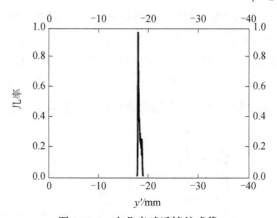

图 2.13.4　右凸半球透镜的成像

$\lambda = 0.520\times 10^{-3}\mathrm{mm}$, $n = 1.5$, $R = 30\mathrm{mm}$, $\rho_0 = 0.245R$, $f = 59.53\mathrm{mm}$

$s = -89.295\mathrm{mm}$, $s' = 178.59\mathrm{mm}$, $y = 0.3R$, $y' = -18.06\mathrm{mm}$

从图 2.13.4 中我们看到，像的放大倍数为 $y'/y = -2.007$，负号表示像为倒立实像，与（2.11.6）式给出的结果一致：$s'/s = -2.0$. 证明了关系式：$y'/y = s'/s$.

对于球透镜的成像光路图，见图 2.13.5.

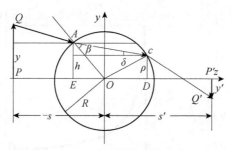

图 2.13.5 球透镜的成像光路图

从图 2.13.5 中我们得到各路径长度为

$$QA = \sqrt{\left(-s - \sqrt{R^2 - h^2}\right)^2 + (y - h)^2}, \quad Ac = 2Rn\cos(\beta)$$

$$cQ' = \sqrt{\left(s' - \sqrt{R^2 - \rho^2}\right)^2 + (-y' + \rho)^2}$$

由上述各距离我们可计算从 Q 点到 Q' 点经透镜上半部分的光路所形成的量子态为

$$\Psi(\boldsymbol{r},t) = \int \mathrm{d}h \exp\{\mathrm{i}[kQAcQ' - \omega t]\}$$

$$= \int \mathrm{d}h \exp\{\mathrm{i}[k(QA + nAc + cQ') - \omega t]\}$$

$$= \exp(-\mathrm{i}\omega t)\int_0^{h_0} \mathrm{d}h \exp\left\{\mathrm{i}k\left[\sqrt{\left(-s - \sqrt{R^2 - h^2}\right)^2 + (y - h)^2}\right.\right. \quad (2.13.5)$$

$$\left.\left. + 2Rn\cos(\beta) + \sqrt{\left(s' - \sqrt{R^2 - \rho^2}\right)^2 + (-y' + \rho)^2}\right]\right\}$$

式中

$$\rho = h - 2R\cos\beta\sin\delta \qquad (2.13.6)$$

对于像高的波函数,(2.13.5)式可写为

$$\Psi(y') = \exp(-\mathrm{i}\omega t)\int_0^{h_0} \mathrm{d}h \exp\left\{\mathrm{i}k\left[\sqrt{\left(-s - \sqrt{R^2 - h^2}\right)^2 + (y - h)^2}\right.\right.$$

$$\left.\left. + 2Rn\cos(\beta) + \sqrt{\left(s' - \sqrt{R^2 - \rho^2}\right)^2 + (-y' + \rho)^2}\right]\right\} \qquad (2.13.7)$$

给一定参数,我们得到球透镜成像像高的几率分布 $q(y') = |\Psi(y')|^2$,见图 2.13.6.

从图 2.13.6 中数据我们得到:$y'/y = -1.998$,$s'/s = -2.0$,与 $y'/y = s'/s$ 一致.

如果需要像的更大的放大倍数,可作图 2.13.7 与图 2.13.8.

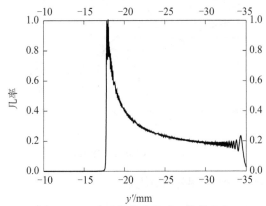

图 2.13.6 球透镜的成像（二倍放大）

$\lambda=0.520\times10^{-3}$mm, $n=1.5$, $R=30$mm, $h_0=0.3R$, $f'=44.875$mm, $s=-67.3125$mm, $s'=134.625$mm, $y=0.3R$, $y'=-17.98$mm

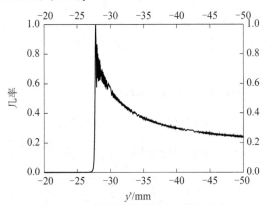

图 2.13.7 球透镜的成像（三倍放大）

$\lambda=0.520\times10^{-3}$mm, $n=1.5$, $R=30$mm, $h_0=0.3R$, $f'=44.875$mm, $s=-59.8333$mm, $s'=179.5$mm, $y=0.3R$, $y'=-26.34$mm

从图 2.13.7 中可得到 $y'/y=-26.34/9=-2.93$，$s'/s=-3$.

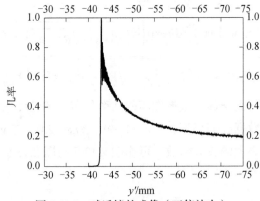

图 2.13.8 球透镜的成像（五倍放大）

$\lambda=0.520\times10^{-3}$mm, $n=1.5$, $R=30$mm, $h_0=0.3R$, $f'=44.875$mm, $s=-53.85$mm, $s'=269.25$mm, $y=0.3R$, $y'=-42.95$mm

从图 2.13.8 中可得到 $y'/y=-42.95/9=-4.77$，$s'/s=-5$.

比较图 2.13.6、图 2.13.7 与图 2.13.8，可以看出，放大倍数越大，偏离关系式 $y'/y=s'/s$ 也越大，即成像质量越差.

参 考 文 献

[1] Rayleigh L. On the transmission of light through an atmosphere containing small particles in suspension, and on the origin of the blue of the sky. Philosophical Magazine Series 5, 1899, 47: 375-384.

[2] Deng L-B. Diffraction of entangled photon pairs by ultrasonic waves. Frontiers of Physics, 2012, 7（2）: 239-243.

[3] 徐玉貌, 刘红年, 徐桂玉. 大气科学概论. 2 版. 南京: 南京大学出版社, 2013: 39.

[4] 陈成钧. 太阳能物理. 连晓峰, 等译. 北京: 机械工业出版社, 2012: 51.

[5] 石顺祥, 王学恩, 刘劲松. 物理光学与应用光学. 2 版. 西安: 西安电子科技大学出版社, 2008: 3.

[6] 曹婷婷, 罗时荣, 赵晓艳, 等. 太阳直射光谱和天空光谱的测量与分析. 物理学报, 2007, 56（9）: 5554-5557.

[7] 郁道银, 谈恒英. 工程光学. 2 版. 北京: 机械工业出版社, 2006: 85.

[8] Mie G. Contributions to the optics of turbid media, particularly of colloidal metal solutions. Annalen der Physik , 1908, 25: 377-445.

[9] Goos F, Hänchen H. Ein neuer und fundamentaler Versuch zur Totalreflexion. Annalender Physik, 1947, 436: 333-346.

[10] Bretenaker F, Le Floch A, Dutriaux L. Direct measurement of the optical Goos-Hänchen effect in lasers. Physical Review Letters, 1992, 68: 931-933.

[11] 姚启钧. 光学教程. 2 版. 北京: 高等教育出版社, 1989.

[12] 袁旭沧. 现代光学设计方法. 北京: 北京理工大学出版社, 1995.

[13] Möller K D. Optics. 2nd ed. New York: Springer-Verlag, 2007.

第3章 远场光学

在均匀各向同性介质中，光沿直线传播. 当遇到障碍物时，光偏离直线传播的现象，称为光的衍射. 由观测屏与障碍物的距离可分为远场、中场及近场三种情况来讨论，本章讨论远场光学. 第4、5章分别讨论中场光学及近场光学. 之所以要这样划分，是因为不同的观测距离，计算光强分布的方法不同. 无论是哪种情况，我们都用单光子进行研究.

3.1 单光子 Fraunhofer 衍射

3.1.1 单光子 Fraunhofer 单缝衍射

光子的单缝衍射如图 1.2.1 所示. 光子经单缝发生衍射的原因不是按 Huygens 原理，而是由于光子的运动要遵从 Heisenberg 不确定性关系，按坐标与波长的 Heisenberg 不确定性关系，$\Delta x \cdot \Delta \lambda^2 / (2\pi)$，即 $\Delta x \cdot \Delta k_x \geqslant 1$，由于光子沿 x 方向最大不准量是缝宽 Δx，相应的光子动量（$\hbar k$，波矢大小 k 与波长 λ 的关系为 $k=2\pi/\lambda$）有不准量，因而光子经单缝后动量方向是不确定的，这就是从量子力学的观点解释光子经单缝发生衍射的原因.

设光子初态为（如电子加速运动的辐射、原子发光等）

$$\Psi(r_S, 0) = \delta(r_S - r_0) \qquad (3.1.1)$$

式中 r_S 是光子在初始点的跑动坐标，r_0 是光子从初始点到坐标原点的矢径. 光子作用量可表示为

$$S(c, S) = \hbar k_0 \cdot (r_c - r_0) - \hbar \omega t_0 \qquad (3.1.2)$$

$$S(P, c) = \hbar k \cdot (r - r_c) - \hbar \omega (t - t_0) \qquad (3.1.3)$$

式中 k_0 和 k 分别是光子初始态及衍射态的波矢；t_0 和 t 分别为光子从 S 到 C 及 S 到 P 点所需时间.

在 (3.1.3) 式中

$$r' = \sqrt{z^2 + (x - x_c)^2 + (y - y_c)^2} \qquad (3.1.4)$$

可写为

$$r' = |\boldsymbol{r} - \boldsymbol{r}_c| = \sqrt{z^2 + (x - x_c)^2 + (y - y_c)^2}$$

$$= \sqrt{z^2 + x^2 + y^2 - 2(xx_c + yy_c) + x_c^2 + y_c^2}$$

$$\approx r - \frac{xx_c + yy_c}{r} + \frac{x_c^2 + y_c^2}{2r} \qquad (3.1.5)$$

$$\approx r - \frac{xx_c + yy_c}{r}$$

式中最后一近似式为 **Fraunhofer** 近似.

对于光子的单缝衍射, 在图 1.2.1 中, 取 $y=0$ 的 xz 平面, 远场的 Fraunhofer 衍射近似变为

$$r' = |\boldsymbol{r} - \boldsymbol{r}_c| \approx r - x_c \sin\theta \qquad (3.1.6)$$

图中 θ 为衍射角. 则 (1.2.4) 式变为

$$\Psi(\boldsymbol{r}, t) = \exp\{i[k(r_0 + r) - \omega t]\}$$

$$\times \int_{-a/2}^{a/2} dx_c \exp(-ikx_c \sin\theta) \qquad (3.1.7)$$

$$= \frac{a \sin\left(\dfrac{ka\sin\theta}{2}\right)}{\dfrac{ka\sin\theta}{2}} \exp\{i[k(r_0 + r) - \omega t]\}$$

上式是光子从远场始点 S 经单缝后到达场点 P 的所有可能路径几率幅的叠加. 式中 θ 为衍射角, a 是缝宽. 这是光子 Fraunhofer 单缝衍射的量子态, 其几率分布为

$$|\Psi(\boldsymbol{r}, t)|^2 = a^2 \left| \frac{\sin\left(\dfrac{ka\sin\theta}{2}\right)}{\dfrac{ka\sin\theta}{2}} \right|^2 \qquad (3.1.8)$$

单缝衍射几率分布极小值 (暗纹) 满足的条件是

$$a\sin\theta = \pm m\lambda, \quad m=1, 2, 3, \cdots \qquad (3.1.9)$$

除中央亮纹 ($\theta=0$) 外, 其他亮纹满足的条件是

$$a\sin\theta = \pm(2m+1)\frac{\lambda}{2}, \quad m=1, 2, 3, \cdots \qquad (3.1.10)$$

(3.1.8) 式表示单缝衍射的几率分布, 见图 3.1.1.

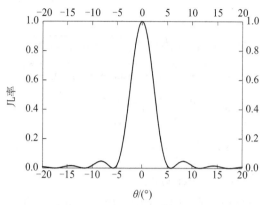

图 3.1.1 光子的单缝衍射（1）

$\lambda=1,\ a=10\lambda$

在导出（3.1.7）式时，我们使用了远场的 Fraunhofer 衍射近似（3.1.6）式，这样，（3.1.7）式像经典物理光学中的平面波的叠加．实际上，不用 Fraunhofer 衍射近似（3.1.6）式，我们仍可由（1.2.4）式，将（3.1.7）式写成一般形式：

$$\Psi(r,t)=\int_{-a/2}^{a/2}\mathrm{d}x_c\exp\{\mathrm{i}[k(r_0+r')-\omega t]\}$$
$$=\exp\{\mathrm{i}[kr_0-\omega t]\}\int_{-a/2}^{a/2}\mathrm{d}x_c\exp\left\{\mathrm{i}\frac{2\pi}{\lambda}\sqrt{z^2+(x-x_c)^2}\right\}\qquad（3.1.11）$$

（3.1.11）式的几率分布，见图 3.1.2.

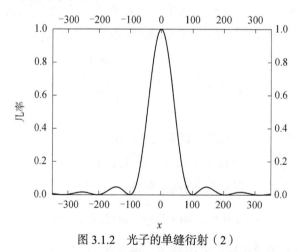

图 3.1.2 光子的单缝衍射（2）

$\lambda=1,\ a=10\lambda,\ z=1000\lambda$

由图 3.1.2 可见，它与图 3.1.1 没有什么区别．而（3.1.11）式就不能看成是平面波的叠加，它是光子经一切可能路径几率辐的叠加．但是使用一般形式的

（3.1.11）式的最大优点是，它不仅适用于远场，也适用于中场与近场. 应该注意到，在数值计算不发达的年代，使用 Fraunhofer 近似导出的光强分布公式（3.1.8）也是重要的.

（3.1.11）式与（2.4.1）式比较，可以看出，它们的形式相同. 图 3.1.2 表示光子穿过单缝后衍射的几率分布（$|\Psi(r,t)|^2$）.（2.4.1）式取绝对值的平方表示光子垂直射向直线段的反向散射几率分布. 因此，如将（2.4.1）式中的参数取与图 3.1.2 中相同的参数，则图 2.4.1 将变成图 3.1.2. 这表明光子对物体的反向散射几率在给定的参数条件下，也就是光子对物体的反向衍射的几率. 但不能说光子对物体的反向衍射就是光子对物体的散射. 因为当物体的线度小于光子的波长时，就没有衍射现象，出现如第 5 章近场光学与亚波长光学中的光子呈箭射的形式.

3.1.2　单光子 Fraunhofer 双缝干涉

光子 Fraunhofer 双缝干涉如图 3.1.3 所示，图中 d 是双缝间隔，单缝宽度仍为 a.

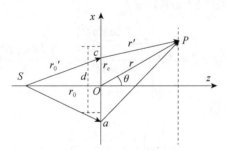

图 3.1.3　光子的双缝干涉

使用（3.1.7）式中第一等式，光子穿过上缝后可能的量子态为

$$\Psi_1(r,t) = \exp\{i[k(r_0 + r) - \omega t]\}$$
$$\times \int_{(d-a)/2}^{(d+a)/2} dx_c \exp(-ikx_c \sin\theta)$$
$$= \frac{a \sin\left(\dfrac{ka\sin\theta}{2}\right)}{\dfrac{ka\sin\theta}{2}} \exp\left(\frac{-ikd\sin\theta}{2}\right) \qquad （3.1.12）$$
$$\times \exp\{i[k(r_0 + r) - \omega t]\}$$

它是光子从远场始点 S 经上缝后到达场点 P 的所有可能路径几率幅的叠加.

光子穿过下缝后的可能的量子态为

$$\Psi_2(\boldsymbol{r},t) = \exp\{i[k(r_0 + r) - \omega t]\}$$

$$\times \int_{-(d+a)/2}^{-(d-a)/2} \mathrm{d}x_c \exp(-ikx_c \sin\theta)$$

$$= \frac{a\sin\left(\dfrac{ka\sin\theta}{2}\right)}{\dfrac{ka\sin\theta}{2}} \exp\left(\frac{ikd\sin\theta}{2}\right) \quad (3.1.13)$$

$$\times \exp\{i[k(r_0 + r) - \omega t]\}$$

它是光子从远场始点 S 经下缝后到达场点 P 的所有可能路径几率幅的叠加.

光子 Fraunhofer 双缝干涉的量子态为上述两种可能的量子态的叠加

$$\Psi(\boldsymbol{r},t) = \Psi_1(\boldsymbol{r},t) + \Psi_2(\boldsymbol{r},t)$$

$$= \frac{2a\sin\left(\dfrac{ka\sin\theta}{2}\right)}{\dfrac{ka\sin\theta}{2}} \cos\left(\frac{kd\sin\theta}{2}\right) \quad (3.1.14)$$

$$\times \exp\{i[k(r_0 + r) - \omega t]\}$$

光子穿过双缝后干涉条纹的几率分布为

$$|\Psi(\boldsymbol{r},t)|^2 = 4a^2 \left|\frac{\sin\left(\dfrac{ka\sin\theta}{2}\right)}{\dfrac{ka\sin\theta}{2}} \cos\left(\frac{kd\sin\theta}{2}\right)\right|^2 \quad (3.1.15)$$

干涉条纹最大值的条件是

$$\cos\left(\frac{kd\sin\theta}{2}\right) = 1$$

即

$$d\sin\theta = m\lambda, \quad m = 0, \ \pm1, \ \pm2, \ \cdots \quad (3.1.16)$$

干涉条纹的位置是

$$x_m = m\frac{\lambda z}{d}, \quad m = 0, \ \pm1, \ \pm2, \ \cdots \quad (3.1.17)$$

式中 $k = 2\pi/\lambda$, λ 是光波的波长.

干涉条纹的间隔是

$$\Delta x = \frac{\lambda z}{d} \quad (3.1.18)$$

由（3.1.15）式，可给出光子经双缝后的几率分布，见图 3.1.4 和图 3.1.5.

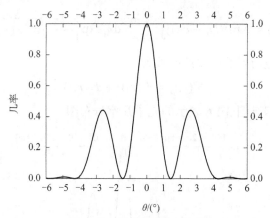

图 3.1.4   光子的双缝干涉（1）

$\lambda=1$，$a=10\lambda$，$d=2a$

图 3.1.4 为单缝衍射中央区域的干涉条纹.

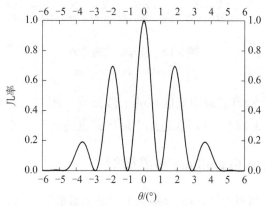

图 3.1.5   光子的双缝干涉（2）

$\lambda=1$，$a=10\lambda$，$d=3a$

图 3.1.5 为单缝衍射中央区域的干涉条纹. 图 3.1.4 与图 3.1.5 的区别是由两缝间的距离不同而引起的.

上面的光子双缝干涉图还可由一般表示式给出.

对于光子经双缝的衍射，由（3.1.11）式，我们有光子经上缝后的波函数为

$$\Psi_1(r,t) = \exp\{i(kr_0 - \omega t)\}\int_{(d-a)/2}^{(d+a)/2} dx_c \exp\left\{i\frac{2\pi}{\lambda}\sqrt{z^2 + (x - x_c)^2}\right\} \quad （3.1.19）$$

同样，光子经下缝后的波函数为

$$\Psi_2(\boldsymbol{r},t) = \exp\{i(kr_0 - \omega t)\}\int_{-(d+a)/2}^{-(d-a)/2} dx_c \exp\left\{i\frac{2\pi}{\lambda}\sqrt{z^2 + (x - x_c)^2}\right\} \quad (3.1.20)$$

于是，光子经双缝衍射后的总波函数为

$$\Psi(\boldsymbol{r},t) = \Psi_1(\boldsymbol{r},t) + \Psi_2(\boldsymbol{r},t) \quad (3.1.21)$$

取不同参数，我们有图 3.1.6 表示的光子几率分布图.

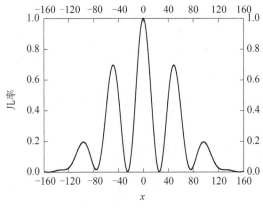

图 3.1.6　光子的双缝干涉

$\lambda=1,\ a=10\lambda,\ d=3a,\ z=1520$

　　图 3.1.6 为单缝衍射的中央区域的干涉条纹. 图 3.1.5 与图 3.1.6 结果相同. （3.1.19）～（3.1.21）式不仅适用于远场，也适用于中场及近场.

3.1.3　单光子 Fraunhofe 多缝衍射

　　光子的多缝衍射见图 3.1.7. 这是一个多缝的截面图，缝宽为 a，缝的周期为 d，r_0 是光子从远处始点到缝 c 点的距离.

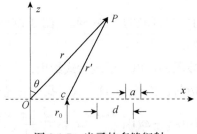

图 3.1.7　光子的多缝衍射

　　使用（1.2.4）式，我们可得到光子穿过各缝后的量子态如下.

　　对于第 1 缝

$$\Psi_1(\boldsymbol{r},t) = \int_{-a/2}^{a/2} \mathrm{d}x_c \exp\{\mathrm{i}[k(r_0 + r') - \omega t]\}$$

$$= \int_{-a/2}^{a/2} \mathrm{d}x_c \exp\{\mathrm{i}[k(r_0 + r - x_c \sin\theta) - \omega t]\} \qquad (3.1.22)$$

$$= \frac{a \sin\left(\dfrac{ka\sin\theta}{2}\right)}{\dfrac{ka\sin\theta}{2}} \exp\{\mathrm{i}[k(r_0 + r) - \omega t]\}$$

对于第 2 缝

$$\Psi_2(\boldsymbol{r},t) = \int_{d-a/2}^{d+a/2} \mathrm{d}x_c \exp\{\mathrm{i}[k(r_0 + r - x_c \sin\theta) - \omega t]\}$$

$$= \exp\{-\mathrm{i}kd\sin\theta\} \frac{a\sin\left(\dfrac{ka\sin\theta}{2}\right)}{\dfrac{ka\sin\theta}{2}} \exp\{\mathrm{i}[k(r_0 + r) - \omega t]\} \qquad (3.1.23)$$

对于第 m 缝

$$\Psi_m(\boldsymbol{r},t) = \int_{(m-1)d-a/2}^{(m-1)d+a/2} \mathrm{d}x_c \exp\{\mathrm{i}[k(r_0 + r - x_c \sin\theta) - \omega t]\}$$

$$= \exp\{-\mathrm{i}k(m-1)d\sin\theta\} \frac{a\sin\left(\dfrac{ka\sin\theta}{2}\right)}{\dfrac{ka\sin\theta}{2}} \exp\{\mathrm{i}[k(r_0 + r) - \omega t]\} \qquad (3.1.24)$$

使用关系式

$$\sum_{m=1}^{N} \exp\{-\mathrm{i}k(m-1)d\sin\theta\} = \exp\left\{-\mathrm{i}k\frac{N-1}{2}d\sin\theta\right\} \frac{\sin\left(\dfrac{1}{2}kNd\sin\theta\right)}{\sin\left(\dfrac{1}{2}kd\sin\theta\right)} \qquad (3.1.25)$$

可得到光子穿过 N 个缝后的量子态为

$$\Psi(\boldsymbol{r},t) = \sum_{m=1}^{N} \Psi_m$$

$$= \frac{a\sin\left(\dfrac{ka\sin\theta}{2}\right)}{\dfrac{ka\sin\theta}{2}} \frac{\sin\left(\dfrac{Nkd\sin\theta}{2}\right)}{\sin\left(\dfrac{kd\sin\theta}{2}\right)} \qquad (3.1.26)$$

$$\times \exp\left\{\mathrm{i}\left[k\left(r_0 + r - \frac{(N-1)d\sin\theta}{2}\right) - \omega t\right]\right\}$$

光子穿过多缝后干涉条纹的几率分布为

$$|\Psi(r,t)|^2 = a^2 \left| \frac{\sin\left(\dfrac{ka\sin\theta}{2}\right)}{\dfrac{ka\sin\theta}{2}} \frac{\sin\left(\dfrac{Nkd\sin\theta}{2}\right)}{\sin\left(\dfrac{kd\sin\theta}{2}\right)} \right|^2 \qquad (3.1.27)$$

上式的几率分布图见图 3.1.8.

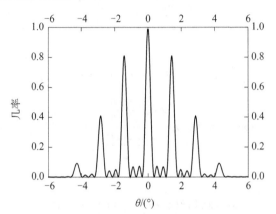

图 3.1.8　光子的多缝干涉

$\lambda=1$，$a=10\lambda$，$d=4a$，$N=4$

图 3.1.8 为单缝衍射的中央区域的干涉条纹.

3.1.4　单光子 Fraunhofer 矩孔衍射

使用（3.1.7）式中第一等式，我们得到光子经矩孔衍射的量子态为

$$\Psi(r,t) = \exp\{i[k(r_0 + r) - \omega t]\}$$
$$\times \int_{-a/2}^{a/2} dx_c \exp(-ikx_c \sin\theta_1)$$
$$\times \int_{-b/2}^{b/2} dy_c \exp(-iky_c \sin\theta_2) \qquad (3.1.28)$$
$$= \frac{ab\sin\left(\dfrac{ka\sin\theta_1}{2}\right)}{\dfrac{ka\sin\theta_1}{2}} \frac{\sin\left(\dfrac{kb\sin\theta_2}{2}\right)}{\dfrac{kb\sin\theta_2}{2}}$$
$$\times \exp\{i[k(r_0 + r) - \omega t]\}$$

式中 θ_1 和 θ_2 为衍射角，a 为矩孔宽度，b 为矩孔高度.

　　光子经矩孔衍射后的几率分布为

$$|\Psi(\boldsymbol{r},t)|^2 = a^2 b^2 \left| \frac{\sin\left(\dfrac{ka\sin\theta_1}{2}\right)}{\dfrac{ka\sin\theta_1}{2}} \cdot \frac{\sin\left(\dfrac{kb\sin\theta_2}{2}\right)}{\dfrac{kb\sin\theta_2}{2}} \right|^2 \tag{3.1.29}$$

上式的几率分布见图 3.1.9.

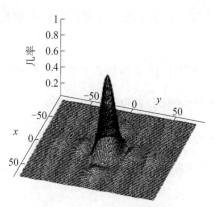

图 3.1.9　光子的矩孔衍射

$\lambda=1$，$a=2\lambda$，$b=3\lambda$

因 $b>a$，图 3.1.9 中沿 y 轴的几率分布暗点间的间隔比沿 x 轴的分布要密.

3.1.5　单光子 Fraunhofer 圆孔衍射

取极坐标，利用（3.1.28）式中的第一等式，我们得到光子经圆孔衍射的量子态为

$$\begin{aligned}
\Psi(\boldsymbol{r},t) &= \int \mathrm{d}\boldsymbol{r}_c \exp\{\mathrm{i}[\boldsymbol{k}\cdot\boldsymbol{r}_0 + \boldsymbol{k}\cdot\boldsymbol{r}' - \omega t]\} \\
&= \int \mathrm{d}x_c \mathrm{d}y_c \exp\{\mathrm{i}[k(r_0' + r') - \omega t]\} \\
&= \exp\{\mathrm{i}[kr_0 - \omega t]\} \int \mathrm{d}x_c \mathrm{d}y_c \exp\left\{\mathrm{i}k\sqrt{z^2 + (x - x_c)^2 + (y - y_c)^2}\right\} \\
&= \exp\{\mathrm{i}[kr_0 - \omega t]\} \int_0^a \int_0^{2\pi} \rho_c \mathrm{d}\rho_c \mathrm{d}\varphi_c \exp\left\{\mathrm{i}k\sqrt{z^2 + (x - \rho_c\cos\varphi)^2 + (y - \rho_c\sin\varphi)^2}\right\} \\
&= \exp\{\mathrm{i}[kr_0 - \omega t]\} \int_0^a \int_0^{2\pi} \rho_c \mathrm{d}\rho_c \mathrm{d}\varphi_c \exp\left\{\mathrm{i}k\sqrt{r^2 + \rho_c^2 + - 2r\rho_c\sin\theta\cos(\varphi_c - \varphi)}\right\} \\
&= \exp\{\mathrm{i}[kr_0 - \omega t]\} \int_0^a \int_0^{2\pi} \rho_c \mathrm{d}\rho_c \mathrm{d}\varphi_c \exp\left\{\mathrm{i}kr\left[1 + \frac{\rho_c^2}{r^2} - \frac{2\rho_c\sin\theta}{r}\cos(\varphi_c - \varphi)\right]^{1/2}\right\}
\end{aligned}$$

$$\tag{3.1.30}$$

上式取近似，得

$$\Psi(r,t)=\exp\{i[kr_0-\omega t]\}\int_0^a\int_0^{2\pi}\rho_c d\rho_c d\varphi_c \exp\left\{ik\left[r+\frac{\rho_c^2}{2r}-\rho_c\sin\theta\cos(\varphi_c-\varphi)\right]\right\}$$

$$=\exp\{i[k(r_0+r)-\omega t]\}\int_0^a\int_0^{2\pi}\rho_c d\rho_c d\varphi_c \exp\left\{ik\left[\frac{\rho_c^2}{2r}-\rho_c\sin\theta\cos(\varphi_c-\varphi)\right]\right\}$$

（3.1.31）

使用 Fraunhofer 衍射近似（3.1.6）式，在圆柱坐标中就是略去（3.1.31）式中指数上的平方项，得

$$\Psi(r,t)=\exp\{i[k(r_0+r)-\omega t]\}\int_0^a\int_0^{2\pi}\rho_c d\rho_c d\varphi_c \exp\{-ik\rho_c\sin\theta\cos(\varphi_c-\varphi)\}$$

$$=2\pi\exp\{i[k(r_0+r)-\omega t]\}\int_0^a \rho_c d\rho_c J_0(k\rho_c\sin\theta)$$

（3.1.32）

$$=2\pi\exp\{i[k(r_0+r)-\omega t]\}\frac{a^2 J_1(ka\sin\theta)}{ka\sin\theta}$$

式中 a 是圆孔半径，J_0 是零阶 Bessel 函数，J_1 是一阶 Bessel 函数. 光子经圆孔衍射后的几率分布为

$$|\Psi(r,t)|^2=\pi^2 a^4\left|\frac{2J_1(ka\sin\theta)}{ka\sin\theta}\right|^2$$

（3.1.33）

圆孔衍射 **Airy 斑的半径**为衍射光强第一级暗环的半径：

$$r=z\theta_0=\frac{1.21967\lambda z}{D}=\frac{0.609835\lambda z}{a}$$

（3.1.34）

式中 θ_0 是最小分辨角，也称角半径；D 是圆孔直径.（3.1.33）式的几率分布图为二维图，其三维图用（3.1.30）式中的第四等式（它是没有近似的一般表示式），见图 3.1.10.

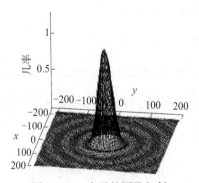

图 3.1.10　光子的圆孔衍射

$\lambda=1$，$a=10\lambda$，$z=1000\lambda$

图 3.1.10 中给出的 Airy 斑的最小分辨角 θ_0 为 3.494°，与由（3.1.34）式给出

的一致.

显微镜物镜成像满足 Abbe 正弦条件（2.10.10）式（$ny\sin u = n'y'\sin u'$），式中 n, n' 分别为物方与像方折射率，设 $n'=1$. $\sin u' \approx u'$，透镜中心与焦平面的距离 $l' \approx s'$（图 2.10.1 中的 s'），

令物方两点间距离为 $\varepsilon=y$，像方两点间距离为 $\varepsilon'=y'$，$\varepsilon' = \dfrac{0.61\lambda l'}{D/2}$，则有显微镜物镜分辨率极限的 **Rayleigh 判据**

$$\varepsilon = \frac{\varepsilon'\sin u'}{n\sin u} = \frac{0.61 \times \dfrac{\lambda l'}{D/2} \times \dfrac{D}{2l'}}{\text{NA}} = \frac{0.61\lambda}{\text{NA}} \qquad (3.1.35)$$

式中 NA$=n\sin u$ 为物镜的数值孔径. 显微镜物镜最大数值孔径为 1.4. 如取为 1.22，显微镜物镜分辨率极限的 Rayleigh 判据近似为 $\varepsilon = 0.5\lambda$.

3.1.6 光经圆缝的无衍射光束及其阵列光束

对于圆孔衍射，由图 3.1.10 可见，衍射的强度分布中除中峰外还有相伴随的次级衍射峰. 如果讨论光经圆缝的衍射，我们发现可产生无衍射的光束.

由（3.1.30）式中的第四等式，取圆缝的半径范围，得到光经圆缝的量子态为

$$\Psi(r,t) = \exp\{i[kr_0 - \omega t]\}\int_{R_1}^{R_2}\int_0^{2\pi}\rho_c\,d\rho_c\,d\varphi_c\,\exp\left\{ik\sqrt{z^2 + (x - \rho_c\cos\varphi)^2 + (y - \rho_c\sin\varphi)^2}\right\}$$

$$(3.1.36)$$

式中 R_1 及 R_2 分别为圆缝的内半径及外半径. 上式取绝对值的平方，得到光子穿过圆缝后横向的几率分布 $q(x,y)=|\Psi(x,y)|^2$，纵向的几率分布 $q(z)=|\Psi(z)|^2$ 有多个焦点，其中一个焦点是 45.5，取此焦点，可作出横向的几率分布，见图 3.1.11.

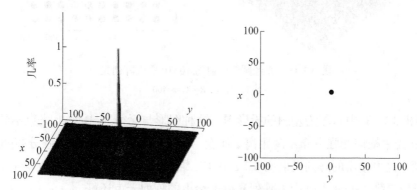

图 3.1.11　光经圆缝的衍射光束

$\lambda=0.3$, $R_1=7$, $R_2=8$, $z=45.5$

图 3.1.11 中右图为左图的投影图. 如取 $z=400$，可给出圆缝的无衍射光束，见图 3.1.12.

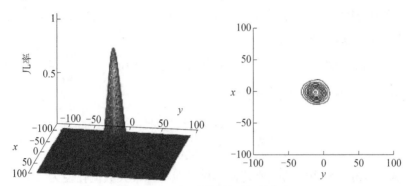

图 3.1.12　光经圆缝的无衍射光束

$\lambda=0.3$，$R_1=7$，$R_2=8$，$z=400$

图 3.1.12 中右图为左图的投影图. 由 $N\times N(N=1,2,3,\cdots)$ 个在平面 xy 内且 x，y 方向等间隔排列的圆缝，利用（3.1.36）式，当光穿过它时，我们还可给出 $N\times N$ 无次级衍射峰的等强阵列光束，如给出 10×10 无次级衍射峰的等强阵列光束，见图 3.1.13.

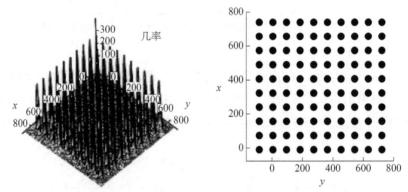

图 3.1.13　光经圆缝衍射的 10×10 等强阵列光束

$\lambda=0.3$，$R_1=7$，$R_2=8$，$z=400$

图 3.1.13 中右图为左图的投影图. 这种图形与无衍射 Bessel 光束不同[1]，Bessel 光束横向光强分布不随距离 z 而变，在这里，圆缝衍射的光强分布随距离 z 而变. 这里给出的阵列光束比 6.3.2 节（二维 Dammann 光栅的衍射）与 6.4.3 节（光子经二维 Talbot 光栅产生阵列光束）给出的阵列光束还好.

3.2 纠缠双光子的 Fraunhofer 衍射

3.2.1 纠缠双光子量子态的路径积分表示及纠缠双光子的 Fraunhofer 单缝衍射

纠缠双光子经单缝传输的可能路径见图 3.2.1.

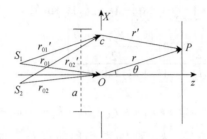

图 3.2.1 纠缠双光子的单缝衍射

纠缠双光子从初态到终态可表示为经传播子演化得到

$$
\begin{aligned}
\varPsi\left(\boldsymbol{r},t\right) = \int \mathrm{d}\boldsymbol{r}_c \int \mathrm{d}\boldsymbol{r}_{S_1} \mathrm{d}\boldsymbol{r}_{S_2} \exp\Bigg\{ & \frac{\mathrm{i}}{\hbar}[S_1(P,c)+S_2(P,c) \\
& + S_1(c,S_1)+S_2(c,S_2)] \Bigg\} \varPsi(\boldsymbol{r}_{S_1},\boldsymbol{r}_{S_2};0)
\end{aligned}
$$
(3.2.1)

这是纠缠双光子量子态的路径积分表示，式中 $S_1(c,\ S_1)$, $S_1(P,\ c)$ 分别是第一光子从 S_1 点到 c 点的作用量以及从 c 点到 P 点的作用量. $S_2(c,\ S_2)$, $S_2(P,\ c)$ 分别是第二光子从 S_2 点到 c 点的作用量以及从 c 点到 P 点的作用量. $\varPsi(\boldsymbol{r}_{S_1},\ \boldsymbol{r}_{S_2},\ 0)$ 为纠缠双光子的初始态. 设初始态是具有最大纠缠度的纠缠双光子

$$
\begin{aligned}
\left|\varPsi(\boldsymbol{r}_{S_1},\boldsymbol{r}_{S_2},0)\right\rangle &= \frac{1}{\sqrt{2}}\left|\boldsymbol{r}_{S_1},\boldsymbol{r}_{S_2};0\right\rangle(|o\rangle_1|e\rangle_2+|e\rangle_1|o\rangle_2) \\
&= \frac{1}{\sqrt{2}}[\psi_{1o}(\boldsymbol{r}_{S_1},0)\psi_{2e}(\boldsymbol{r}_{S_2},0)+\psi_{1e}(\boldsymbol{r}_{S_2},0)\psi_{2o}(\boldsymbol{r}_{S_1},0)]
\end{aligned}
$$
(3.2.2)

式中态矢中的 o、e 分别表示不同的量子态，可设为

$$
\varPsi(\boldsymbol{r}_{S_1},\boldsymbol{r}_{S_2},0) = \frac{1}{\sqrt{2}}\left\{\delta_1(\boldsymbol{r}_{S_1}-\boldsymbol{r}_{01})\delta_2(\boldsymbol{r}_{S_2}-\boldsymbol{r}_{02})+\delta_1(\boldsymbol{r}_{S_2}-\boldsymbol{r}_{02})\delta_2(\boldsymbol{r}_{S_1}-\boldsymbol{r}_{01})\right\}
$$
(3.2.3)

对 Fraunhofer 单缝衍射，Fraunhofer 衍射近似为

$$r' = |\boldsymbol{r} - \boldsymbol{r}_c| \approx r - x_c \sin\theta \qquad (3.2.4)$$

取 $y=0$ 的 zx 平面，再设

$$\boldsymbol{k}_1' \approx \boldsymbol{k}_1, \quad \boldsymbol{k}_{01}' \approx \boldsymbol{k}_{01}, \quad \boldsymbol{k}_{01}' \cdot \boldsymbol{r}_c \approx \boldsymbol{k}_{01} \cdot \boldsymbol{r}_c = 0 \qquad (3.2.5)$$

$$\boldsymbol{k}_2' \approx \boldsymbol{k}_2, \quad \boldsymbol{k}_{02}' \approx \boldsymbol{k}_{02}, \quad \boldsymbol{k}_{02}' \cdot \boldsymbol{r}_c \approx \boldsymbol{k}_{02} \cdot \boldsymbol{r}_c = 0 \qquad (3.2.6)$$

则（3.2.1）式变为

$$
\begin{aligned}
\Psi(\boldsymbol{r},t) &= \frac{2}{\sqrt{2}} \exp\{i[k_1 r_{01} + k_2 r_{02} + (k_1 + k_2)r - (\omega_1 + \omega_2)t]\} \\
&\quad \times \int_{-a/2}^{a/2} dx_c \exp[-i(k_1 + k_2)x_c \sin\theta] \\
&= \frac{2}{\sqrt{2}} \frac{a \sin\left[\dfrac{(k_1 + k_2)a\sin\theta}{2}\right]}{\dfrac{(k_1 + k_2)a\sin\theta}{2}} \\
&\quad \times \exp\{i[k_1 r_{01} + k_2 r_{02} + (k_1 + k_2)r - (\omega_1 + \omega_2)t]\}
\end{aligned}
\qquad (3.2.7)
$$

式中 θ 为衍射角，a 是缝宽．$\boldsymbol{k}_{01}$ 和 $\boldsymbol{k}_{02}$ 是衍射前双光子的波矢．$\boldsymbol{k}_1$ 与 $\boldsymbol{k}_2$ 是衍射后双光子的波矢．这是纠缠双光子 Fraunhofer 单缝衍射的量子态，其几率分布为

$$|\Psi(\boldsymbol{r},t)|^2 = 2a^2 \left| \frac{\sin\left[\dfrac{(k_1 + k_2)a\sin\theta}{2}\right]}{\dfrac{(k_1 + k_2)a\sin\theta}{2}} \right|^2 \qquad (3.2.8)$$

对于简并纠缠双光子，$k_1 + k_2 = K = 2\pi/\Lambda$，$\Lambda$ 为纠缠双光子的波长；在简并情况下，$k_1 + k_2 = 2k = 2\pi/\Lambda = 2\pi/(\lambda/2)$，$\lambda$ 为单光子的波长，上式变为

$$|\Psi(\boldsymbol{r},t)|^2 = 2a^2 \left| \frac{\sin\left[\dfrac{Ka\sin\theta}{2}\right]}{\dfrac{Ka\sin\theta}{2}} \right|^2 \qquad (3.2.9)$$

3.2.2　纠缠双光子 Fraunhofer 双缝干涉

纠缠双光子 Fraunhofer 双缝干涉如图 3.2.2 所示，图中 d 是双缝间隔．由（3.2.7）式中第一等式，纠缠双光子经上缝衍射后的量子态为

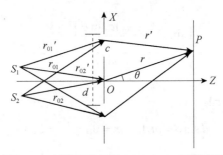

图 3.2.2　纠缠双光子的 Fraunhofer 双缝干涉

$$\Psi_1(r,t) = \frac{2}{\sqrt{2}}\exp\{i[k_1 r_{01} + k_2 r_{02} + (k_1 + k_2)r - (\omega_1 + \omega_2)t]\}$$

$$\times \int_{(d-a)/2}^{(d+a)/2} dx_c \exp[-i(k_1 + k_2)x_c \sin\theta]$$

$$= \frac{2}{\sqrt{2}}\exp\{i[k_1 r_{01} + k_2 r_{02} + (k_1 + k_2)r - (\omega_1 + \omega_2)t]\} \quad （3.2.10）$$

$$\times \frac{a\sin\left[\dfrac{(k_1 + k_2)a\sin\theta}{2}\right]}{\dfrac{(k_1 + k_2)a\sin\theta}{2}} \cdot \exp\left\{-i\left[\dfrac{(k_1 + k_2)d\sin\theta}{2}\right]\right\}$$

纠缠双光子经下缝衍射后的量子态为

$$\Psi_2(r,t) = \frac{2}{\sqrt{2}}\exp\{i[k_1 r_{01} + k_2 r_{02} + (k_1 + k_2)r - (\omega_1 + \omega_2)t]\}$$

$$\times \int_{-(d+a)/2}^{-(d-a)/2} dx_c \exp[-i(k_1 + k_2)x_c \sin\theta]$$

$$= \frac{2}{\sqrt{2}}\exp\{i[k_1 r_{01} + k_2 r_{02} + (k_1 + k_2)r - (\omega_1 + \omega_2)t]\} \quad （3.2.11）$$

$$\times \frac{a\sin\left[\dfrac{(k_1 + k_2)a\sin\theta}{2}\right]}{\dfrac{(k_1 + k_2)a\sin\theta}{2}} \cdot \exp\left\{i\left[\dfrac{(k_1 + k_2)d\sin\theta}{2}\right]\right\}$$

纠缠双光子 Fraunhofer 双缝干涉的量子态为上述两种可能态的叠加

$$\Psi(r,t) = \Psi_1 + \Psi_2$$

$$= \frac{4}{\sqrt{2}}\frac{a\sin\left[\dfrac{(k_1 + k_2)a\sin\theta}{2}\right]}{\dfrac{(k_1 + k_2)a\sin\theta}{2}} \cdot \cos\left[\dfrac{(k_1 + k_2)d\sin\theta}{2}\right] \quad （3.2.12）$$

$$\times \exp\{i[k_1 r_{01} + k_2 r_{02} + (k_1 + k_2)r - (\omega_1 + \omega_2)t]\}$$

纠缠双光子穿过双缝后干涉条纹的几率分布为

$$|\varPsi(\boldsymbol{r},t)|^2 = 8a^2 \left| \frac{\sin\left[\dfrac{(k_1+k_2)a\sin\theta}{2}\right]}{\dfrac{(k_1+k_2)a\sin\theta}{2}} \cos\left[\dfrac{(k_1+k_2)d\sin\theta}{2}\right] \right|^2 \quad (3.2.13)$$

干涉条纹最大值的条件是

$$d\sin\theta = m\varLambda, \quad m=0,\ \pm1,\ \pm2,\ \cdots \quad (3.2.14)$$

干涉条纹的位置是

$$x_m = m\frac{\varLambda z}{d}, \quad m=0,\ \pm1,\ \pm2,\ \cdots \quad (3.2.15)$$

式中 $k_1+k_2=2\pi/\varLambda$，$\varLambda$ 是纠缠双光子的波长. 对于简并纠缠双光子，$\varLambda=\lambda/2$，λ 是单光子波长.

干涉条纹的间隔是

$$\Delta x = \frac{\varLambda z}{d} \quad (3.2.16)$$

以上讨论的是纠缠双光子初始态的波包分别处于两个分离位置 $\boldsymbol{r}_{01}$ 与 $\boldsymbol{r}_{02}$ 的情况. 如果纠缠双光子初始态的波包重合为一个波包，则这样的纠缠双光子射向双缝时，如同两个单光子同时经双缝衍射，结果与单光子情形类似，有

$$\varPsi_1(\boldsymbol{r},t) = \frac{2a\sin\left(\dfrac{k_1 a\sin\theta}{2}\right)}{\dfrac{k_1 a\sin\theta}{2}} \cos\left(\dfrac{k_1 d\sin\theta}{2}\right) \quad (3.2.17)$$
$$\times \exp\{\mathrm{i}[k_1(r_0+r)-\omega_1 t]\}$$

与

$$\varPsi_2(\boldsymbol{r},t) = \frac{2a\sin\left(\dfrac{k_2 a\sin\theta}{2}\right)}{\dfrac{k_2 a\sin\theta}{2}} \cos\left(\dfrac{k_2 d\sin\theta}{2}\right) \quad (3.2.18)$$
$$\times \exp\{\mathrm{i}[k_2(r_0+r)-\omega_2 t]\}$$

初始态波包重合的纠缠双光子经双缝衍射后的量子态为

$$\varPsi(\boldsymbol{r},t) = \varPsi_1(\boldsymbol{r},t) \cdot \varPsi_2(\boldsymbol{r},t)$$
$$= \frac{4a^2\sin\left(\dfrac{k_1 a\sin\theta}{2}\right)}{\dfrac{k_1 a\sin\theta}{2}} \cdot \frac{\sin\left(\dfrac{k_2 a\sin\theta}{2}\right)}{\dfrac{k_2 a\sin\theta}{2}}$$

$$\times \cos\left(\frac{k_1 d \sin\theta}{2}\right)\cdot\cos\left(\frac{k_2 d \sin\theta}{2}\right) \tag{3.2.19}$$

$$\times \exp\{i[(k_1+k_2)(r_0+r)-(\omega_1+\omega_2)t]\}$$

式中 $k=2\pi/\lambda$，λ 是单光子的波长.

初始态波包重合的纠缠双光子经双缝衍射后的几率分布为

$$|\Psi(r,t)|^2 = 16a^4\left|\begin{array}{c}\dfrac{\sin\left(\dfrac{k_1 a \sin\theta}{2}\right)}{\dfrac{k_1 a \sin\theta}{2}}\cdot\dfrac{\sin\left(\dfrac{k_2 a \sin\theta}{2}\right)}{\dfrac{k_2 a \sin\theta}{2}}\\[4mm]\times\cos\left(\dfrac{k_1 d \sin\theta}{2}\right)\cdot\cos\left(\dfrac{k_2 d \sin\theta}{2}\right)\end{array}\right|^2 \tag{3.2.20}$$

由上式看出，对于衍射因子，当一种波长的光子满足衍射极大时，另一种波长的光子就不满足衍射极大；同样，对于干涉因子也有同样情形.

如果纠缠双光子是简并的，有 $\omega_1=\omega_2=\omega$，$k_1=k_2=k$，则（3.2.19）与（3.2.20）式变为

$$\Psi(r,t) = \Psi_1(r,t)\cdot\Psi_2(r,t)$$

$$= 4a^2\frac{\left\{\sin\left(\dfrac{ka\sin\theta}{2}\right)\right\}^2}{\left\{\dfrac{ka\sin\theta}{2}\right\}^2}\cdot\left\{\cos\left(\frac{kd\sin\theta}{2}\right)\right\}^2\times\exp\{i[2k(r_0+r)-2\omega t]\} \tag{3.2.21}$$

与

$$|\Psi(r,t)|^2 = 16a^4\frac{\left\{\sin\left(\dfrac{ka\sin\theta}{2}\right)\right\}^4}{\left\{\dfrac{ka\sin\theta}{2}\right\}^4}\cdot\left\{\cos\left(\frac{kd\sin\theta}{2}\right)\right\}^4 \tag{3.2.22}$$

由上两式我们得到干涉条纹最大值的条件：

$$d\sin\theta = m\lambda, \quad m=0, \pm1, \pm2, \cdots \tag{3.2.23}$$

干涉条纹的位置是

$$x_m = m\frac{\lambda z}{d}, \quad m=0, \pm1, \pm2, \cdots \tag{3.2.24}$$

式中 λ 是单光子的波长.

干涉条纹的间隔是

$$\Delta x = \frac{\lambda z}{d} \qquad (3.2.25)$$

（3.2.22）式与实验结果的比较见图 3.2.3. 图中虚线是单光子经双缝衍射后的几率分布（$d=3a$），实线是按（3.2.22）式双光子经双缝衍射后计算的几率分布，黑方点是文献[2]的实验结果，黑圆点是文献[3]的实验结果. 由图 3.2.3 可见，我们的理论与文献[2, 3]的实验结果一致. 这表明初始波包重合的纠缠双光子的强度分布有更高的方次.

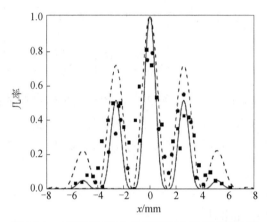

图 3.2.3　初始波包重合的纠缠双光子的双缝干涉

以上讨论的是纠缠双光子中两光子极化方向相同的情形，如果纠缠双光子中两光子极化方向相互垂直，则两光子各自单独经双缝衍射与干涉，它的强度分布（即几率分布）是单光子 Young 氏双缝衍射公式的平方，即 sin 与 cos 因子的四次方，其中波长为单光子波长.

3.2.3　纠缠双光子 Fraunhofer 多缝衍射

使用（3.1.26）式，我们得到纠缠双光子穿过 N 个缝后的量子态为

$$
\begin{aligned}
\Psi(\boldsymbol{r},t) &= \sum_{j=1}^{N} \Psi_j \\
&= \frac{2}{\sqrt{2}} \frac{a \sin\left[\dfrac{(k_1+k_2)a\sin\theta}{2}\right]}{\dfrac{(k_1+k_2)a\sin\theta}{2}} \cdot \frac{\sin\left[\dfrac{N(k_1+k_2)d\sin\theta}{2}\right]}{\dfrac{(k_1+k_2)d\sin\theta}{2}} \\
&\quad \times \exp\left\{ i\left[k_1 r_{01} + k_2 r_{02} + (k_1+k_2)\left(r - \frac{N-1}{2}d\sin\theta\right) - (\omega_1+\omega_2)t \right] \right\}
\end{aligned}
\qquad (3.2.26)
$$

纠缠双光子穿过多缝后干涉条纹的几率分布为

$$\left|\Psi(r,t)\right|^2 = \sum_{j=1}^{N} \Psi_j$$

$$= 2a^2 \left| \frac{\sin\left[\dfrac{(k_1+k_2)a\sin\theta}{2}\right]}{\dfrac{(k_1+k_2)a\sin\theta}{2}} \frac{\sin\left[\dfrac{N(k_1+k_2)d\sin\theta}{2}\right]}{\dfrac{(k_1+k_2)d\sin\theta}{2}} \right|^2 \tag{3.2.27}$$

3.2.4　纠缠双光子 Fraunhofer 矩孔衍射

使用（3.1.28）式，我们得到纠缠双光子经矩孔衍射后的量子态为

$$\Psi(r,t) = \frac{2}{\sqrt{2}} \exp\{i[(k_1+k_2)(r_0+r) - (\omega_1+\omega_2)t]\}$$

$$\times \int_{-a/2}^{a/2} dx_c \exp[-i(k_1+k_2)x_c \sin\theta_1]$$

$$\times \int_{-b/2}^{b/2} dy_c \exp[-i(k_1+k_2)y_c \sin\theta_2]$$

$$= \frac{2}{\sqrt{2}} \exp\{i[k_1 r_{01} + k_2 r_{02} + (k_1+k_2)r - (\omega_1+\omega_2)t]\} \tag{3.2.28}$$

$$\times \frac{ab\sin\left(\dfrac{(k_1+k_2)a\sin\theta_1}{2}\right)}{\dfrac{(k_1+k_2)a\sin\theta_1}{2}} \cdot \frac{\sin\left(\dfrac{(k_1+k_2)b\sin\theta_2}{2}\right)}{\dfrac{(k_1+k_2)b\sin\theta_2}{2}}$$

式中 a 与 b 分别是矩孔的宽与高.

纠缠双光子经矩孔衍射的几率分布为

$$\left|\Psi(r,t)\right|^2 = 2a^2 b^2 \left| \frac{\sin\left(\dfrac{(k_1+k_2)a\sin\theta_1}{2}\right)}{\dfrac{(k_1+k_2)a\sin\theta_1}{2}} \frac{\sin\left(\dfrac{(k_1+k_2)b\sin\theta_2}{2}\right)}{\dfrac{(k_1+k_2)b\sin\theta_2}{2}} \right|^2 \tag{3.2.29}$$

3.2.5　纠缠双光子 Fraunhofer 圆孔衍射

利用（3.1.32）式第一等式，取极坐标，我们得到纠缠双光子经圆孔衍射后的量子态为

$$\Psi(\boldsymbol{r},t) = \frac{2}{\sqrt{2}}\exp\{i[k_1 r_{01} + k_2 r_{02} + (k_1 + k_2)r - (\omega_1 + \omega_2)t]\}$$

$$\times \int_0^{2\pi}\mathrm{d}\varphi\int_0^a \rho\mathrm{d}\rho\exp[-i(k_1+k_2)\rho\sin\theta\cos\varphi]$$

$$= \frac{2}{\sqrt{2}}\exp\{i[k_1 r_{01} + k_2 r_{02} + (k_1 + k_2)r - (\omega_1 + \omega_2)t]\}$$

$$\times \frac{2\pi a^2 \mathrm{J}_1[(k_1+k_2)a\sin\theta]}{(k_1+k_2)a\sin\theta}$$

（3.2.30）

式中 a 圆孔半径，J_1 是第一级 Bessel 函数．纠缠双光子经圆孔衍射的几率分布为

$$\left|\Psi(\boldsymbol{r},t)\right|^2 = 2\left(\pi a^2\right)^2\left|\frac{2\mathrm{J}_1[(k_1+k_2)a\sin\theta]}{(k_1+k_2)a\sin\theta}\right|^2 \qquad (3.2.31)$$

3.3 单光子关联态

3.3.1 单光子单缝衍射的关联态

如图 3.3.1 所示设 x_1 和 x_2 为光子经单缝衍射后观测屏上任意两点，我们讨论与这两点相联系的关联态．这时（1.2.4）式可写为

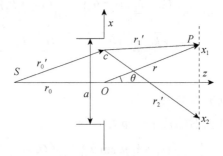

图 3.3.1 光子单缝衍射关联态

$$\Psi(x_1,x_2,t) = \int \mathrm{d}x_c \exp\{i[\boldsymbol{k}_1\cdot\boldsymbol{r}_1' + \boldsymbol{k}_1'\cdot\boldsymbol{r}_2' + \boldsymbol{k}_0'\cdot\boldsymbol{r}_0' - \omega t]\}) \qquad (3.3.1)$$

式中 $\boldsymbol{k}_1, \boldsymbol{k}_1'$ 分别为 c 到 x_1，x_2 的波矢，$\boldsymbol{r}_1', \boldsymbol{r}_2'$ 分别为 c 到 x_1，x_2 的矢径．在 Fraunhofer 衍射近似下，（3.3.1）式变为

$$\Psi(x_1,x_2,t) = \exp\{i[k(r_0 + r_1 + r_2) - \omega t]\}$$

$$\times \int_{-a/2}^{a/2}\mathrm{d}x_c \exp\{-i[k_1 x_c \sin\theta_1 + k_1 x_c \sin\theta_2]\}$$

（3.3.2）

式中 θ_1, θ_2 分别是 O 点到 x_1, x_2 的衍射角，r_1, r_2 分别是 O 点到 x_1, x_2 点的距离. 上式积分后，得到

$$\Psi(x_1, x_2, t) = \exp\{i[k(r_0 + r_1 + r_2) - \omega t]\}$$
$$\times \frac{a \sin\left[\dfrac{ka(x_1 + x_2)}{2z}\right]}{\dfrac{ka}{2z}(x_1 + x_2)} \quad (3.3.3)$$

单光子关联态的几率分布为

$$|\Psi(x_1, x_2, t)|^2 = a^2 \left| \frac{\sin\left[\dfrac{ka(x_1 + x_2)}{2z}\right]}{\dfrac{ka}{2z}(x_1 + x_2)} \right|^2 \quad (3.3.4)$$

3.3.2 单光子双缝衍射的关联态

关于单光子双缝衍射的关联态，对于上缝，在 Fraunhofer 衍射近似下，（3.3.2）式变为

$$\Psi_1(x_1, x_2, t) = \exp\{i[k(r_0 + r_1 + r_2) - \omega t]\}$$
$$\times \int_{(d-a)/2}^{(d+a)/2} dx_c \exp\{i[kx_c \sin\theta_1 + kx_c \sin\theta_2]\}$$
$$= \exp\{i[k(r_0 + r_1 + r_2) - \omega t]\}$$
$$\times \frac{a \sin\left[\dfrac{ka(x_1 + x_2)}{2z}\right]}{\dfrac{ka(x_1 + x_2)}{2z}} \exp\left\{-i\left[\dfrac{kd(x_1 + x_2)}{2z}\right]\right\} \quad (3.3.5)$$

同理，对于下缝，在 Fraunhofer 衍射近似下，（3.3.2）式变为

$$\Psi_2(x_1, x_2, t) = \exp\{i[k(r_0 + r_1 + r_2) - \omega t]\}$$
$$\times \int_{-(d+a)/2}^{-(d-a)/2} dz_c \exp\{i[k_1 x_c \sin\theta_1 + k_1 x_c \sin\theta_2]\}$$
$$= \exp\{i[k(r_0 + r_1 + r_2) - \omega t]\}$$
$$\times \frac{a \sin\left[\dfrac{ka(x_1 + x_2)}{2z}\right]}{\dfrac{ka(x_1 + x_2)}{2z}} \exp\left\{i\left[\dfrac{kd(x_1 + x_2)}{2z}\right]\right\} \quad (3.3.6)$$

单光子双缝衍射在 Fraunhofer 衍射近似下的关联态为

$$\Psi(x_1,x_2,t) = \Psi_1(x_1,x_2,t) + \Psi_2(x_1,x_2,t)$$

$$= \exp\{i[k(r_0 + r_1 + r_2) - \omega t]\} \qquad (3.3.7)$$

$$\times \frac{2a\sin\left[\dfrac{ka(x_1+x_2)}{2z}\right]}{\dfrac{ka(x_1+x_2)}{2z}}\cos\left[\frac{kd(x_1+x_2)}{2z}\right]$$

单光子双缝衍射关联态在 Fraunhofer 衍射近似下的几率分布为

$$\left|\Psi(x_1,x_2,t)\right|^2 = 4a^2\left|\frac{\sin\left[\dfrac{ka(x_1+x_2)}{2z}\right]}{\dfrac{ka(x_1+x_2)}{2z}}\cos\left[\frac{kd(x_1+x_2)}{2z}\right]\right|^2 \qquad (3.3.8)$$

如 x_1，x_2 在 z 轴异侧，上式变为

$$\left|\Psi(x_1,x_2,t)\right|^2 = 4a^2\left|\frac{\sin\left[\dfrac{ka(x_1-x_2)}{2z}\right]}{\dfrac{ka(x_1-x_2)}{2z}}\cos\left[\frac{kd(x_1-x_2)}{2z}\right]\right|^2 \qquad (3.3.9)$$

3.4　纠缠双光子经双缝衍射的关联态

由（3.3.5）式中第一等式，纠缠双光子经上缝衍射到屏上 x_1 与 x_2 位置的关联态为

$$\Psi_1(x_1,x_2,t) = \frac{2}{\sqrt{2}}\exp\{i[k_1 r_{01} + k_2 r_{02} + (k_1 + k_2)(r_1 + r_2) - (\omega_1 + \omega_2)t]\}$$

$$\times \int_{(d-a)/2}^{(d+a)/2} dx_c \exp\{-i[(k_1+k_2)x_c\sin\theta_1 + (k_1+k_2)x_c\sin\theta_2]\}$$

$$= \frac{2}{\sqrt{2}}\exp\{i[k_1 r_{01} + k_2 r_{02} + (k_1 + k_2)(r_1 + r_2) - (\omega_1 + \omega_2)t]\} \qquad (3.4.1)$$

$$\times \frac{a\sin\left[\dfrac{(k_1+k_2)a}{2z}(x_1+x_2)\right]}{\dfrac{(k_1+k_2)a}{2z}(x_1+x_2)}\cdot\exp\left\{-i\left[\frac{(k_1+k_2)d}{2z}(x_1+x_2)\right]\right\}$$

同理，纠缠双光子经下缝衍射到屏上 x_1 与 x_2 位置的关联态为

$$\Psi_2(x_1, x_2, t) = \frac{2}{\sqrt{2}} \exp\{i[k_1 r_{01} + k_2 r_{02} + (k_1 + k_2)(r_1 + r_2) - (\omega_1 + \omega_2)t]\}$$

$$\times \int_{-(d+a)/2}^{-(d-a)/2} dx_c \exp\{-i[(k_1 + k_2)x_c \sin\theta_1 + (k_1 + k_2)x_c \sin\theta_2]\}$$

$$= \frac{2}{\sqrt{2}} \exp\{i[k_1 r_{01} + k_2 r_{02} + (k_1 + k_2)(r_1 + r_2) - (\omega_1 + \omega_2)t]\} \quad (3.4.2)$$

$$\times \frac{a \sin\left[\dfrac{(k_1 + k_2)a}{2z}(x_1 + x_2)\right]}{\dfrac{(k_1 + k_2)a}{2z}(x_1 + x_2)} \cdot \exp\left\{i\left[\dfrac{(k_1 + k_2)d}{2z}(x_1 + x_2)\right]\right\}$$

纠缠双光子经双缝衍射到屏上 x_1 与 x_2 位置的关联态

$$\Psi(x_1, x_2, t) = \Psi_1(x_1, x_2, t) + \Psi_2(x_1, x_2, t)$$

$$= \frac{2}{\sqrt{2}} \exp\{i[k_1 r_{01} + k_2 r_{02} + (k_1 + k_2)(r_1 + r_2) - (\omega_1 + \omega_2)t]\} \quad (3.4.3)$$

$$\times \frac{2a \sin\left[\dfrac{(k_1 + k_2)a}{2z}(x_1 + x_2)\right]}{\dfrac{(k_1 + k_2)a}{2z}(x_1 + x_2)} \cos\left\{\dfrac{(k_1 + k_2)d}{2z}(x_1 + x_2)\right\}$$

纠缠双光子经双缝衍射到屏上 x_1 与 x_2 位置关联态的几率分布为

$$|\Psi(x_1, x_2, t)|^2 = 8a^2 \left| \frac{\sin\left[\dfrac{(k_1 + k_2)a}{2z}(x_1 + x_2)\right]}{\dfrac{(k_1 + k_2)a}{2z}(x_1 + x_2)} \cos\left\{\dfrac{(k_1 + k_2)d}{2z}(x_1 + x_2)\right\} \right|^2 \quad (3.4.4)$$

3.5 两独立光子间的干涉

两独立光子间的干涉见图 3.5.1. 设两光子极化方向相同.

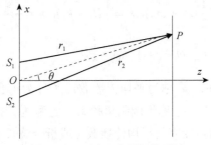

图 3.5.1 两独立光子间的干涉

3.5.1　两不同频率光子的合成

设 S_1 与 S_2 是两原子发出的近单色光，直接相交于屏上 P 点. S_1 与 S_2 间的距离为 d. 设光子 1 与光子 2 的波函数分别为

$$\Psi_1(\boldsymbol{r},t) = \exp[\mathrm{i}(k_1r_1 - \omega_1t + \varphi_1)] \tag{3.5.1}$$

$$\Psi_2(\boldsymbol{r},t) = \exp[\mathrm{i}(k_2r_2 - \omega_2t + \varphi_2)] \tag{3.5.2}$$

上两式相加

$$\begin{aligned}
\Psi = \Psi_1 + \Psi_2 &= \exp\{\mathrm{i}(k_1r_1 - \omega_1t + \varphi_1)\} + \exp\{\mathrm{i}(k_2r_2 - \omega_2t + \varphi_2)\} \\
&= \{\cos(k_1r_1 - \omega_1t + \varphi_1) + \cos(k_2r_2 - \omega_2t + \varphi_2)\} \\
&\quad + \mathrm{i}\{\sin(k_1r_1 - \omega_1t + \varphi_1) + \sin(k_2r_2 - \omega_2t + \varphi_2)\}
\end{aligned} \tag{3.5.3}$$

即

$$\begin{aligned}
\Psi = {}& 2\cos\frac{1}{2}[k_1r_1 + k_2r_2 - (\omega_1 + \omega_2)t + \varphi_1 + \varphi_2] \\
&\times \cos\frac{1}{2}[k_1r_1 - k_2r_2 - (\omega_1 - \omega_2)t + \varphi_1 - \varphi_2] \\
&+ \mathrm{i}2\sin\frac{1}{2}[k_1r_1 + k_2r_2 - (\omega_1 + \omega_2)t + \varphi_1 + \varphi_2] \\
&\times \cos\frac{1}{2}[k_1r_1 - k_2r_2 - (\omega_1 - \omega_2)t + \varphi_1 - \varphi_2]
\end{aligned} \tag{3.5.4}$$

如两光子沿同一 z 方向传播，上式变为

$$\begin{aligned}
\Psi = {}& 2\cos\frac{1}{2}[(k_1 - k_2)z - (\omega_1 - \omega_2)t + \varphi_1 - \varphi_2] \\
&\times \exp\left\{\frac{\mathrm{i}}{2}[(k_1 + k_2)z - (\omega_1 + \omega_2)t + \varphi_1 + \varphi_2]\right\}
\end{aligned} \tag{3.5.5}$$

式中，令

$$\begin{aligned}
&\bar{\omega} = \frac{1}{2}(\omega_1 + \omega_2), \quad \bar{k} = \frac{1}{2}(k_1 + k_2), \quad \bar{\lambda} = \frac{2\lambda_1 \cdot \lambda_2}{\lambda_1 + \lambda_2} \\
&\omega_m = \frac{1}{2}(\omega_1 - \omega_2), \quad k_m = \frac{1}{2}(k_1 - k_2)
\end{aligned} \tag{3.5.6}$$

$\bar{\omega}$ 称为平均角频率，$\bar{k}$ 称为平均传播数，$\bar{\lambda}$ 称为折合波长（注意：它略小于平均波长 $(\lambda_1 + \lambda_2)/2$），$\omega_m$ 称为调制角频率，k_m 称为传播数.（3.5.5）式表明，两光子合成后将以平均角频率与平均传播数（或折合波长）传播.

3.5.2 两同频率光子的合成

考虑图 3.5.1 及 （3.5.4） 式，令 $\omega_1 = \omega_2 = \omega$, $k_1 = k_2 = k$, 设图 3.5.1 中 $S_1 S_2$ 间的距离为 d. 我们得到光子 1 与光子 2 的波函数的叠加为

$$
\begin{aligned}
\Psi(\pmb{r},t) &= \Psi_1(\pmb{r},t) + \Psi_2(\pmb{r},t) \\
&= \exp\left[i(k_1 r_1 - \omega t + \varphi_1)\right] + \exp\left[i(k_2 r_2 - \omega t + \varphi_2)\right] \\
&= \exp\left\{i\left[k_1\left(r - \frac{d}{2}\sin\theta\right) - \omega t + \varphi_1\right]\right\} \\
&\quad + \exp\left\{i\left[k_2\left(r + \frac{d}{2}\sin\theta\right) - \omega t + \varphi_2\right]\right\} \\
&= 2\cos\left\{\frac{kd\sin\theta}{2} + \frac{\varphi_2 - \varphi_1}{2}\right\}\exp\left\{i\left[kr - \omega t + \frac{\varphi_1 + \varphi_2}{2}\right]\right\}
\end{aligned}
\tag{3.5.7}
$$

上式表明，对两个极化方向相同、频率相同、相位差恒定的光子，能发生干涉.

对于两个独立的相同的单色激光源，各个光子可看成同态光子，任两个光子之间的相位差为零（或几乎为零），与（3.5.7）式一样，也可发生干涉.

但是，对于单色热光源，由于各个原子发出的光子极化方向不同，相位不同，任两个原子所发出的光子间的相位差也不恒定，因而在观测屏上不出现干涉条纹，只有均匀的光强分布.

对于单色热光源，如果观测是通过两狭缝的衍射（见图 3.1.3），我们将看到，这时没有光的一阶干涉条纹，而有二阶干涉条纹出现，理由如下.

光子 1 经双缝的量子态为 （见 （3.1.14） 式）

$$
\begin{aligned}
\Psi_1(\pmb{r},t) = &\frac{2a\sin\left(\dfrac{ka\sin\theta}{2}\right)}{\dfrac{ka\sin\theta}{2}}\cos\left(\frac{kd\sin\theta}{2}\right) \\
&\times \exp\{i[k(r_0 + r) - \omega t + \varphi_1]\}
\end{aligned}
\tag{3.5.8}
$$

光子 2 经双缝的量子态为

$$
\begin{aligned}
\Psi_2(\pmb{r},t) = &\frac{2a\sin\left(\dfrac{ka\sin\theta}{2}\right)}{\dfrac{ka\sin\theta}{2}}\cos\left(\frac{kd\sin\theta}{2}\right) \\
&\times \exp\{i[k(r_0 + r) - \omega t + \varphi_2]\}
\end{aligned}
\tag{3.5.9}
$$

如果可将上两式叠加，则有

$$\Psi(\boldsymbol{r},t) = \Psi_1(\boldsymbol{r},t) + \Psi_2(\boldsymbol{r},t)$$

$$= \frac{4a\sin\left(\dfrac{ka\sin\theta}{2}\right)}{\dfrac{ka\sin\theta}{2}}\cos\left(\frac{kd\sin\theta}{2}\right)\cos\frac{\varphi_2 - \varphi_1}{2} \tag{3.5.10}$$

$$\times \exp\left\{i\left[k(r_0 + r) - \omega t + \frac{\varphi_2 + \varphi_1}{2}\right]\right\}$$

上式的几率分布为

$$\left|\Psi(\boldsymbol{r},t)\right|^2 = \left|\frac{4a\sin\left(\dfrac{ka\sin\theta}{2}\right)}{\dfrac{ka\sin\theta}{2}}\cos\left(\frac{kd\sin\theta}{2}\right)\cos\frac{\varphi_2 - \varphi_1}{2}\right|^2 \tag{3.5.11}$$

对于单色热光源,由于任意两原子发出的光子之间的相位随机,(3.5.11)式的时间平均为零,没有光的一阶干涉条纹. 但是对于两个同时发生的独立的随机事件,它的几率幅应是

$$\Psi(\boldsymbol{r},t) = \Psi_1(\boldsymbol{r},t) \cdot \Psi_2(\boldsymbol{r},t)$$

$$= \frac{4a^2\sin^2\left(\dfrac{ka\sin\theta}{2}\right)}{\left(\dfrac{ka\sin\theta}{2}\right)^2}\cos^2\left(\frac{kd\sin\theta}{2}\right) \tag{3.5.12}$$

$$\times \exp\left\{i\left[2\left(k(r_0 + r) - \omega t\right) + \varphi_1 + \varphi_2\right]\right\}$$

而这个量子态的几率密度分布为

$$\left|\Psi(\boldsymbol{r},t)\right|^2 = 16a^4\frac{\sin^4\left(\dfrac{ka\sin\theta}{2}\right)}{\left(\dfrac{ka\sin\theta}{2}\right)^4}\cos^4\left(\frac{kd\sin\theta}{2}\right) \tag{3.5.13}$$

这表明对于单色热光源经双缝衍射后有二阶干涉条纹出现,即光强度之间的干涉.

上面我们证明了,对于单色热光源,如果观测是通过两狭缝的衍射进行,我们看到,这时没有光的一阶干涉条纹,而有二阶干涉条纹出现.

3.6 两独立光子双缝衍射的位置关联几率

设两光子无相互作用,分以下两种情形.

光子 1 经双缝衍射的关联态为（见（3.3.7）式）

$$\Phi_1(x_1, x_2, t) = \Psi_1(x_1, x_2, t) + \Psi_2(x_1, x_2, t)$$
$$= \exp\{i[k(r_0 + r_1 + r_2) - \omega t + \varphi_1]\} \qquad (3.6.1)$$
$$\times \frac{2a\sin\left[\dfrac{ka(x_1+x_2)}{2z}\right]}{\dfrac{ka(x_1+x_2)}{2z}}\cos\left[\frac{kd(x_1+x_2)}{2z}\right]$$

同理，光子 2 经双缝衍射的关联态为

$$\Phi_2(x_1, x_2, t) = \exp\{i[k(r_0 + r_1 + r_2) - \omega t + \varphi_2]\}$$
$$\times \frac{2a\sin\left[\dfrac{ka(x_1+x_2)}{2z}\right]}{\dfrac{ka(x_1+x_2)}{2z}}\cos\left[\frac{kd(x_1+x_2)}{2z}\right] \qquad (3.6.2)$$

上两式叠加后变为

$$\Phi(x_1, x_2, t) = \Phi_1(x_1, x_2, t) + \Phi_2(x_1, x_2, t)$$
$$= \exp\left\{i\left[k(r_0 + r_1 + r_2) - \omega t + \frac{\varphi_1 + \varphi_2}{2}\right]\right\} \qquad (3.6.3)$$
$$\times \frac{4a\sin\left[\dfrac{ka(x_1+x_2)}{2z}\right]}{\dfrac{ka(x_1+x_2)}{2z}}\cos\left[\frac{kd(x_1+x_2)}{2z}\right]\cos\frac{\varphi_2 - \varphi_1}{2}$$

两独立光子双缝衍射的位置关联几率为

$$|\Phi(x_1, x_2, t)|^2 = 16a^2\left|\frac{\sin\left[\dfrac{ka(x_1+x_2)}{2z}\right]}{\dfrac{ka(x_1+x_2)}{2z}}\cos\left[\frac{kd(x_1+x_2)}{2z}\right]\cos\frac{\varphi_2-\varphi_1}{2}\right|^2 \qquad (3.6.4)$$

由上式可见，对于同态光子，其初始态的相位相同，即 $\varphi_1 = \varphi_2$，两独立同态光子双缝衍射的位置关联几率不为零. 而对于独立的单色热光源发出的光子，由于各光子初态的相位各不相同，它们的一阶关联几率为零.

如果考虑强度关联，则两独立光子双缝衍射的强度关联态为

$$\Phi(x_1, x_2, t) = \Phi_1(x_1, x_2, t) \cdot \Phi_2(x_1, x_2, t)$$
$$= \exp\{i[2k(r_0 + r_1 + r_2) - 2\omega t + \varphi_1 + \varphi_2]\} \qquad (3.6.5)$$
$$\times \frac{4a^2\sin^2\left[\dfrac{ka(x_1+x_2)}{2z}\right]}{\left[\dfrac{ka(x_1+x_2)}{2z}\right]^2}\cos^2\left[\frac{kd(x_1+x_2)}{2z}\right]$$

两独立光子双缝衍射强度关联态的位置几率分布为

$$\left| \Phi(x_1, x_2, t) \right|^2 = 16a^4 \frac{\sin^4\left[\dfrac{ka(x_1+x_2)}{2z}\right]}{\left[\dfrac{ka(x_1+x_2)}{2z}\right]^4} \cos^4\left[\frac{kd(x_1+x_2)}{2z}\right] \qquad (3.6.6)$$

由上式可见，两独立光子双缝衍射强度关联态的位置几率分布不为零. 这表明，不同独立光子之间没有一阶关联，但有二阶关联，这与（3.5.13）式对应.

3.7 光的相干性

对于光的干涉，还必须研究光的相干性问题. 这涉及光源发出的光子的条纹宽度. 实际上无论什么线光源发出的光都有一定的条纹宽度. 这个宽度很窄，像一个短时间 Δt 内的脉冲，如

$$\Psi(t) = \begin{cases} \exp(\mathrm{i}2\pi\nu_0 t), & -\Delta t/2 \leqslant t \leqslant \Delta t/2 \\ 0, & \text{其他} \end{cases} \qquad (3.7.1)$$

作 Fourier 变换

$$\Psi(t) = \int_{-\infty}^{\infty} \Psi(\nu) \exp\{\mathrm{i}2\pi\nu t\}\, \mathrm{d}\nu \qquad (3.7.2)$$

上式的逆 Fourier 变换为

$$\begin{aligned} \Psi(\nu) &= \int_{-\infty}^{\infty} \Psi(t) \exp\{-\mathrm{i}2\pi\nu t\}\, \mathrm{d}t \\ &= \int_{-\Delta t/2}^{\Delta t/2} \mathrm{d}t \exp\{-\mathrm{i}2\pi(\nu-\nu_0)t\} \\ &= \frac{\Delta t \cdot \sin[\pi(\nu-\nu_0)\Delta t]}{\pi(\nu-\nu_0)\Delta t} \end{aligned} \qquad (3.7.3)$$

它表示单位频率内的几率幅，其几率为

$$\left| \Psi(\nu) \right|^2 = (\Delta t)^2 \left| \frac{\Delta t \cdot \sin\pi[(\nu-\nu_0)\Delta t]}{\pi(\nu-\nu_0)\Delta t} \right|^2 \qquad (3.7.4)$$

上式所表示的几率的中心极大值在 $\nu=\nu_0$ 处，旁边的第一极小值在 $\nu-\nu_0=\pm1/\Delta t$ 处，令 $\Delta\nu=\nu-\nu_0$，它表示谱线的半宽度，于是，我们得到

$$\Delta\nu\Delta t=1 \qquad (3.7.5)$$

上式表示光源发出一个实际的准单色光子，它的谱线的宽度与其时间宽度的乘积

为 1. 我们将这个时间宽度定义为**相干时间**. 其相应的长度 $c\Delta t=l_c$，称为**相干长度**. 相干时间表示，若两光子的时间差大于相干时间，则它们不发生干涉，或两光子的光程差大于相干长度，也不能发生干涉. 因此光源的谱线所表示的相干长度越长，光源的相干性越好. 例如 He-Ne 激光器，若单纵模谱宽为 $\Delta\nu=10^5$Hz，相干时间为 $\Delta t=10^{-5}$s，相干长度为 $l_c=c\Delta t=3000$m；若多纵模谱宽为 $\Delta\nu=1\times10^9$Hz，相干时间为 $\Delta t=10^{-9}$s，相干长度为 $l_c=c\Delta t=0.3$m；若谱宽为 $\Delta\nu=2$Hz，相干时间为 $\Delta t=0.5$s，相干长度为 $l_c=c\Delta t=1.5\times10^5$km.

应该注意，若两光子的极化方向互相垂直，则不能发生干涉，所以要发生干涉，必需两光子的极化方向相同、频率相同、相位差恒定且在相干时间内. 干涉结果表现为，其几率分布呈明暗相间的条纹. 当然这里指的是一级干涉问题.

参 考 文 献

[1] 羊国光，宋菲君. 高等物理光学. 2 版. 合肥：中国科学技术大学出版社，2008.

[2] Strekalov D V，Sergienko A V，Klyshko D N，et al. Observation two-photon"ghost" interference and diffraction. Physical Review Letters，1995，74：3600-3603.

[3] Fonseca E J S，Monken C H，Pádua S. Measurement of the de Broglie wavelength of a multiphoton wave packet. Physical Review Letters，1999，82：2868-2871.

第 4 章　中　场　光　学

中场光学讨论在 Fresnel 衍射近似下的观测区域内的光现象.

4.1　单光子 Fresnel 衍射

4.1.1　单光子 Fresnel 单缝衍射

对于 Fresnel 衍射, **Fresnel 衍射近似**为

$$\begin{aligned}
r' &= \sqrt{z^2 + (x - x_c)^2 + (y - y_c)^2} \\
&\approx z + \frac{(x - x_c)^2 + (y - y_c)^2}{2z} \\
&= z + \frac{x^2 + y^2}{2z} - \frac{xx_c + yy_c}{z} + \frac{x_c^2 + y_c^2}{2z}
\end{aligned} \tag{4.1.1}$$

或

$$\begin{aligned}
r' &= \sqrt{z^2 + (x - x_c)^2 + (y - y_c)^2} \\
&= \sqrt{z^2 + x^2 + y^2 - 2(xx_c + yy_c) + x_c^2 + y_c^2} \\
&\approx r - \frac{xx_c + yy_c}{r} + \frac{x_c^2 + y_c^2}{2r}
\end{aligned} \tag{4.1.2}$$

考虑到光子沿各方向的几率分布, 利用 (4.1.1) 式的第二等式, (1.2.4) 式变为

$$\begin{aligned}
\Psi(r, t) = {}& \exp\{i[k(r_0 + z) - \omega t]\} \\
&\times \int_{-a/2}^{a/2} \mathrm{d}x_c \exp\left[ik\frac{(x - x_c)^2}{2z}\right] \\
&\times \int_{-\infty}^{\infty} \mathrm{d}y_c \exp\left[ik\frac{(y - y_c)^2}{2z}\right]
\end{aligned} \tag{4.1.3}$$

作变换

$$\mu = \sqrt{\frac{2}{\lambda z}}\,(x - x_c), \quad v = \sqrt{\frac{2}{\lambda z}}(y - y_c) \tag{4.1.4}$$

（4.1.3）式变为

$$\Psi(r,t) = \frac{\lambda z}{2} \exp\{i[k(r_0 + z) - \omega t]\}$$
$$\times \int_{\mu_1}^{\mu_2} d\mu \exp[i\pi\mu^2/2] \int_{-\infty}^{\infty} d\nu \exp[i\pi\nu^2/2] \qquad (4.1.5)$$

式中

$$\mu_2 = \sqrt{\frac{2}{\lambda z}}\left(x + \frac{a}{2}\right), \quad \mu_1 = \sqrt{\frac{2}{\lambda z}}\left(x - \frac{a}{2}\right) \qquad (4.1.6)$$

及

$$\int_{-\infty}^{\infty} d\nu \exp[i\pi\nu^2/2] = 1 + i$$

积分（4.1.5）式，得到

$$\Psi(r,t) = \exp\{i[k(r_0 + z) - \omega t]\}$$
$$\times \frac{(1+i)\lambda z}{2}[F(\mu_2) - F(\mu_1)] \qquad (4.1.7)$$

式中

$$F(\omega) = \int_0^\omega dt \exp\left(\frac{i\pi t^2}{2}\right) \qquad (4.1.8)$$

光子 Fresnel 单缝衍射的几率分布为

$$|\Psi(r,t)|^2 = (\lambda z)^2 |[F(\mu_2) - F(\mu_1)]|^2 \qquad (4.1.9)$$

由上式可给出光子 Fresnel 单缝衍射的几率分布，见图 4.1.1，不过此图是按一般表示式（3.1.11）画的. 根据不同的探测距离可选用不同的衍射近似：Fresnel 近似或 Fraunhofer 近似.

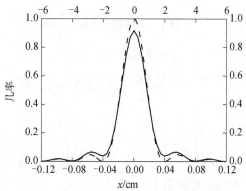

图 4.1.1 光子 Fresnel 单缝衍射的几率分布

实线：$\lambda=5\times10^{-5}$cm, a=0.05cm, z=40cm
虚线：$\lambda=5\times10^{-5}$cm, a=0.05cm, z=2×10³cm

图 4.1.1 中实线为光子 Fresnel 单缝衍射的几率分布，用左纵坐标与下面水平坐标表示；虚线为对应的 Fraunhofer 衍射的几率分布，用右纵坐标与上面水平坐标表示.

4.1.2　单光子 Fresnel 双缝干涉

光子 Fresnel 双缝干涉如图 3.1.3 所示. 图中 a 是缝宽，d 是两缝间的距离. 使用（4.1.3）式与（4.1.5）式，对于上缝，我们有光子穿过上缝后的量子态为

$$\Psi_1(\boldsymbol{r},t) = \exp\{\mathrm{i}[k(r_0 + z) - \omega t]\}$$
$$\times \int_{(d-a)/2}^{(d+a)/2} \mathrm{d}x_c \exp\left[\mathrm{i}k\frac{(x - x_c)^2}{2z}\right]$$
$$\times \int_{-\infty}^{\infty} \mathrm{d}y_c \exp\left[\mathrm{i}k\frac{(y - y_c)^2}{2z}\right] \qquad (4.1.10)$$
$$= \exp\{\mathrm{i}[k(r_0 + z) - \omega t]\}$$
$$\times \frac{(1+\mathrm{i})\lambda z}{2}[F(\mu_{21}) - F(\mu_{11})]$$

式中

$$\mu_{21} = \sqrt{\frac{2}{\lambda z}}\left[x - \frac{d}{2} + \frac{a}{2}\right], \quad \mu_{11} = \sqrt{\frac{2}{\lambda z}}\left[x - \frac{d}{2} - \frac{a}{2}\right] \qquad (4.1.11)$$

对于下缝，光子穿过下缝后的量子态为

$$\Psi_2(\boldsymbol{r},t) = \exp\{\mathrm{i}[k(r_0 + z) - \omega t]\}$$
$$\times \int_{-(d+a)/2}^{-(d-a)/2} \mathrm{d}x_c \exp\left[\mathrm{i}k\frac{(x - x_c)^2}{2z}\right]$$
$$\times \int_{-\infty}^{\infty} \mathrm{d}y_c \exp\left[\mathrm{i}k\frac{(y - y_c)^2}{2z}\right] \qquad (4.1.12)$$
$$= \exp\{\mathrm{i}[k(r_0 + z) - \omega t]\}$$
$$\times \frac{(1+\mathrm{i})\lambda z}{2}[F(\mu_{22}) - F(\mu_{12})]$$

式中

$$\mu_{22} = \sqrt{\frac{2}{\lambda z}}\left(x + \frac{d}{2} + \frac{a}{2}\right), \quad \mu_{12} = \sqrt{\frac{2}{\lambda z}}\left(x + \frac{d}{2} - \frac{a}{2}\right) \qquad (4.1.13)$$

光子 Fresnel 双缝干涉的总量子态为

$$\Psi(\boldsymbol{r},t) = \Psi_1(\boldsymbol{r},t) + \Psi_2(\boldsymbol{r},t)$$

$$= \frac{(1+\mathrm{i})\lambda z}{2}\exp\{\mathrm{i}[k(r_0 + z) - \omega t]\} \tag{4.1.14}$$
$$\times \{[F(\mu_{21}) - F(\mu_{11})] + [F(\mu_{22}) - F(\mu_{12})]\}$$

式中

$$\mu_{21} = \sqrt{\frac{2}{\lambda z}}\left(x - \frac{d}{2} + \frac{a}{2}\right), \quad \mu_{11} = \sqrt{\frac{2}{\lambda z}}\left(x - \frac{d}{2} - \frac{a}{2}\right) \tag{4.1.15}$$

$$\mu_{22} = \sqrt{\frac{2}{\lambda z}}\left(x + \frac{d}{2} + \frac{a}{2}\right), \quad \mu_{12} = \sqrt{\frac{2}{\lambda z}}\left(x + \frac{d}{2} - \frac{a}{2}\right) \tag{4.1.16}$$

光子穿过双缝后干涉条纹的几率分布为

$$\left|\Psi(\boldsymbol{r},t)\right|^2 = (\lambda z)^2 \left|\{[F(\mu_{21}) - F(\mu_{11})] + [F(\mu_{22}) - F(\mu_{12})]\}\right|^2 \tag{4.1.17}$$

对于光子经双缝的 Fresnel 衍射,也可由(3.1.19)式、(3.1.20)式及(3.1.21)式的一般表示式给出,我们给出上式的图形结果:取不同参数,我们有图 4.1.2～图 4.1.4.

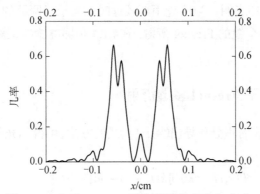

图 4.1.2　光子 Fresnel 双缝衍射的几率分布(1)

$\lambda=5\times10^{-5}$cm, $a=0.05$cm, $d=2a$, $z=40$cm

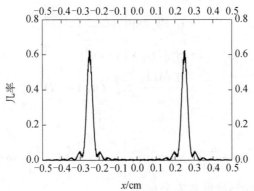

图 4.1.3　光子 Fresnel 双缝衍射的几率分布(2)

$\lambda=5\times10^{-5}$cm, $a=0.05$cm, $d=10a$, $z=40$cm

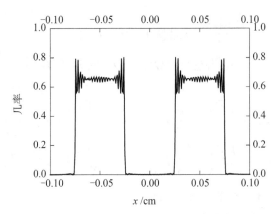

图 4.1.4　光子 Fresnel 双缝衍射的几率分布（3）

$\lambda=5\times10^{-5}$cm，$a=0.05$ cm，$d=10a$，$z=5\times10^{-4}$cm

　　图 4.1.2 与图 4.1.3 给出的图形与由（4.1.17）式给出的结果在相同参数情况下相同. 图 4.1.3 还表明，当两缝距离较远时，光子经两缝的几率分布如同两个单光子分别经过各个缝的 Fresnel 衍射. 图 4.1.4 是屏离缝的距离 z 为波长 10 倍时的 Fresnel 衍射.

4.1.3　单光子 Fresnel 多缝衍射

　　使用（3.1.24）式的积分限导出（4.1.14）式的方法，可得到光子经多缝作 Fresnel 衍射的量子态为

$$
\begin{aligned}
\varPsi(\boldsymbol{r},t) = {} & \exp\{\mathrm{i}[k(r_0+z)-\omega t]\} \\
& \times \sum_{n=1}^{N}\int_{(n-1)d-a/2}^{(n-1)d+a/2}\mathrm{d}x_c\exp\left[\mathrm{i}k\frac{(x-x_c)^2}{2z}\right] \\
& \times \int_{-\infty}^{\infty}\mathrm{d}y_c\exp\left[\mathrm{i}k\frac{(y-y_c)^2}{2z}\right] \\
= {} & \exp\{\mathrm{i}[k(r_0+z)-\omega t]\} \\
& \times \frac{(1+\mathrm{i})\lambda z}{2}\sum_{n=1}^{N}[F(\mu_{2n})-F(\mu_{1n})]
\end{aligned}
\tag{4.1.18}
$$

式中

$$
\mu_{2n}=\sqrt{\frac{2}{\lambda z}}\left[x-(n-1)d+\frac{a}{2}\right],\quad \mu_{1n}=\sqrt{\frac{2}{\lambda z}}\left[x-(n-1)d-\frac{a}{2}\right],\quad n=1,2,\cdots \tag{4.1.19}
$$

光子穿过多缝后干涉条纹的几率分布为

$$\left|\Psi(\boldsymbol{r},t)\right|^2 = (\lambda z)^2 \left|\sum_{n=1}^{N} [F(\mu_{2n}) - F(\mu_{1n})]\right|^2 \qquad (4.1.20)$$

4.1.4 单光子 Fresnel 矩孔衍射

利用（4.1.5）式，光子 Fresnel 矩孔衍射的量子态为

$$\begin{aligned}\Psi(\boldsymbol{r},t) &= \exp\{i[k(r_0 + z) - \omega t]\} \\ &\times \int_{-a/2}^{a/2} dx_c \exp\left[ik\frac{(x - x_c)^2}{2z}\right] \\ &\times \int_{-b/2}^{b/2} dy_c \exp\left[ik\frac{(y - y_c)^2}{2z}\right] \\ &= \frac{\lambda z}{2}[F(\mu_2) - F(\mu_1)] \cdot [F(\nu_2) - F(\nu_1)] \\ &\times \exp\{i[k(r_0 + z) - \omega t]\}\end{aligned} \qquad (4.1.21)$$

式中

$$\mu_2 = \sqrt{\frac{2}{\lambda z}}\left(x + \frac{a}{2}\right), \quad \mu_1 = \sqrt{\frac{2}{\lambda z}}\left(x - \frac{a}{2}\right) \qquad (4.1.22)$$

$$\nu_2 = \sqrt{\frac{2}{\lambda z}}\left(y + \frac{b}{2}\right), \quad \nu_1 = \sqrt{\frac{2}{\lambda z}}\left(y - \frac{b}{2}\right) \qquad (4.1.23)$$

单光子 Fresnel 矩孔衍射的几率分布为

$$\left|\Psi(\boldsymbol{r},t)\right|^2 = (\lambda z)^2 \left|[F(\mu_2) - F(\mu_1)] \cdot [F(\nu_2) - F(\nu_1)]\right|^2 \qquad (4.1.24)$$

4.1.5 单光子 Fresnel 圆孔衍射

利用（4.1.21）式中第一等式，取极坐标，光子 Fresnel 圆孔衍射后的量子态为

$$\begin{aligned}\Psi(\boldsymbol{r},t) &= \exp\{i[k(r_0 + z) - \omega t]\} \\ &\times \int d^2\rho \exp\left[ik\frac{(x - x_c)^2 + (y - y_c)^2}{2z}\right] \\ &= \exp\left\{i\left[k\left(r_0 + z + \frac{x^2 + y^2}{2z}\right) - \omega t\right]\right\} \\ &\times \int_0^a \rho d\rho \int_0^{2\pi} d\varphi\left\{i\left[k\frac{\rho^2}{2z} - \rho(k\sin\theta)\sin\varphi\right]\right\}\end{aligned}$$

$$= \exp\left\{ i \left[k \left(r_0 + z + \frac{x^2 + y^2}{2z} \right) - \omega t \right] \right\} \tag{4.1.25}$$

$$\times \frac{a^2}{2} [C(\kappa_1, \kappa_2) + iS(\kappa_1, \kappa_2)]$$

式中

$$C(\kappa_1, \kappa_2) = 2\int_0^1 J_0(\kappa_2 t) \cos\left(\frac{1}{2}\kappa_1 t^2 \right) t dt \tag{4.1.26}$$

$$S(\kappa_1, \kappa_2) = 2\int_0^1 J_0(\kappa_2 t) \sin\left(\frac{1}{2}\kappa_1 t^2 \right) t dt \tag{4.1.27}$$

$$\kappa_1 = \frac{a^2 k}{z} , \quad \kappa_2 = ka\sin\theta \tag{4.1.28}$$

光子 Fresnel 圆孔衍射的几率分布为

$$|\Psi(r,t)|^2 = \frac{1}{4} a^2 \left[C^2(\kappa_1, \kappa_2) + S^2(\kappa_1, \kappa_2) \right] \tag{4.1.29}$$

4.1.6 单光子 Fresnel 直边衍射

利用（4.1.21）式中第一等式，光子 Fresnel 直边衍射后的量子态为

$$\Psi(\boldsymbol{r},t) = \exp\{i[k(r_0 + z) - \omega t]\}$$

$$\times \int_{-\infty}^{\infty} dx_c \exp\left[ik\frac{(x - x_c)^2}{2z} \right]$$

$$\times \int_0^{\infty} dy_c \exp\left[ik\frac{(y - y_c)^2}{2z} \right] \tag{4.1.30}$$

$$= \frac{(1+i)\lambda z}{2} \exp\{i[k(r_0 + z) - \omega t]\}$$

$$\times \left[F\left(\sqrt{\frac{2}{\lambda z}}y \right) - F(-\infty) \right]$$

式中

$$F(-\infty) = -\frac{1}{2}(1 + i) \tag{4.1.31}$$

光子 Fresnel 直边衍射后的几率分布为

$$|\Psi(r,t)|^2 = (\lambda z)^2 \left\| F\left(\sqrt{\frac{2}{\lambda z}}y \right) - F(-\infty) \right\|^2 \tag{4.1.32}$$

4.2　纠缠双光子 Fresnel 衍射

4.2.1　纠缠双光子 Fresnel 单缝衍射

对于 Fresnel 衍射，利用（4.1.1）式的 Fresnel 近似中的第二等式，（4.1.3）式变为

$$\Psi(\boldsymbol{r},t) = \frac{2}{\sqrt{2}}\frac{1}{z}\exp\{\mathrm{i}[k_1 r_{01} + k_2 r_{02} + (k_1 + k_2)z - (\omega_1 + \omega_2)t]\}$$

$$\times \int_{-a/2}^{a/2}\mathrm{d}x_c \exp\left[\mathrm{i}(k_1 + k_2)\frac{(x - x_c)^2}{2z}\right] \qquad (4.2.1)$$

$$\times \int_{-\infty}^{\infty}\mathrm{d}y_c \exp\left[\mathrm{i}(k_1 + k_2)\frac{(y - y_c)^2}{2z}\right]$$

式中，令 $k_1 + k_2 = \dfrac{2\pi}{\Lambda}$，作变换

$$\mu = \sqrt{\frac{2}{\Lambda z}}(x - x_c), \quad \nu = \sqrt{\frac{2}{\Lambda z}}(y - y_c) \qquad (4.2.2)$$

（4.2.1）式为

$$\Psi(\boldsymbol{r},t) = \frac{2}{\sqrt{2}}\frac{\Lambda z}{2}\exp\{\mathrm{i}[k_1 r_{01} + k_2 r_{02} + (k_1 + k_2)z - (\omega_1 + \omega_2)t]\}$$

$$\times \int_{\mu_1}^{\mu_2}\mathrm{d}\mu \exp[\mathrm{i}\pi\mu^2 / 2]\int_{-\infty}^{\infty}\mathrm{d}\nu \exp[\mathrm{i}\pi\nu^2 / 2] \qquad (4.2.3)$$

式中

$$\mu_1 = \sqrt{\frac{2}{\Lambda z}}\left(x - \frac{a}{2}\right), \quad \mu_2 = \sqrt{\frac{2}{\Lambda z}}\left(x + \frac{a}{2}\right) \qquad (4.2.4)$$

（4.2.3）式积分后为

$$\Psi(\boldsymbol{r},t) = \frac{2}{\sqrt{2}}\exp\{\mathrm{i}[k_1 r_{01} + k_2 r_{02} + (k_1 + k_2)z - (\omega_1 + \omega_2)t]\}$$

$$\times \frac{(1+\mathrm{i})\Lambda z}{2}[F(\mu_{21}) - F(\mu_{11})] \qquad (4.2.5)$$

式中

$$F(\omega) = \int_0^{\omega}\mathrm{d}t \exp\left(\frac{\mathrm{i}\pi t^2}{2}\right) \qquad (4.2.6)$$

纠缠双光子 Fresnel 单缝衍射的几率分布为

$$|\Psi(r,t)|^2 = (\Lambda z)^2 \left[F(\mu_2) - F(\mu_1) \right]^2 \qquad (4.2.7)$$

4.2.2　纠缠双光子 Fresnel 双缝干涉

对于纠缠双光子 Fresnel 双缝干涉，由光子 Fresnel 单缝衍射公式（4.2.1），我们得到纠缠双光子经上缝后的量子态为

$$
\begin{aligned}
\Psi_1(r,t) &= \frac{2}{\sqrt{2}} \exp\{i[k_1 r_{01} + k_2 r_{02} + (k_1+k_2)z - (\omega_1+\omega_2)t]\} \\
&\quad \times \int_{(d-a)/2}^{(d+a)/2} dx_c \exp\left[i(k_1+k_2)\frac{(x-x_c)^2}{2z} \right] \\
&\quad \times \int_{-\infty}^{\infty} dy_c \exp\left[i(k_1+k_2)\frac{(y-y_c)^2}{2z} \right] \\
&= \frac{2}{\sqrt{2}} \exp\{i[k_1 r_{01} + k_2 r_{02} + (k_1+k_2)z - (\omega_1+\omega_2)t]\} \\
&\quad \times \frac{(1+i)\Lambda z}{2} [F(\mu_{21}) - F(\mu_{11})]
\end{aligned}
\qquad (4.2.8)
$$

式中

$$\mu_{21} = \sqrt{\frac{2}{\Lambda z}}\left(x - \frac{d}{2} + \frac{a}{2} \right), \quad \mu_{11} = \sqrt{\frac{2}{\Lambda z}}\left(x - \frac{d}{2} - \frac{a}{2} \right) \qquad (4.2.9)$$

纠缠双光子经下缝后的量子态为

$$
\begin{aligned}
\Psi_2(r,t) &= \frac{2}{\sqrt{2}} \exp\{i[k_1 r_{01} + k_2 r_{02} + (k_1+k_2)z - (\omega_1+\omega_2)t]\} \\
&\quad \times \int_{-(d-a)/2}^{(d-a)/2} dx_c \exp\left[i(k_1+k_2)\frac{(x-x_c)^2}{2z} \right] \\
&\quad \times \int_{-\infty}^{\infty} dy_c \exp\left[i(k_1+k_2)\frac{(y-y_c)^2}{2z} \right] \\
&= \frac{2}{\sqrt{2}} \exp\{i[k_1 r_{01} + k_2 r_{02} + (k_1+k_2)z - (\omega_1+\omega_2)t]\} \\
&\quad \times \frac{(1+i)\Lambda z}{2} [F(\mu_{22}) - F(\mu_{12})]
\end{aligned}
\qquad (4.2.10)
$$

式中

$$\mu_{22} = \sqrt{\frac{2}{\Lambda z}}\left(x + \frac{d}{2} + \frac{a}{2} \right), \quad \mu_{12} = \sqrt{\frac{2}{\Lambda z}}\left(x + \frac{d}{2} - \frac{a}{2} \right) \qquad (4.2.11)$$

纠缠双光子经双缝衍射后的总量子态为

$$\Psi(\boldsymbol{r},t) = \Psi_1(\boldsymbol{r},t) + \Psi_2(\boldsymbol{r},t)$$

$$= \frac{2}{\sqrt{2}} \exp\{i[k_1 r_{01} + k_2 r_{02} + (k_1 + k_2)z - (\omega_1 + \omega_2)t]\} \qquad (4.2.12)$$

$$\times \frac{(1+i)\varLambda z}{2} \{[F(\mu_{21}) - F(\mu_{11})] + [F(\mu_{22}) - F(\mu_{12})]\}$$

纠缠双光子经双缝衍射后的总几率分布为

$$\left|\Psi(\boldsymbol{r},t)\right|^2 = (\varLambda z)^2 \left|\{[F(\mu_{21}) - F(\mu_{11})] + [F(\mu_{22}) - F(\mu_{12})]\}\right|^2 \qquad (4.2.13)$$

4.2.3 纠缠双光子 Fresnel 多缝衍射

纠缠双光子 Fresnel 多缝衍射可看成是各单缝衍射的叠加，我们有

$$\Psi(\boldsymbol{r},t) = \sum_{n=1}^{N} \Psi_n(\boldsymbol{r},t) \qquad (4.2.14)$$

式中由（4.1.18）第一等式

$$\Psi_n(\boldsymbol{r},t) = \frac{2}{\sqrt{2}} \exp\{i[k_1 r_{01} + k_2 r_{02} + (k_1 + k_2)z - (\omega_1 + \omega_2)t]\}$$

$$\times \int_{(n-1)d-\frac{a}{2}}^{(n-1)d+\frac{a}{2}} dx_c \exp\left[i(k_1 + k_2)\frac{(x-x_c)^2}{2z}\right] \qquad (4.2.15)$$

$$\times \int_{-\infty}^{\infty} dy_c \exp\left[i(k_1 + k_2)\frac{(y-y_c)^2}{2z}\right]$$

使用（4.2.2）式，得到

$$\Psi(\boldsymbol{r},t) = \sum_{n=1}^{N} \Psi_n(\boldsymbol{r},t)$$

$$= \frac{2}{\sqrt{2}} \exp\{i[k_1 r_{01} + k_2 r_{02} + (k_1 + k_2)z - (\omega_1 + \omega_2)t]\} \qquad (4.2.16)$$

$$\times \frac{(1+i)\varLambda z}{2} \sum_{n=1}^{N} [F(\mu_{2n}) - F(\mu_{1n})]$$

式中

$$\mu_{2n} = \sqrt{\frac{2}{\varLambda z}} \left[x - (n-1)d + \frac{a}{2}\right]$$
$$\mu_{1n} = \sqrt{\frac{2}{\varLambda z}} \left[x - (n-1)d - \frac{a}{2}\right] \qquad (4.2.17)$$

纠缠双光子 Fresnel 多缝干涉几率分布为

$$\left|\Psi(\boldsymbol{r},t)\right|^2 = (\Lambda z)^2 \left|\sum_{n=1}^{N}[F(\mu_{2n}) - F(\mu_{1n})]\right|^2 \qquad (4.2.18)$$

4.2.4 纠缠双光子 Fresnel 矩孔衍射

由（4.2.1）式，对纠缠双光子 Fresnel 矩孔衍射，我们有

$$\begin{aligned}
\Psi(\boldsymbol{r},t) &= \frac{2}{\sqrt{2}} \exp\{\mathrm{i}[k_1 r_{01} + k_2 r_{02} + (k_1 + k_2)z - (\omega_1 + \omega_2)t]\} \\
&\quad \times \int_{-a/2}^{a/2} \mathrm{d}x_c \exp\left[\mathrm{i}(k_1 + k_2)\frac{(x - x_c)^2}{2z}\right] \\
&\quad \times \int_{-b/2}^{b/2} \mathrm{d}y_c \exp\left[\mathrm{i}(k_1 + k_2)\frac{(y - y_c)^2}{2z}\right] \qquad (4.2.19) \\
&= \frac{2}{\sqrt{2}} \exp\{\mathrm{i}[k_1 r_{01} + k_2 r_{02} + (k_1 + k_2)z - (\omega_1 + \omega_2)t]\} \\
&\quad \times \frac{\Lambda z}{2}[F(\mu_2) - F(\mu_1)] \cdot [F(v_2) - F(v_1)]
\end{aligned}$$

式中

$$\mu_2 = \sqrt{\frac{2}{\Lambda z}}\left(x + \frac{a}{2}\right), \quad \mu_1 = \sqrt{\frac{2}{\Lambda z}}\left(x - \frac{a}{2}\right) \qquad (4.2.20)$$

$$v_2 = \sqrt{\frac{2}{\Lambda z}}\left(y + \frac{b}{2}\right), \quad v_1 = \sqrt{\frac{2}{\Lambda z}}\left(y - \frac{b}{2}\right) \qquad (4.2.21)$$

纠缠双光子 Fresnel 矩孔衍射后的几率分布为

$$\left|\Psi(\boldsymbol{r},t)\right|^2 = \frac{(\Lambda z)^2}{2}\left|[F(v_2) - F(v_1)][F(\mu_2) - F(\mu_1)]\right|^2 \qquad (4.2.22)$$

4.2.5 纠缠双光子 Fresnel 圆孔衍射

由（4.2.19）式中第一等式，取极坐标，我们得到纠缠双光子 Fresnel 圆孔衍射后的量子态为

$$\begin{aligned}
\Psi(\boldsymbol{r},t) &= \frac{2}{\sqrt{2}} \exp\{\mathrm{i}[k_1 r_{01} + k_2 r_{02} + (k_1 + k_2)z - (\omega_1 + \omega_2)t]\} \\
&\quad \times \int \mathrm{d}^2\rho \exp\left[\mathrm{i}(k_1 + k_2)\frac{(x - x_c)^2 + (y - y_c)^2}{2z}\right]
\end{aligned}$$

$$= \frac{2}{\sqrt{2}} \exp \left\{ \mathrm{i} \left[k_1 r_{01} + k_2 r_{02} + (k_1 + k_2) \left(z + \frac{x^2 + y^2}{2z} \right) - (\omega_1 + \omega_2)t \right] \right\}$$

$$\times \int_0^a \rho \mathrm{d}\rho \int_0^{2\pi} \mathrm{d}\varphi \left\{ \mathrm{i} \left[(k_1 + k_2) \frac{\rho^2}{2z} - \rho(k_1 + k_2) \sin\theta \sin\varphi \right] \right\} \quad (4.2.23)$$

$$= \frac{2}{\sqrt{2}} \exp \left\{ \mathrm{i} \left[k_1 r_{01} + k_2 r_{02} + (k_1 + k_2) \left(z + \frac{x^2 + y^2}{2z} \right) - (\omega_1 + \omega_2)t \right] \right\}$$

$$\times \frac{1}{2} a^2 [C(\kappa_1, \kappa_2) + \mathrm{i}S(\kappa_1, \kappa_2)]$$

式中

$$\kappa_1 = (k_1 + k_2)\frac{a^2}{z}, \quad \kappa_2 = (k_1 + k_2)a\sin\theta \quad (4.2.24)$$

$$C(\kappa_1, \kappa_2) = 2\int_0^1 \mathrm{J}_0(\kappa_2 t)\cos\left(\frac{1}{2}\kappa_2 t^2\right) t\mathrm{d}t \quad (4.2.25)$$

$$S(\kappa_1, \kappa_2) = 2\int_0^1 \mathrm{J}_0(\kappa_2 t)\sin\left(\frac{1}{2}\kappa_2 t^2\right) t\mathrm{d}t \quad (4.2.26)$$

纠缠双光子 Fresnel 圆孔衍射后的几率分布为

$$|\Psi(r,t)|^2 = \frac{1}{2}a^4 \left[C^2(\kappa_1, \kappa_2) + S^2(\kappa_1, \kappa_2) \right] \quad (4.2.27)$$

4.2.6　纠缠双光子 Fresnel 直边衍射

对于纠缠双光子 Fresnel 直边衍射,由(4.2.1)式,我们得到纠缠双光子 Fresnel 直边衍射的量子态为

$$\Psi(\boldsymbol{r},t) = \frac{2}{\sqrt{2}} \exp\{\mathrm{i}[k_1 r_{01} + k_2 r_{02} + (k_1 + k_2)z - (\omega_1 + \omega_2)t]\}$$

$$\times \int_{-\infty}^{\infty} \mathrm{d}x_c \exp\left[\mathrm{i}(k_1 + k_2)\frac{(x - x_c)^2}{2z} \right]$$

$$\times \int_0^{\infty} \mathrm{d}y_c \exp\left[\mathrm{i}(k_1 + k_2)\frac{(y - y_c)^2}{2z} \right] \quad (4.2.28)$$

$$= \frac{2}{\sqrt{2}} \exp\{\mathrm{i}[k_1 r_{01} + k_2 r_{02} + (k_1 + k_2)z - (\omega_1 + \omega_2)t]\}$$

$$\times \frac{(1+\mathrm{i})\Lambda z}{2} \left[F\left(\sqrt{\frac{2}{\Lambda z}} y \right) - F(-\infty) \right]$$

式中

$$F(-\infty) = -\frac{1}{2}(1+i) \qquad (4.2.29)$$

纠缠双光子 Fresnel 直边衍射后的几率分布为

$$|\Psi(\boldsymbol{r},t)|^2 = (Az)^2 \left[F\left(\sqrt{\frac{2}{Az}}y\right) - F(-\infty) \right]^2 \qquad (4.2.30)$$

第5章 近场光学与亚波长光学

近场光学最初的目的是要突破显微镜分辨率极限的 Rayleigh 判据（0.5λ），获得超分辨率的光学显微镜.

近场光学研究光穿过小于波长的缝、小孔、介质针尖等物体且探测距离也小于波长的光学问题，主要研究光经这些物体后的光场分布、分辨率及其应用.

近场光学以往的理论大多采用 Maxwell 光的电磁场理论进行求解，不过遇到一些困难（见文献[1]对近场光学目前理论现状的评价和文献[2]）.

按坐标与波长的 Heisenberg 不确定性关系 $\Delta x \cdot \Delta \lambda \geqslant \lambda^2/(2\pi)$，当缝宽为 10λ 时，波长 λ 的不确定量为 λ/62.8. 而当缝宽为 0.1λ 时，波长 λ 的不确定量为 1.6λ，即已超过波长本身的大小，因此在 Maxwell 光的电磁场方程解中，波长概念已无意义，因为在这种情况下，光的波动现象不显著（不显示超过一个波长的场的空间分布），而显示光的粒子性. 光子与小孔的作用产生局域场，如像在光电效应、Compton 效应、感光板中光子与化学分子的作用那样，显示光子的粒子性与局域场.

我们不使用 Maxwell 光的电磁场理论，而从光的波粒二象性出发，使用 Feynman 路径积分思想，用一种波函数，即我们提出的光子量子态的路径积分表示式[3]，研究近场光学问题. 我们研究近场光学如下基本问题：单缝、双缝、多缝、矩孔、圆孔、平凸透镜、阶梯平凸透镜、Dammann 光栅等，给出了光子与纠缠双光子经这些元件后的量子态的计算公式，计算实际问题的光强分布与分辨率. 将理论与实验进行比较，结果表明，理论与实验一致. 在实际计算中，我们给出了分辨率为 20000 分之一波长的结果. 这是光学显微镜所要追求的分辨率高的目标. 这个结果从理论上回答了光学显微镜也能达到甚至超过非光学显微镜分辨率目前已达到的原子级（0.1nm）的水平.

需要指出的是，在我们的公式中也含有光子的波长 λ，但它是如电子、原子、分子运动时的 de Broglie 波长，而不是电场强度随空间周期性分布的波长. 我们的理论是含有波粒二象性的理论，而不是描写大量光子波动性的 Maxwell 光的电磁场理论. 因此，我们建立的理论比经典的 Maxwell 光的电磁场理论在光的传输、干涉与衍射方面能描述更广泛的内容：不仅可描述光的波动性，而且还可描述光的粒子性. 所以近场光学更多的是显示光子的粒子性的光学，或者更准确地说近场光学是显示光子的波粒二象性的光学.

5.1　光子的单缝箭射

使用图 1.2.1，由公式（1.2.4）我们得到光子经单缝后的量子态为

$$\Psi(\boldsymbol{r},t) = \int_{-a/2}^{a/2} \mathrm{d}x_c \exp\{\mathrm{i}[k(r_0' + r') - \omega t]\})$$ （5.1.1）

式中

$$r' = \sqrt{z^2 + (x - x_c)^2 + (y - y_c)^2}$$ （5.1.2）

对于远处的光源，并且考虑 xz 面，我们得到光子经单缝后的量子态为

$$\Psi(\boldsymbol{r},t) = \exp\{\mathrm{i}(kr_0 - \omega t)\}\int_{-a/2}^{a/2} \mathrm{d}x_c \exp\left\{\mathrm{i}\frac{2\pi}{\lambda}\sqrt{z^2 + (x - x_c)^2}\right\}$$ （5.1.3）

其几率分布为

$$q(x) = \left|\int_{-a/2}^{a/2} \mathrm{d}x_c \exp\left\{\mathrm{i}\frac{2\pi}{\lambda}\sqrt{z^2 + (x - x_c)^2}\right\}\right|^2$$ （5.1.4）

对于孔径 25nm 的缝，我们有图 5.1.1，取 50/2=25(nm)作为可分辨的条纹间隔，它的分辨率为 $\lambda/20$（λ=488nm）. 图 5.1.1 给出的结果与实验[4]给出的结果一致.

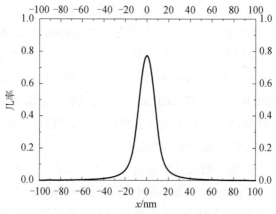

图 5.1.1　光单缝箭射[4]（1）

λ=488nm, a=25nm, z=4.88nm

对于孔径 12.656nm 的缝，我们有图 5.1.2，取 6/2=3(nm)作为可分辨的条纹间隔，它的分辨率为 $\lambda/200$（$\lambda=632.8$nm）. 理论给出的结果与实验[5]给出的结果一致.

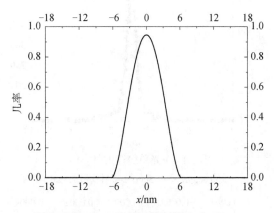

图 5.1.2　光单缝箭射[5]（2）

$\lambda=632.8$nm, $a=12.656$nm, $z=0.013$nm

对于孔径 1.5mm 的缝，我们有图 5.1.3，取 1/2=0.5(mm)作为可分辨的条纹间隔，它的分辨率为 $\lambda/60$（$\lambda=30$mm）. 理论给出的结果与实验[6]给出的结果一致.

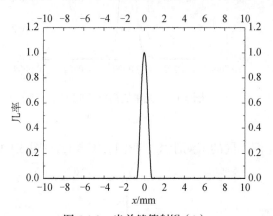

图 5.1.3　光单缝箭射[6]（3）

微波 $\lambda=30$mm, $a=1.5$mm, $z=0.009$mm

对于孔径 0.23μm 的缝，我们有图 5.1.4. 图中黑点是实验结果，黑实线是我们的理论曲线，它们符合得很好.

如果缝是 $a=0.0001\lambda$（$\lambda=1$），探测距离为 $z=0.00001$，取 0.0001/2=1/20000 作为可分辨的条纹间隔，则分辨率可达 $\lambda/20000$，见图 5.1.5.

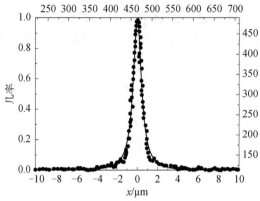

图 5.1.4　光单缝箭射[7]（4）

$\lambda=0.66\mu m$, $a=0.23\mu m$, $z=0.8$, $\lambda=0.528\mu m$

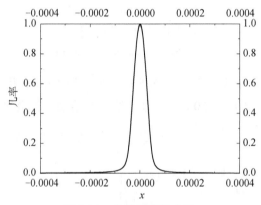

图 5.1.5　光单缝箭射（5）

$\lambda=1$, $a=0.0001\lambda$, $z=1\times10^{-5}$

对于同一缝宽而不同的探测距离，我们有图 5.1.6～图 5.1.11.

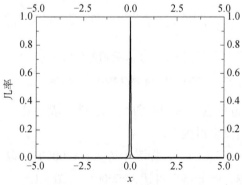

图 5.1.6　光的单缝箭射（1）

$\lambda=1$, $a=0.1\lambda$, $z=0.01\lambda$

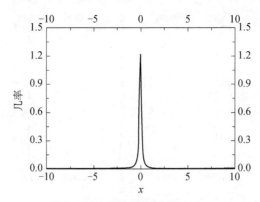

图 5.1.7　光的单缝衍射（2）

$\lambda=1,\ a=0.1\lambda,\ z=0.1\lambda$

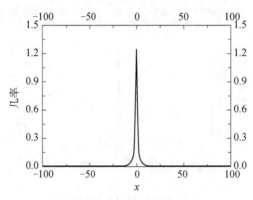

图 5.1.8　光的单缝衍射（3）

$\lambda=1,\ a=0.1\lambda,\ z=1\lambda$

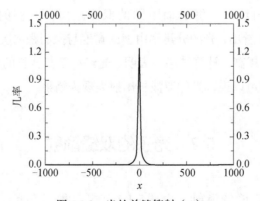

图 5.1.9　光的单缝衍射（4）

$\lambda=1,\ a=0.1\lambda,\ z=10\lambda$

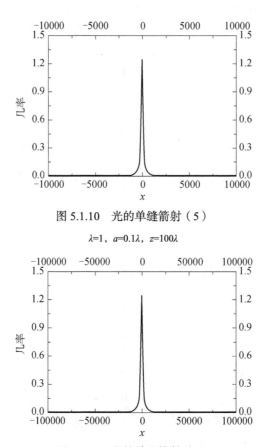

图 5.1.10　光的单缝箭射（5）

$\lambda=1$，$a=0.1\lambda$，$z=100\lambda$

图 5.1.11　光的单缝箭射（6）

$\lambda=1$，$a=0.1\lambda$，$z=1000\lambda$

以上图形表明对同一缝宽而不同的探测距离，它们的分辨率不同．由图 5.1.1～图 5.1.11 看出，光的分辨率由缝的宽度与探测距离决定：缝越窄，探测距离越近，分辨率越高．计算结果还表明，光经小于其波长的小孔后光子的强度呈尖形分布，我们可以说，光的亚波长出射表现为**箭射**．

5.2　光子的双缝箭射

对于光子经双缝的箭射，由（5.1.1）式，我们有光子经上缝后的波函数为

$$\Psi_1(\boldsymbol{r},t)=\exp\{\mathrm{i}(kr_0-\omega t)\}\int_{(d-a)/2}^{(d+a)/2}\mathrm{d}x_c\exp\left\{\mathrm{i}\frac{2\pi}{\lambda}\sqrt{z^2+(x-x_c)^2}\right\}\qquad(5.2.1)$$

同样，光子经下缝后的波函数为

$$\Psi_2(\boldsymbol{r},t)=\exp\{\mathrm{i}(kr_0-\omega t)\}\int_{-(d+a)/2}^{-(d-a)/2}\mathrm{d}x_c\exp\left\{\mathrm{i}\frac{2\pi}{\lambda}\sqrt{z^2+(x-x_c)^2}\right\}\qquad(5.2.2)$$

于是，光子经双缝后的总波函数为

$$\Psi(\boldsymbol{r},t)=\Psi_1(\boldsymbol{r},t)+\Psi_2(\boldsymbol{r},t)\qquad(5.2.3)$$

取不同参数，我们有图 5.2.1～图 5.2.3.

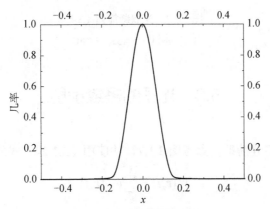

图 5.2.1　光双缝箭射（1）

$\lambda=1,\ a=0.1\lambda,\ d=2a,\ z=0.01\lambda$

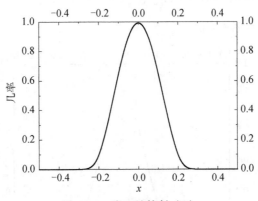

图 5.2.2　光双缝箭射（2）

$\lambda=1,\ a=0.1\lambda,\ d=5a,\ z=0.01\lambda$

　　由图 5.2.3 可见，尽管光子经每个缝呈箭射，但它们的叠加仍可呈现波的分布. 这是光子波粒二象性的表现.

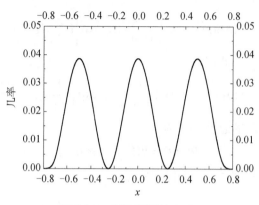

图 5.2.3　光双缝箭射（3）

$\lambda=1$，$a=0.1\lambda$，$d=15a$，$z=0.01\lambda$

5.3　光子的多缝箭射

对于光子的多缝箭射，参考图 3.1.7，并使用（3.1.24）式的积分限，我们有

$$\Psi(\boldsymbol{r},t) = \sum_{m=1}^{N} \psi_m(\boldsymbol{r},t) \qquad (5.3.1)$$

式中

$$\psi_m(\boldsymbol{r},t) = \exp\{\mathrm{i}(kr_0 - \omega t)\} \int_{(m-1)d-a/2}^{(m-1)d+a/2} \mathrm{d}x_c \exp\left\{\mathrm{i}\frac{2\pi}{\lambda}\sqrt{z^2 + (x-x_c)^2}\right\} \qquad (5.3.2)$$

取一定参数，我们有图 5.3.1.

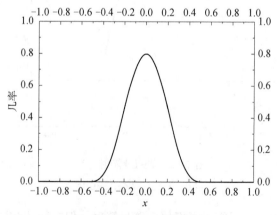

图 5.3.1　光经六缝的箭射

$\lambda=1$，$a=0.1\lambda$，$d=2a$，$z=0.01\lambda$，$N=6$

5.4　光子的矩孔箭射

对于光子的矩孔箭射，由（1.2.4）式及（3.1.5）式中第一等式，我们有

$$\Psi(\boldsymbol{r},t) = \exp\{i(kr_0 - \omega t)\}\int_{-a/2}^{a/2}\mathrm{d}x_c\int_{-b/2}^{b/2}\mathrm{d}y_c \exp\left\{i\frac{2\pi}{\lambda}\sqrt{z^2 + (x-x_c)^2 + (y-y_c)^2}\right\}$$

（5.4.1）

取一定参数，我们有图 5.4.1.

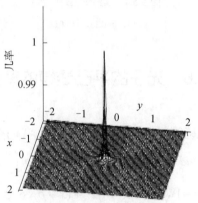

图 5.4.1　光子的矩孔箭射

$\lambda=1,\ a=b=0.1\lambda,\ z=0.01\lambda$

5.5　光子的圆孔箭射

对于光子的圆孔箭射，由（5.4.1）式，取极坐标，我们有

$$\Psi(\boldsymbol{r},t) = \exp\{i(kr_0 - \omega t)\}\int_0^a \rho_c\mathrm{d}\rho_c\int_0^{2\pi}\mathrm{d}\varphi_c \exp\left\{i\frac{2\pi}{\lambda}\sqrt{z^2 + (x-\rho_c\cos\varphi_c)^2 + (y-\rho_c\sin\varphi_c)^2}\right\}$$

（5.5.1）

取一定参数，我们有图 5.5.1.

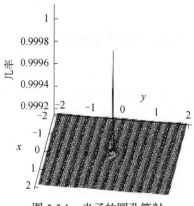

图 5.5.1　光子的圆孔箭射

$\lambda=1$，$a=0.1\lambda$，$z=0.01\lambda$

5.6　光子的平凸透镜的箭射

对于光子的平凸透镜箭射，由（2.10.16）式，我们有

$$\Psi(\boldsymbol{r},t) = \exp\{\mathrm{i}\{k[r_0 + nd - (n-1)R] - \omega t\}\}\int_0^{D/2} \rho_c\mathrm{d}\rho_c \int_0^{2\pi}\mathrm{d}\varphi_c$$
$$\times \exp\left\{\mathrm{i}k\left[(n-1)\sqrt{R^2-\rho_c^2} + \sqrt{z^2+(x-\rho_c\cos\varphi_c)^2+(y-\rho_c\sin\varphi_c)^2}\right]\right\}$$

（5.6.1）

式中 D 是平凸透镜直径，R 是透镜的曲率半径，n 是透镜的折射率．

对于光子的平凸透镜箭射，我们有图 5.6.1.

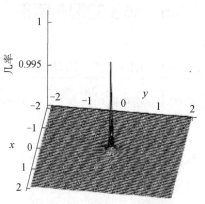

图 5.6.1　光子的平凸透镜箭射

$\lambda=1$，$D=0.1\lambda$，$z=0.01\lambda$，$n=1.5$

5.7　光子的阶梯平凸透镜的箭射

对于光子的阶梯平凸透镜箭射，见图 5.7.1.

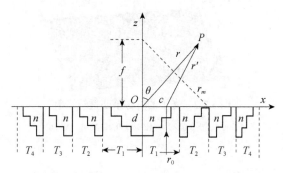

图 5.7.1　光子穿过二维阶梯形透镜的箭射

光子穿过阶梯平凸透镜的箭射，我们有（参考（6.6.7）式）

$$\Psi(x,y)=\sum_{m=1}^{M}\psi_m \qquad (5.7.1)$$

式中

$$\psi_m(\boldsymbol{r},t)=\exp\{\mathrm{i}[k(r_0+nd)-\omega t]\}$$

$$\times\sum_{K=0}^{N-1}\exp\left\{-\mathrm{i}2\pi(n-1)\frac{d}{\lambda}\cdot\frac{K}{N}\right\}\times\int_{\sum_{j=1}^{m}T_j+\frac{T_m}{N}K}^{\sum_{j=1}^{m}T_j+\frac{T_m}{N}(K+1)}\rho_c\mathrm{d}\rho_c\int_0^{2\pi}\mathrm{d}\varphi_c \qquad (5.7.2)$$

$$\times\exp\left\{\mathrm{i}\frac{2\pi}{\lambda}\sqrt{z^2+(x-\rho_c\cos\varphi_c)^2+(y-\rho_c\sin\varphi_c)^2}\right\}$$

式中 N 是阶梯数，m 是环带总数，d 是透镜厚度.

$$T_m=\left(\sqrt{m}-\sqrt{m-1}\right)\sqrt{2\lambda_0 f_0},\quad m=1,\ 2,\ \cdots,27$$

式中 T_m 是第 m 个锯齿阶梯形的宽度，见图 5.7.1，λ_0 是设计波长，f_0 是设计焦距. 取一定参数，我们有图 5.7.2，它是（5.7.1）式对应的几率分布.

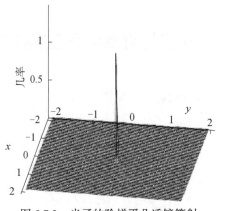

图 5.7.2 光子的阶梯平凸透镜箭射

$\lambda=0.1$，$z=0.01\lambda$，$n=1.5$，$d=0.2$，$M=4$，$N=16$

5.8 Dammann 光栅的箭射

Dammann 光栅的图形见图 6.3.1，二维图见图 6.3.3，光子穿过二维 Dammann 光栅后的量子态见（6.3.9）式，其几率分布为式中波函数绝对值的平方．这里使用图 6.3.6 中除波长采用亚波长外，其他参数不变的条件下，讨论亚波长光子对二维 Dammann 光栅的箭射．所设计的 Dammann 光栅的线度接近 1，即 $T_1+T_2+T_3=0.846$，取光子波长为 10，于是在光子波长为 0.1 时的等强度的九个峰，在亚波长情况下变成一个峰，见图 5.8.1.

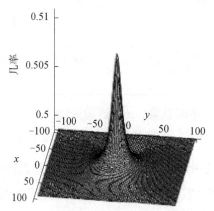

图 5.8.1 亚波长光子经 Dammann 光栅的箭射

$\lambda=10$，$d=0.5$，$T_1=0.3346$，$T_2=0.1773$，$T_3=T_1$，$n=1.5$，$z=8$

5.9　光子的近场光多孔周期排列（阵列光学）

使用（5.1.4）式，及 $p(x,y) = q(x)q(y)$，我们给出光子经二维多缝排列后的阵列箭射分布，见图 5.9.1 和图 5.9.2.

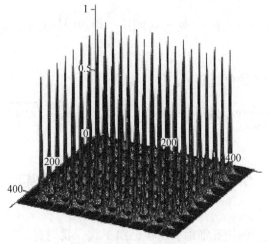

图 5.9.1　光子经二维多缝排列后的阵列箭射分布

$\lambda=1$，$a=0.1\lambda$，$z=0.05\lambda$，$N=9$

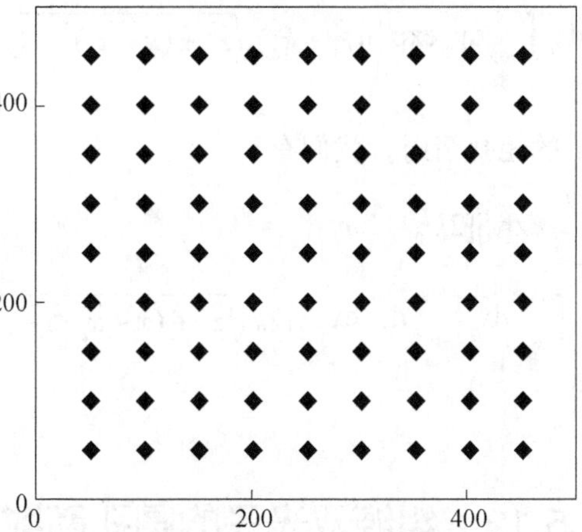

图 5.9.2　光子经二维多缝排列后的阵列箭射分布投影图

$\lambda=1$，$a=0.1\lambda$，$z=0.05\lambda$，$N=9$

从图 5.9.1 和图 5.9.2 可见，利用近场光学给出的阵列光束，不需要透镜就可以达到很好的聚焦，而且所有光束均为等强光束.

5.10 纠缠双光子的单缝箭射

对于纠缠双光子的单缝箭射，由（5.1.3）式，我们有

$$\Psi(r,t) = \frac{2}{\sqrt{2}} \exp\{i[(k_1+k_2)r_0 - (\omega_1+\omega_2)t]\} \int_{-a/2}^{a/2} dx_c \exp\left\{i(k_1+k_2)\sqrt{z^2+(x-x_c)^2}\right\}$$

（5.10.1）

对于简并纠缠双光子的单缝箭射，我们有

$$\Psi(r,t) = \frac{2}{\sqrt{2}} \exp\{i[2kr_0 - 2\omega t]\} \int_{-a/2}^{a/2} dx_c \exp\left\{i\frac{4\pi}{\lambda}\sqrt{z^2+(x-x_c)^2}\right\}$$ （5.10.2）

5.11 纠缠双光子的矩孔箭射

对于纠缠双光子的矩孔箭射，由（5.4.1）式，我们有

$$\Psi(r,t) = \frac{2}{\sqrt{2}} \exp\{i[(k_1+k_2)r_0 - (\omega_1+\omega_2)t]\}$$
$$\times \int_{-a/2}^{a/2} dx_c \int_{-b/2}^{b/2} dy_c \exp\left\{i(k_1+k_2)\sqrt{z^2+(x-x_c)^2+(y-y_c)^2}\right\}$$ （5.11.1）

对于简并纠缠双光子的矩孔箭射，我们有

$$\Psi(r,t) = \frac{2}{\sqrt{2}} \exp\{i[2kr_0 - 2\omega t]\}$$
$$\times \int_{-a/2}^{a/2} dx_c \int_{-b/2}^{b/2} dy_c \exp\left\{i2k\sqrt{z^2+(x-x_c)^2+(y-y_c)^2}\right\}$$

（5.11.2）

式中 $k=2\pi/\lambda$.

5.12 纠缠双光子的圆孔箭射

对于纠缠双光子的圆孔箭射，由（5.5.1）式，我们有

$$\Psi(\pmb{r},t) = \frac{2}{\sqrt{2}} \exp\{i[(k_1+k_2)r_0 - (\omega_1+\omega_2)t]\} \int_0^a \rho_c \mathrm{d}\rho_c \int_0^{2\pi} \mathrm{d}\varphi_c$$
$$\times \exp\left\{i(k_1+k_2)\sqrt{z^2 + (x-\rho_c\cos\varphi_c)^2 + (y-\rho_c\sin\varphi_c)^2}\right\} \quad （5.12.1）$$

对于简并纠缠双光子的圆孔箭射，我们有

$$\Psi(\pmb{r},t) = \frac{2}{\sqrt{2}} \exp\{i[2(kr_0 - \omega t)]\} \int_0^a \rho_c \mathrm{d}\rho_c \int_0^{2\pi} \mathrm{d}\varphi_c$$
$$\times \exp\left\{i2k\sqrt{z^2 + (x-\rho_c\cos\varphi_c)^2 + (y-\rho_c\sin\varphi_c)^2}\right\} \quad （5.12.2）$$

近场光学有许多应用，如可制作近场光学显微镜，它可用于单分子成像及微器件成像，还可应用于近场光刻、近场光存储、产生近场阵列等强光束，等等.

5.13　亚波长光学

在 2.2 节与 2.4 节中，我们讨论了亚波长光子对直线段、三角形及介质球的散射（见图 2.2.2、图 2.4.7、图 2.4.25 与图 2.4.29）. 亚波长光学不仅可讨论光子的散射问题，还可讨论其他一些基本组态的光学问题. 下面我们讨论如下几个基本组态的亚波长光学问题：金属单缝、金属双缝、金属矩孔、金属圆孔.

我们在远场、中场及近场光学中都讨论过光子穿过单缝、双缝、矩孔、圆孔四种组态的几率分布，给出了相应的公式与图形. 在那里都是研究光子的位置几率. 对于金属单缝、金属双缝、金属矩孔、金属圆孔四种组态，我们不仅要研究光子的位置几率，还要研究光子随波长、波矢及频率的几率分布. 对于金属，其中有自由电子形成的等离子体，这些等离子体会产生固有的等离子体振荡，形成等离子体波. 当光经过它时，等离子体对光产生调制. 当光子的频率接近等离子体振荡的频率时，还会发生共振，会增强光信号强度. 由于实际金属的介电常量是复数，虽然共振会增强光信号强度，但当光经过金属时，其光强还会衰减. 所以讨论光子穿过金属单缝、金属双缝、金属矩孔及金属圆孔四种组态时，调制与衰减是必须要考虑的，在某些情况下还必须考虑共振的作用. 因为以上的理论都是讨论光子坐标的几率分布，现在要讨论光子随波长、波矢及频率的几率分布. 这些分布随波长、波矢及频率的变化起点需要调整，分布的疏密也需要调整，这就给理论与实验的比较带来困难. 下面我们先研究金属单缝的亚波长光学问题.

5.13.1 金属单缝

我们研究光子穿过金属单缝的几率随频率的关系. 由光子穿过单缝后的波函数的一般表示式（5.1.3）为出发点，重写为

$$\Psi(r,t) = \exp\{i(kr_0 - \omega t)\}\int_{-a/2}^{a/2} dx_c \exp\left\{i\frac{2\pi}{\lambda}\sqrt{z^2 + (x - x_c)^2}\right\} \quad (5.13.1)$$

式中将波长换成频率，再引入一调整因子 α，上式变为

$$\Psi(\nu) = \exp\{i(kr_0 - \omega t)\}\int_{-a/2}^{a/2} dx_c \exp\left\{i\frac{2\pi\nu\alpha}{c}\sqrt{z^2 + (x - x_c)^2}\right\} \quad (5.13.2)$$

式中 c 是光在真空中的速度. 考虑共振，再引入一表示共振的因子，上式变为

$$\Psi(\nu) = \exp\{i(kr_0 - \omega t)\}\int_{-a/2}^{a/2} dx_c \frac{\sin[\pi(\nu - m\nu_0)]}{\pi(\nu - m\nu_0)}\exp\left\{i\frac{2\pi\nu\alpha}{c}\sqrt{z^2 + (x - x_c)^2}\right\}$$

$$(5.13.3)$$

再引入衰减及调制因子，如果不止一个共振频率，则上式变为

$$\Psi(\nu) = \exp\{i(kr_0 - \omega t)\}\left\{1 - 0.0005\frac{\nu}{40} + 0.02\left(\frac{\nu}{40}\right)^2 - 0.05\left(\frac{\nu}{40}\right)^4\right\}$$

$$\times \sum_{m=1}^{7}\int_{-a/2}^{a/2} dx_c \frac{\sin[\pi(\nu - m\nu_0)]}{\pi(\nu - m\nu_0)}\left[1 + \gamma\cos\left(\frac{2\pi n a\nu}{c}\right)\right] \quad (5.13.4)$$

$$\times \exp\left\{i\frac{2\pi\alpha\nu}{c}\sqrt{z^2 + (x - x_c)^2}\right\}$$

取文献[8]中的数据,可对上式的几率 $|\Psi(\nu)|^2$ 随频率的关系作图,见图 5.13.1.

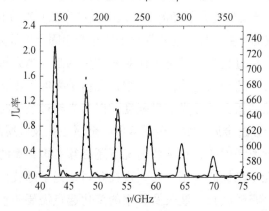

图 5.13.1 光子穿过金属单缝后的几率与频率的关系（上面和右边的标度对应黑的实验点）

a=75μm, z=0.05μm, x=0, n=1.02, α=1500, β=0.01, γ=0.6

图 5.13.1 中实线是理论曲线，点线是实验曲线[8]，图 5.13.1 表明理论与文献 [8]中 Fig.2 实验曲线一致.

5.13.2　金属双缝

本节讨论光子穿过亚波长金属双缝后的几率与波数的关系，实验见文献 [9]. 光子穿过双缝的衍射见图 3.1.3，这里讨论的不是光子在观测屏上的位置几率密度分布，而是光子在观测屏上随波数的几率密度分布. 光子穿过缝宽 a、缝间间隔 d 的双缝上缝后的波函数为

$$\Psi_1(k) = \exp\{\mathrm{i}(kr_0 - \omega t)\}\exp\left(-\frac{\beta}{k}\right)$$

$$\times \int_{\frac{d-a}{2}}^{\frac{d+a}{2}} \mathrm{d}x_c \left[1 + \gamma\exp\left(\mathrm{i}k\alpha\sqrt{z^2+(x-x_c)^2}\right)\right]\cdot\exp\left\{\mathrm{i}k\sqrt{z^2+(x-x_c)^2}\right\}$$

$$(5.13.5)$$

式中光子穿过金属双缝既要受到金属表面等离激元的调制（调制幅度为 γ），还要受到光子与表面等离激元作用而产生的衰减（衰减系数为 β）. α 为初始相位调整因子. 光子穿过下缝后的波函数为

$$\Psi_2(k) = \exp\{\mathrm{i}(kr_0 - \omega t)\}\exp\left(-\frac{\beta}{k}\right)$$

$$\times \int_{-\frac{d+a}{2}}^{-\frac{d-a}{2}} \mathrm{d}x_c \left[1 + \gamma\exp\left(\mathrm{i}k\alpha\sqrt{z^2+(x-x_c)^2}\right)\right]\cdot\exp\left\{\mathrm{i}k\sqrt{z^2+(x-x_c)^2}\right\}$$

$$(5.13.6)$$

光子穿过双缝后的总波函数为

$$\Psi(k) = \Psi_1(k) + \Psi_2(k) \qquad (5.13.7)$$

光子在屏上的几率分布为

$$q(k) = |\Psi(k)|^2 \qquad (5.13.8)$$

取不同参数，可得到图 5.13.2.

由上面理论与文献[9]中 Fig.1 的实验曲线比较表明，我们的理论与实验符合得很好.

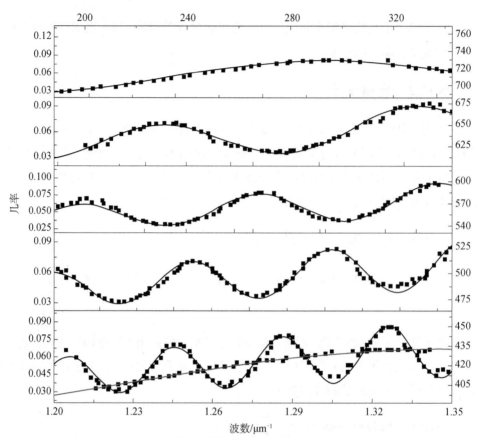

图 5.13.2　光子穿过双缝后的几率与波数的关系[9]（上面和右边的标度对应黑的实验点）

参数：a=0.2μm，z=20μm，x=0，β=2.5，γ=0.2，d=4.9μm，9.9μm，14.8μm，19.8μm，24.5μm，
依次对应的是 α=1.45，3.2，4.4，5.4，6.67，实线是理论曲线，点线是实验结果

5.13.3　金属矩孔

文献[10]的作者研究了亚波长光子穿过金属矩孔的实验结果. 我们给出它的理论公式，以便与实验结果进行比较. 我们从近场光学中光子对矩孔箭射的公式（5.4.1）出发来讨论这一问题. 将（5.4.1）式重写如下：

$$\Psi(\boldsymbol{r},t) = \exp\{i(kr_0 - \omega t)\}\int_{-a/2}^{a/2} \mathrm{d}x_c \int_{-b/2}^{b/2} \mathrm{d}y_c \exp\left\{i\frac{2\pi}{\lambda}\sqrt{z^2 + (x - x_c)^2 + (y - y_c)^2}\right\}$$

（5.13.9）

考虑到调制、共振与衰减因子，可写出如下公式：

$$\Psi(\lambda) = \exp\{i(kr_0 - \omega t)\}\int_{-a/2}^{a/2}\mathrm{d}x_c\int_{-b/2}^{b/2}\mathrm{d}y_c\frac{\exp(-\beta h\lambda)}{\lambda^\delta}\frac{1}{\sqrt{4\pi\left(\dfrac{\lambda - \lambda_0}{\lambda\lambda_0}\right)^2 + \gamma_0^2}}$$

$$\times\left[1 + \gamma\exp\left(i\frac{2\pi\alpha}{\lambda}\sqrt{z^2 + (y - y_c)^2}\right)\right]\exp\left\{i\frac{2\pi}{\lambda}\sqrt{z^2 + (x - x_c)^2 + (y - y_c)^2}\right\}$$

$$(5.13.10)$$

式中 α, β, γ, γ_0, δ 与 h 为调整参数, 它随矩孔大小而变化. h 为矩孔深度.

选定上述各参数, 可作图, 见图 5.13.3, 它与文献[10]中 Fig.3（c）的曲线基本一致.

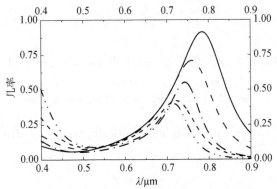

图 5.13.3　光子穿过矩孔后的几率与波长的关系

a=0.27μm, b=0.105μm, 0.145μm, 0.185μm, 0.225μm, 0.260μm, h=0.3μm, z=2h, x=0, y=0.

最上一条曲线的参数: a不变, b=0.105μm, α=1.2, β=0.05, γ=0.2, γ_0=0.4, δ=2

图 5.13.3 中参数为最高的一条曲线的参数. 为了与实验结果进行比较, 我们将图中上面两条曲线另作两图, 如图 5.13.4 和图 5.13.5 所示.

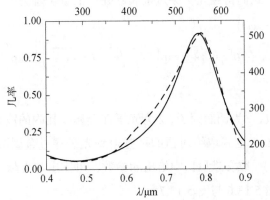

图 5.13.4　光子穿过矩孔后的几率与波长的关系（1）

a=0.27μm, b=0.105μm, h=0.3μm, z=2h, x=0, y=0, α=1.2, β=0.05, γ=0.2, γ_0=0.4, δ=2.

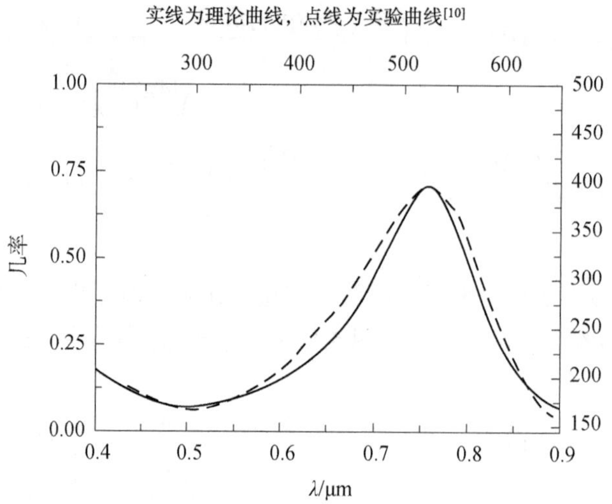

实线为理论曲线，点线为实验曲线[10]

图 5.13.5　光子穿过矩孔后的几率与波长的关系[10]（2）

$a=0.270\mu m$, $b=0.145\mu m$, $h=0.3\mu m$, $z=2h$, $x=0$, $y=0$,
$\alpha=0.125$, $\beta=0.15$, $\gamma=0.2$, $\lambda_0=0.775\mu m$, $\gamma_0=0.4$, $\delta=2.6$

图 5.13.4 和图 5.13.5 中，理论与文献[10]中 Fig.3（c）的曲线比较表明，理论与实验一致.

5.13.4　金属圆孔

对于光子穿过金属圆孔的实验见文献[11]. 为了将理论与实验结果进行比较，我们只考虑光子被金属中等离子体波调制与衰减的影响，与 5.13.1～5.13.3 节的理论考虑类似，我们得到光子穿过金属圆孔后的量子态为

$$\Psi(x,t) = \exp\{i(kr_0 - \omega t)\}$$

$$\times \int_{-\frac{a}{2}}^{\frac{a}{2}} dx_c \exp(-\beta|x_c|)\left[1 + \gamma \exp\left(i\frac{2\pi}{\lambda}\sqrt{z^2+(x-x_c)^2}\right)\right] \cdot \exp\left\{i\frac{2\pi}{\lambda_0}\sqrt{z^2+(x-x_c)^2}\right\}$$

$$(5.13.11)$$

式中 β 为衰减参数，γ 为调制因子，λ 为光子在金属圆孔内的波长，λ_0 为光子穿过金属圆孔后的波长. 上式取绝对值的平方得到光子穿过金属圆孔后的几率分布（即相对光强分布）. 取文献[11]中给出的参数，可作出与文献[11]中 Fig.1（a）相似的曲线，见图 5.13.6 与图 5.13.7.

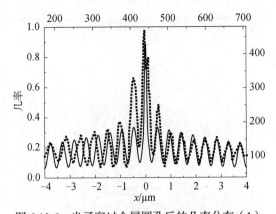

图 5.13.6　光子穿过金属圆孔后的几率分布（1）

$\lambda=0.471\mu m$，$\lambda_0=0.532\mu m$，$a=0.2\mu m$，$z=0.006\mu m$，$\beta=0.06$，$\gamma=1$

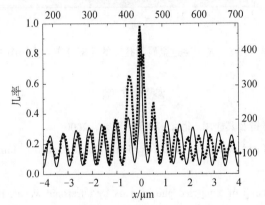

图 5.13.7　光子穿过金属圆孔后的几率分布（2）

$\lambda=0.532\mu m$，$\lambda_0=0.532\mu m$，$a=0.2\mu m$，$z=0.006\mu m$，$\beta=0.06$，$\gamma=1$

　　图 5.13.6 和图 5.13.7 的结果说明如下：图 5.13.6 中中峰右边理论曲线（实线）与实验曲线（点线）基本一致，但在中峰左边不一致．而在图 5.13.7 中中峰右边理论曲线（实线）与实验曲线（点线）不一致，但在中峰左边基本一致．原因可能是实验图形画错．在文献[11]中，Fig.1（a）中图形两边应是对称的，因为光子在金属圆孔内的波长为 $\lambda=0.471\mu m$，这正好是实验曲线（点线）在中峰右边任意两小峰之间的间隔，右边共有八个峰；而在中峰左边任意两小峰之间的间隔为波长 $\lambda_0=0.532\mu m$，左边共有七个峰．图 5.13.6 与图 5.13.7 中正好说明上述情况．所以，图 5.13.6 和图 5.13.7 中，理论与文献[11]中 Fig.1（a）的曲线比较表明，理论与实验基本一致．图 5.13.8 是它的投影图．

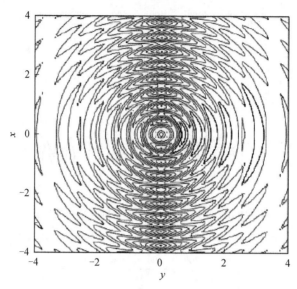

图 5.13.8　光子穿过金属圆孔后的几率分布（投影图）

参 考 文 献

［1］张树霖. 近场显微镜及其应用. 北京：科学出版社，2000.

［2］Courjon D. Near-Field Microscopy and Near-Field Optics. London：Imperial College Press，2003.

［3］Deng L-B. Diffraction of entangled photon pairs by ultrasonic waves. Frontiers of Physics，2012，7（2）：239-243.

［4］Pohl D W，Denk W，Lanz M. Optical stethoscopy：Image recording with resolution $\lambda/20$. Applied Physics Letters，1984，44：651-653.

［5］Specht M，Pedarnig J D，Heckl W M，et al. Scanning plasmon near-field microscope. Physical Review Letters，1992，68：476-479.

［6］Ash E A，Nicholls G. Super-resolution aperture scanning microscope. Nature，1972，237：510-512.

［7］Lezec H J，Degiron A，Devaux E，et al. Beaming light from a subwavelength aperture. Science，2002，297：820-822.

［8］Yang F，Sambles J R. Resonant transmission of microwaves through a narrow metallic slit. Physical Review Letters，2002，89：063901.

［9］Schouten H F，Kuzmin N，Dubois G，et al. Plasmon-assisted two-slit transmission：Young's experiment revisited. Physical Review Letters，2005，94：053901.

[10] Degiron A, Lezec H J, Yamamoto N, et al. Optical transmission properties of a single subwavelength aperture in a real metal. Optics Communication, 2004, 239: 61-66.

[11] Yin L, Vlasko-Vlasov V K, Rydh A, et al. Surface plasmons at single nanoholes in Au-films. Applied Physics Letters, 2004, 85: 467-469.

第6章 二元光学

二元光学研究元件特征尺寸大于或小于光波长的光学问题. 对于元件特征尺寸大于光波长的光学问题，可用经典标量衍射理论进行设计，而对于元件特征尺寸小于光波长的光学问题，经典标量衍射理论不适用，经典矢量衍射理论也不适用，因为这是亚波长光学的问题. 对于亚波长光学及近场光学问题，采用宏观Maxwell波动方程去计算它是比较复杂的，原因如下.

按坐标与波长的Heisenberg不确定性关系，当缝宽为 0.1λ 时，波长 λ 的不准量为 1.6λ，即已超过波长本身的大小，因此在Maxwell光的电磁场波动方程解中，波长概念已无意义，因为在这种情况下，光的波动现象不显著（不显示超过一个波长的场的空间分布），而显示光的粒子性.

所以，对于亚波长的二元光学问题，我们不使用Maxwell电磁场波动方程进行求解，对于一般波长的二元光学问题，使用Maxwell电磁场波动方程进行求解的结果，见文献[1]. 我们使用的"路径积分法"是量子力学方法，它能直接给出光子经这些二元光学元件后的量子态及其几率分布[2]. 这种描述对于元件特征尺寸大于或小于光波长的光学问题都适用.

6.1 锯齿形光栅

设计锯齿形透射光栅与反射光栅的目的是要使入射光束经此光栅后能将光束能量集中到所需的一个单一的方向上射出，而不像光经衍射后条纹呈分散分布.

6.1.1 直线锯齿形透射光栅（Fraunhofer衍射）

p 个直线锯齿形透射光栅的衍射，见图 6.1.1. 对于单光子，图 6.1.1 中 S_1 和 S_2 重合为 S（图中未画出），d 是锯齿高度.

对于单光子，假定初始态是

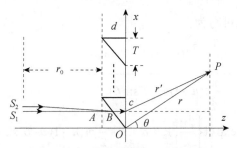

图 6.1.1　p 个直线锯齿形透射光栅

$$\Psi(\boldsymbol{r}_S,0) = \delta(\boldsymbol{r}_S - \boldsymbol{r}_0) \tag{6.1.1}$$

当 $r_0 \gg d$ 时，$r_0 + d \approx r_0$. 当 r_S 和屏远离坐标原点 O 时，使用 Fraunhofer 近似：

$$r' \approx r - x\sin\theta \tag{6.1.2}$$

式中 θ 是衍射角. 由（1.2.4）式，单光子穿过第一个锯齿形后的量子态为

$$\Psi_1(\boldsymbol{r},t) = \int_0^T \mathrm{d}x \exp\left\{\mathrm{i}\left\{k\left[r_0 + d + r + (n-1)\frac{d}{T}x - x\sin\theta\right] - \omega t\right\}\right\} \tag{6.1.3}$$

式中 n 是锯齿光栅介质的折射率. $k = 2\pi/\lambda$，λ 是光子的波长. 单光子穿过第 m 个锯齿形后的量子态为

$$
\begin{aligned}
\Psi_m(\boldsymbol{r},t) = &\frac{T\sin\left\{\dfrac{1}{2}k[(n-1)d - T\sin\theta]\right\}}{\dfrac{1}{2}k[(n-1)d - T\sin\theta]} \\
&\times \exp\left\{\mathrm{i}\left\{k\left[r_0 + d + r\right.\right.\right. \\
&\left.\left.\left.+ \frac{2m-1}{2}((n-1)d - T\sin\theta)\right] - \omega t\right\}\right\}
\end{aligned} \tag{6.1.4}
$$

单光子穿过 p 个直线锯齿形透射光栅衍射后的量子态为

$$\Psi(\boldsymbol{r},t) = \sum_{m=1}^p \Psi_m(\boldsymbol{r},t) \tag{6.1.5}$$

即

$$
\begin{aligned}
\psi = &\frac{T\sin\left\{\dfrac{pk}{2}[(n-1)d - T\sin\theta]\right\}}{\dfrac{k}{2}[(n-1)d - T\sin\theta]} \\
&\times \exp\left\{\mathrm{i}\left\{k\left[r_0 + d + r + \frac{1}{2}p((n-1)d - T\sin\theta)\right] - \omega t\right\}\right\}
\end{aligned} \tag{6.1.6}
$$

式中 p 是整数. 上式可写为

$$\Psi(\boldsymbol{r},t) = \frac{T\sin\left\{p\frac{\pi}{\lambda}[(n-1)d - T\sin\theta]\right\}}{\frac{\pi}{\lambda}[(n-1)d - T\sin\theta]} \tag{6.1.7}$$

$$\times \exp\left\{\mathrm{i}\left\{\frac{2\pi}{\lambda}\left[r_0 + d + r + \frac{1}{2}p((n-1)d - T\sin\theta)\right] - \omega t\right\}\right\}$$

当

$$T\sin\theta = m\lambda, \quad m = 0, \pm 1, \pm 2, \cdots \tag{6.1.8}$$

时，上式变为

$$\psi = \frac{T\sin\left\{p\pi\left[(n-1)\frac{d}{\lambda} - m\right]\right\}}{\pi\left[(n-1)\frac{d}{\lambda} - m\right]} \tag{6.1.9}$$

$$\times \exp\left\{\mathrm{i}\left\{\frac{2\pi}{\lambda}\left[r_0 + d + r + \frac{1}{2}p((n-1)d - m\lambda)\right] - \omega t\right\}\right\}$$

取波函数绝对值的平方，我们得到单光子穿过 p 个直线锯齿形透射光栅衍射后的几率分布，即相对光强，见图 6.1.2.

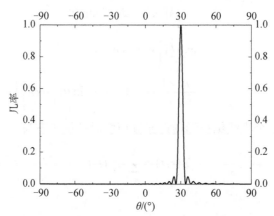

图 6.1.2　单光子经 p 个直线锯齿形透射光栅衍射后的几率

$p=8$，$\lambda=0.5$，$T=1$，$d=1$，$n=1.5$，λ，T 和 d 有相同单位

在图 6.1.2 中，改变光栅参数，可给出不同的出射角.

对于纠缠双光子，假定其初始态是具有最大纠缠度的纠缠态（3.2.3）式，由

（3.2.1）式，纠缠双光子穿过第一个锯齿形后的量子态为

$$\Psi_1(\boldsymbol{r},t) = \int_0^T \mathrm{d}x \exp\left\{ \mathrm{i}\left\{ k_1 r_{01} + k_2 r_{02} + (k_1+k_2)\left[d \right.\right.\right.$$
$$\left.\left.\left. +r + (n-1)\frac{d}{T}x - x\sin\theta \right] - (\omega_1+\omega_2)t \right\}\right\} \tag{6.1.10}$$

式中 r_{01} 和 r_{02} 分别是图 6.1.1 中 S_1A 和 S_2A 的距离，纠缠双光子穿过第 m 个锯齿形后的量子态为

$$\Psi_m(\boldsymbol{r},t) = \frac{T\sin\left\{ \dfrac{1}{2}(k_1+k_2)[(n-1)d - T\sin\theta] \right\}}{\dfrac{1}{2}(k_1+k_2)[(n-1)d - T\sin\theta]}$$
$$\times \exp\left\{ \mathrm{i}\left\{ k_1 r_{01} + k_2 r_{02} + (k_1+k_2)\left[d+r \right.\right.\right.$$
$$\left.\left.\left. +\frac{2m-1}{2}((n-1)d - T\sin\theta) \right] - (\omega_1+\omega_2)t \right\}\right\} \tag{6.1.11}$$

纠缠双光子穿过 p 个直线锯齿形透射光栅衍射后的量子态为

$$\Psi(\boldsymbol{r},t) = \sum_{m=1}^{p} \Psi_m(\boldsymbol{r},t) \tag{6.1.12}$$

即

$$\psi(\boldsymbol{r},t) = \frac{T\sin\left\{ \dfrac{p(k_1+k_2)}{2}[(n-1)d - T\sin\theta] \right\}}{\dfrac{k_1+k_2}{2}[(n-1)d - T\sin\theta]}$$
$$\times \exp\left\{ \mathrm{i}\left\{ k_1 r_{01} + k_2 r_{02} + (k_1+k_2)\left[d+r \right.\right.\right.$$
$$\left.\left.\left. +\frac{1}{2}p((n-1)d - T\sin\theta) \right] - (\omega_1+\omega_2)t \right\}\right\} \tag{6.1.13}$$

对于简并纠缠双光子穿过 p 个直线锯齿形透射光栅衍射后的几率分布如图 6.1.3 所示. 图中 $\lambda_0 = \lambda/2$ 是简并纠缠双光子的波长.

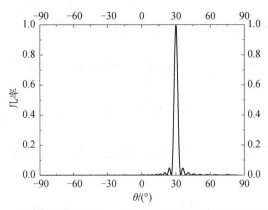

图 6.1.3　简并纠缠双光子经 p 个直线锯齿形透射光栅衍射后的几率

$p=8$，$\lambda_0=0.25$，$T=1$，$d=1$，$n=1.5$，λ_0，T 和 d 有相同的单位

6.1.2　阶梯锯齿形透射光栅（Fraunhofer 衍射）

在图 6.1.1 中，将每一锯齿边分成 N 个阶梯，K 是阶梯序数，每一阶梯的宽度是 $w=T/N$，每一阶梯的高度是 d/N．使用与上述相同的方法，单光子穿过第 m 个锯齿阶梯后的量子态为

$$
\begin{aligned}
\Psi_m(\boldsymbol{r},t) &= \sum_{K=0}^{N-1} \int_{(m-1)T+Kw}^{(m-1)T+(K+1)w} \mathrm{d}x \exp\left\{ \mathrm{i}\left\{ k\left[r_0 + d \right.\right.\right. \\
&\quad \left.\left.\left. + r + (n-1)\frac{d}{T}Kw - x\sin\theta \right] - \omega t \right\}\right\} \\
&= \frac{T\sin\left(\frac{1}{2}k\frac{T}{N}\sin\theta\right)}{\frac{1}{2}kT\sin\theta} \cdot \frac{\sin\left\{\frac{1}{2}k[(n-1)d - T\sin\theta]\right\}}{\sin\left\{\frac{1}{2}k[(n-1)d - T\sin\theta]\frac{1}{N}\right\}} \quad (6.1.14) \\
&\quad \times \exp\left\{\mathrm{i}\left\{ k\left[r_0 + d + r + \frac{1}{2}k((n-1)d - T\sin\theta)\left(1-\frac{1}{N}\right) \right.\right.\right. \\
&\quad \left.\left.\left. -\frac{1}{2}\frac{T}{N}\sin\theta - (m-1)T\sin\theta \right] - \omega t \right\}\right\}
\end{aligned}
$$

单光子穿过 p 个阶梯锯齿形透射光栅衍射后的总量子态为

$$
\Psi(\boldsymbol{r},t) = \sum_{m=1}^{p} \Psi_m(\boldsymbol{r},t) \quad (6.1.15)
$$

即

$$\psi = \frac{T\sin\left(\frac{\pi}{\lambda}\frac{T}{N}\sin\theta\right)}{\frac{\pi}{\lambda}T\sin\theta} \cdot \frac{\sin\left\{\frac{\pi}{\lambda}[(n-1)d - T\sin\theta]\right\}}{\sin\left\{\frac{\pi}{\lambda}[(n-1)d - T\sin\theta]\frac{1}{N}\right\}} \cdot \frac{\sin\left(p\pi\frac{T\sin\theta}{\lambda}\right)}{\sin\left(\pi\frac{T\sin\theta}{\lambda}\right)}$$

$$\times \exp\left\{i\left\{k\left[r_0 + d + r + \frac{1}{2}\left((n-1)\frac{d}{T} - \sin\theta\right)(N-1)\frac{T}{N} - \frac{1}{2}\frac{T}{N}\sin\theta\right.\right.\right. \quad (6.1.16)$$

$$\left.\left.\left. - \frac{1}{2}(p-1)T\sin\theta\right] - \omega t\right\}\right\}$$

当 N 很大时，上式变为

$$\psi = \frac{T\sin\left(p\pi\frac{T\sin\theta}{\lambda}\right)}{\sin\left(\pi\frac{T\sin\theta}{\lambda}\right)} \cdot \frac{\sin\left\{\frac{\pi}{\lambda}[(n-1)d - T\sin\theta]\right\}}{\frac{\pi}{\lambda}[(n-1)d - T\sin\theta]}$$

$$\qquad (6.1.17)$$

$$\times \exp\left\{i\left\{k\left[r_0 + d + r + \frac{1}{2}((n-1)d - pT\sin\theta)\right] - \omega t\right\}\right\}$$

单光子穿过 p 个阶梯锯齿形透射光栅衍射后的几率分布见图6.1.4和图6.1.5.

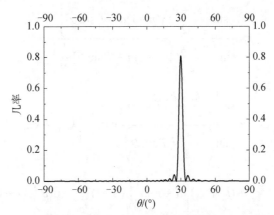

图 6.1.4　单光子经 p 个阶梯锯齿形透射光栅衍射后的几率（1）

$p=8$, $N=4$, $\lambda=0.5$, $d=1$, $T=1$, $n=1.5$, λ, T 和 d 有相同的单位

对于纠缠双光子，使用与3.2节同样的方法，由（6.1.14）式，我们得到纠缠双光子穿过 p 个阶梯锯齿形透射光栅衍射后的量子态为

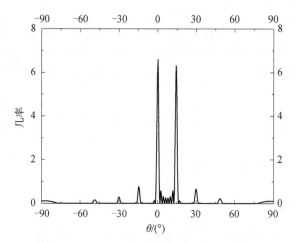

图 6.1.5　单光子经 p 个阶梯锯齿形透射光栅衍射后的几率（2）

p=8, N=8, λ=1, d=1, T=4, n=1.5, λ, T 和 d 有相同的单位

$$\psi(r,t) = \frac{T\sin\left[\dfrac{k_1+k_2}{2}\dfrac{T}{N}\sin\theta\right]}{\dfrac{k_1+k_2}{2}T\sin\theta}$$

$$\times\frac{\sin\left\{\dfrac{k_1+k_2}{2}[(n-1)d-T\sin\theta]\right\}}{\sin\left\{\dfrac{k_1+k_2}{2}[(n-1)d-T\sin\theta]\dfrac{1}{N}\right\}}$$

$$\times\frac{\sin\left[p\dfrac{k_1+k_2}{2}T\sin\theta\right]}{\sin\left(\dfrac{k_1+k_2}{2}T\sin\theta\right)}\exp\left\{i\left\{k_1 r_{01}+k_2 r_{02}\right.\right.\qquad(6.1.18)$$

$$+(k_1+k_2)\left[d+r+\frac{1}{2}\left((n-1)\frac{d}{T}-\sin\theta\right)(N-1)\frac{T}{N}\right.$$

$$\left.\left.\left.-\frac{1}{2}\frac{T}{N}\sin\theta-\frac{1}{2}(p-1)T\sin\theta\right]-2\omega t\right\}\right\}$$

对于简并纠缠双光子，我们有图 6.1.6.

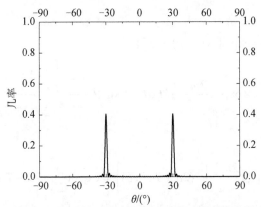

图 6.1.6　简并纠缠双光子经 p 个阶梯锯齿形透射光栅衍射后的几率

p=8，N=4，λ_0=0.25，T=1，d=1，n=1.5，λ_0，T 和 d 有相同的单位

6.1.3　直线锯齿形反射光栅（闪耀光栅）（Fraunhofer 衍射）

直线锯齿形反射光栅称为闪耀光栅，也叫定向光栅．光子经直线锯齿形反射光栅的衍射如图 6.1.7 所示．

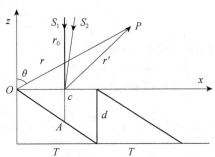

图 6.1.7　光子经直线锯齿形反射光栅（闪耀光栅）的衍射

对于单光子，使用上述同样的方法，我们得到单光子从直线锯齿形反射光栅（闪耀光栅）衍射后从 1 到 m 个锯齿形衍射的量子态为

$$\psi_1(\boldsymbol{r},t)=\int_0^T \mathrm{d}x_c \exp\left\{\mathrm{i}\left[k\left(r_0+2\frac{d}{T}x_c+r'\right)-\omega t\right]\right\} \tag{6.1.19}$$

使用 Fraunhofer 近似，$r'\approx x_c\sin\theta$，上式变为

$$\psi_1(\boldsymbol{r},t)=\exp\{\mathrm{i}[k(r_0+r)-\omega t]\}$$

$$\times\exp\left\{\mathrm{i}\frac{k}{2}(2d-T\sin\theta)\right\}\frac{T\sin\left[\dfrac{k}{2}(2d-T\sin\theta)\right]}{\dfrac{k}{2}(2d-T\sin\theta)} \tag{6.1.20}$$

及

$$\psi_m(\boldsymbol{r},t) = \exp\{i[k(r_0 + r) - \omega t]\}$$

$$\times \exp\left\{i\frac{2m-1}{2}k(2d - T\sin\theta)\frac{T\sin\left[\dfrac{k}{2}(2d - T\sin\theta)\right]}{\dfrac{k}{2}(2d - T\sin\theta)}\right\} \quad (6.1.21)$$

使用关系式

$$\sum_{m=1}^{p}\exp\left\{i\frac{2m-1}{2}k(2d - T\sin\theta)\right\} = \exp\left\{i\frac{p}{2}k(2d - T\sin\theta)\right\}$$

$$\times \frac{\sin\left[\dfrac{p}{2}k(2d - T\sin\theta)\right]}{\sin\left[\dfrac{1}{2}k(2d - T\sin\theta)\right]} \quad (6.1.22)$$

得到单光子从直线锯齿形反射光栅衍射后的总量子态为

$$\Psi(\boldsymbol{r},t) = \sum_{m=1}^{p}\Psi_m(\boldsymbol{r},t) \quad (6.1.23)$$

式中

$$\Psi_m(\boldsymbol{r},t) = \frac{T\sin\left[\dfrac{k}{2}(2d - T\sin\theta)\right]}{\dfrac{k}{2}(2d - T\sin\theta)}$$

$$\times \exp\left\{i\left\{k\left[r_0 + r + \frac{2m-1}{2}(2d - T\sin\theta)\right] - \omega t\right\}\right\} \quad (6.1.24)$$

于是,（6.1.23）式变为

$$\Psi(\boldsymbol{r},t) = T\frac{\sin\left[p\dfrac{k}{2}(2d - T\sin\theta)\right]}{\dfrac{k}{2}(2d - T\sin\theta)}$$

$$\times \exp\left\{i\left\{k\left[r_0 + r + \frac{p}{2}(2d - T\sin\theta)\right] - \omega t\right\}\right\} \quad (6.1.25)$$

当

$$T\sin\theta = m\lambda, \quad m = \pm 0, \ \pm 1, \ \pm 2, \cdots \quad (6.1.26)$$

时,（6.1.25）式变为

$$\psi(\boldsymbol{r},t)=\frac{T\sin\left[p\pi\left(\frac{2d}{\lambda}-m\right)\right]}{\pi\left(\frac{2d}{\lambda}-m\right)}$$

（6.1.27）

$$\times\exp\left\{\mathrm{i}\left\{\frac{2\pi}{\lambda}\left[r_0+r+\frac{p}{2}(2d-m\lambda)\right]-\omega t\right\}\right\}$$

单光子从直线锯齿形反射光栅（闪耀光栅）衍射后的几率分布见图 6.1.8.

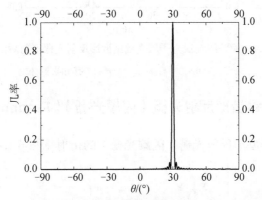

图 6.1.8　单光子从直线锯齿形反射光栅（闪耀光栅）衍射后的几率

$p=8$, $\lambda=1$, $T=4$, $d=1$, λ, d 和 T 有相同的单位

图 6.1.8 表明，它能将图 6.1.7 中的入射光束经直线锯齿反射光栅衍射后沿 $\theta=30°$ 方向射出. 改变参数，还可以给出其他出射角方向.

对于纠缠双光子，由（6.1.25）式，从直线锯齿形反射光栅（闪耀光栅）衍射后的衍射态为

$$\psi(\boldsymbol{r},t)=\frac{T\sin\left[p\frac{k_1+k_2}{2}(2d-T\sin\theta)\right]}{\frac{k_1+k_2}{2}(2d-T\sin\theta)}$$

$$\times\exp\left\{\mathrm{i}\left\{(k_1r_{01}+k_2r_{02})+(k_1+k_2)r\right.\right.$$

（6.1.28）

$$\left.\left.+\frac{p}{2}(2d-T\sin\theta)-2\omega t\right\}\right\}$$

对于简并纠缠双光子，从直线锯齿形反射光栅（闪耀光栅）衍射后的几率见图 6.1.9.

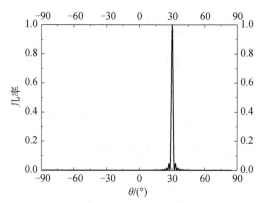

图 6.1.9　简并纠缠双光子从直线锯齿形反射光栅衍射后的几率

p=8，λ_0=0.5，T=4，d=1，λ_0，d 和 T 有相同的单位

6.1.4　阶梯锯齿形反射光栅（闪耀光栅）（Fraunhofer 衍射）

光子经阶梯锯齿形反射光栅（闪耀光栅）的衍射见图 6.1.10.

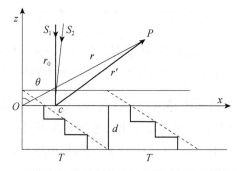

图 6.1.10　光子经阶梯锯齿形反射光栅（闪耀光栅）的衍射

使用与上述同样的方法，单光子经阶梯锯齿形反射光栅（闪耀光栅）的各量子态：对于第 1 个锯齿，我们有

$$\Psi_1(\boldsymbol{r},t) = \sum_{K=0}^{N-1} \int_{KT/N}^{(K+1)T/N} \mathrm{d}x_c \exp\left\{\mathrm{i}\left[k\left(r_0 + \frac{2d}{N}K + r'\right) - \omega t\right]\right\}$$

$$= \exp\left\{\mathrm{i}\left\{k\left[r_0 + r - \frac{1}{2}\frac{T}{N}\sin\theta + \frac{N-1}{2}\left(\frac{2d}{N} - \frac{T}{N}\sin\theta\right)\right] - \omega t\right\}\right\} \quad (6.1.29)$$

$$\times \frac{T\sin\left(\frac{1}{2}k\frac{T}{N}\sin\theta\right)}{\frac{1}{2}kT\sin\theta} \cdot \frac{\sin\left\{\frac{1}{2}k[2d - T\sin\theta]\right\}}{\sin\left\{\frac{1}{2}k[2d - T\sin\theta]\frac{1}{N}\right\}}$$

对于第 m 个锯齿，我们有

$$\Psi_m(r,t) = \sum_{K=0}^{N-1} \int_{(m-1)T+KT/N}^{(m-1)T+(K+1)T/N} dx_c \exp\left\{i\left\{k\left[r_0 + r\right.\right.\right.$$

$$\left.\left.\left. + \frac{2d}{N}K - x_c\sin\theta\right] - \omega t\right\}\right\}$$

$$= \frac{T\sin\left(\frac{1}{2}k\frac{T}{N}\sin\theta\right)}{\frac{1}{2}kT\sin\theta} \cdot \frac{\sin\left\{\frac{1}{2}k(2d - T\sin\theta)\right\}}{\sin\left\{\frac{1}{2}k(2d - T\sin\theta)\frac{1}{N}\right\}} \quad (6.1.30)$$

$$\times \exp\left\{i\left\{k\left[r_0 + r - \frac{1}{2}\frac{T}{N}\sin\theta + \frac{N-1}{2}\left(\frac{2d}{N} - \frac{T}{N}\sin\theta\right)\right.\right.\right.$$

$$\left.\left.\left. - (m-1)T\sin\theta\right] - \omega t\right\}\right\}$$

使用关系式

$$\sum_{n=1}^{m-1} \exp\{\pm iknT\sin\theta\} = \exp\left\{\pm i\frac{m-1}{2}kT\sin\theta\right\}$$

$$\times \frac{\sin\left(\frac{m}{2}kT\sin\theta\right)}{\sin\left(\frac{1}{2}kT\sin\theta\right)} \quad (6.1.31)$$

我们得到总的波函数

$$\Psi(r,t) = \sum_{m=1}^{p} \Psi_m$$

$$= \frac{T\sin\left(\frac{k}{2}\frac{T}{N}\sin\theta\right)}{\frac{k}{2}T\sin\theta} \cdot \frac{\sin\left\{\frac{k}{2}(2d - T\sin\theta)\right\}}{\sin\left\{\frac{k}{2}(2d - T\sin\theta)\frac{1}{N}\right\}} \quad (6.1.32)$$

$$\times \frac{\sin\left(p\frac{k}{2}T\sin\theta\right)}{\sin\left(\frac{k}{2}T\sin\theta\right)} \exp\left\{i\left\{k\left[r_0 + r - \frac{N-1}{N}d\right.\right.\right.$$

$$\left.\left.\left. - \frac{p}{2}T\sin\theta\right] - \omega t\right\}\right\}$$

即

$$\psi(\pmb{r},t) = \frac{T\sin\left(\dfrac{\pi}{\lambda}\dfrac{T}{N}\sin\theta\right)}{\dfrac{\pi}{\lambda}T\sin\theta} \cdot \frac{\sin\left\{\dfrac{\pi}{\lambda}(2d-T\sin\theta)\right\}}{\sin\left\{\dfrac{\pi}{\lambda}(2d-T\sin\theta)\dfrac{1}{N}\right\}}$$

$$\times \frac{\sin\left(p\dfrac{\pi}{\lambda}T\sin\theta\right)}{\sin\left(\dfrac{\pi}{\lambda}T\sin\theta\right)}\exp\left\{\mathrm{i}\left\{k\left(r_0+r+\frac{N-1}{N}d\right.\right.\right. \tag{6.1.33}$$

$$\left.\left.\left.-\frac{p}{2}T\sin\theta\right)-\omega t\right\}\right\}$$

当 $d=\lambda/2$ 时，对于一个 N 阶锯齿光栅，取不同的阶数 N，我们有图 6.1.11～图 6.1.13.这与文献[3]一致.与文献[3]的结果不同的是,我们给出了有一定宽度的条纹.

当 $N=2$ 时，我们有图 6.1.11.

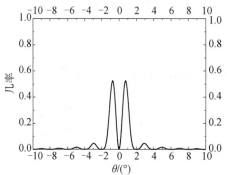

图 6.1.11　单光子从一个 N 阶锯齿反射光栅衍射后的几率分布（1）

$N=2$，$\lambda=1$，$d=\lambda/2$，λ，T 和 d 具有相同的单位

当 $N=4$ 时，我们有图 6.1.12.

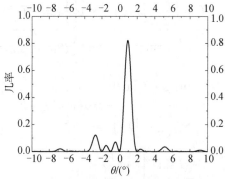

图 6.1.12　单光子从一个 N 阶锯齿反射光栅衍射后的几率分布（2）

$N=4$，$\lambda=1$，$d=\lambda/2$，λ，T 和 d 具有相同的单位

当 $N=8$ 时，我们有图 6.1.13.

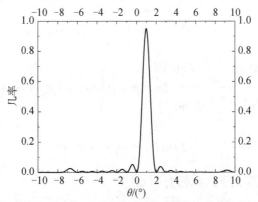

图 6.1.13　单光子从一个 N 阶锯齿反射光栅衍射后的几率分布（3）

$N=8$，$\lambda=1$，$d=\lambda/2$，λ，T 和 d 具有相同的单位

比较图 6.1.12 与图 6.1.13 可以看出，对应同一个厚度 d，图 6.1.13 中的阶梯数比图 6.1.12 中多一倍，光子的几率最大值也高.

单光子从 p 个阶梯锯齿形反射光栅（闪耀光栅）衍射后的几率分布见图 6.1.14.

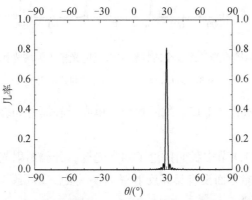

图 6.1.14　单光子经阶梯锯齿形反射光栅（闪耀光栅）衍射后的几率

$p=8$，$N=8$，$\lambda=1$，$d=1$，$T=4$，λ，T 和 d 有相同的单位

比较图 6.1.5 和图 6.1.14，我们看到，对于具有相同参数的 p 个阶梯锯齿形透射光栅与反射光栅，具有不同的分辨率. p 个阶梯锯齿形反射光栅比 p 个阶梯锯齿形透射光栅有更高的分辨率.

对于纠缠双光子，由（6.1.32）式，从 p 个阶梯锯齿形反射光栅衍射后的量子态为

$$\psi(\boldsymbol{r},t) = \frac{T\sin\left(\dfrac{k_1+k_2}{2}\dfrac{T}{N}\sin\theta\right)}{\dfrac{k_1+k_2}{2}T\sin\theta} \cdot \frac{\sin\left\{\dfrac{k_1+k_2}{2}(2d-T\sin\theta)\right\}}{\sin\left\{\dfrac{k_1+k_2}{2}(2d-T\sin\theta)\dfrac{1}{N}\right\}}$$

$$\times \frac{\sin\left(p\dfrac{k_1+k_2}{2}T\sin\theta\right)}{\sin\left(\dfrac{k_1+k_2}{2}T\sin\theta\right)} \times \exp\left\{\mathrm{i}\left\{k_1 r_{01} + k_2 r_{02} + (k_1+k_2)\left(2d\right.\right.\right.} \quad (6.1.34)$$

$$\left.\left.\left. + r + \frac{N-1}{N}d - \frac{p}{2}T\sin\theta\right) - (\omega_1+\omega_2)t\right\}\right\}$$

对于简并纠缠双光子，我们有图 6.1.15.

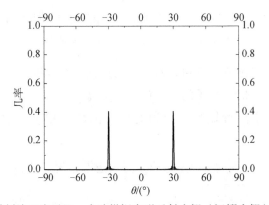

图 6.1.15　简并纠缠双光子经 p 个阶梯锯齿形反射光栅（闪耀光栅）衍射后的几率

$p=8$，$N=8$，$\lambda_0=0.5$，$d=1$，$T=4$，λ_0，T 和 d 有相同单位

比较图 6.1.14 和图 6.1.15，我们看到，单光子和简并纠缠双光子具有不同的几率分布.

在 6.1.1 节～6.1.4 节中我们讨论了四类光栅，分属透射光栅与反射光栅，因透射光栅在聚集光能方面没有具高反射率（镀一层金属薄膜）的反射光栅好，现在很少采用透射光栅.

6.2　矩形光栅

6.2.1　矩形透射光栅（Fraunhofer 衍射）

光子经矩形透射光栅的衍射如图 6.2.1 所示. 图中 n 是折射率；T 是它的宽度；

b 是相邻两矩形块间的距离，为空气隙；d 为介质厚度；r_0 是光子从远处始点射
向光栅的距离；$L=T+b$ 是矩形光栅的周期.

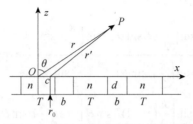

图 6.2.1　光子经矩形透射光栅的衍射

单光子经第 1 个矩形衍射后的量子态为

$$\Psi_1 = \int_{-T/2}^{T/2} \mathrm{d}x_c \exp\{\mathrm{i}[k(r_0 + nd + r') - \omega t]\} \tag{6.2.1}$$

使用 Faunhoher 近似，$r' \approx r - x_c \sin\theta$，上式变为

$$\Psi_1 = \exp\{\mathrm{i}[k(r_0 + nd + r) - \omega t]\} \frac{\sin\left(\frac{1}{2}kT\sin\theta\right)}{\frac{1}{2}k\sin\theta} \tag{6.2.2}$$

光子经第 2 个矩形空气隙衍射后的量子态为

$$\begin{aligned}
\Psi_2 &= \int_{T/2}^{T/2+b} \mathrm{d}x_c \exp\{\mathrm{i}[k(r_0 + d + r') - \omega t]\} \\
&= \exp\{\mathrm{i}[k(r_0 + d + r) - \omega t]\} \\
&\times \exp\left\{-\mathrm{i}k\frac{L}{2}\sin\theta\right\} \frac{\sin\left(\frac{1}{2}kb\sin\theta\right)}{\frac{1}{2}k\sin\theta}
\end{aligned} \tag{6.2.3}$$

单光子经第 m 矩形空气隙衍射后的量子态为

$$\begin{aligned}
\Psi_{2m-1} &= \frac{\sin\left(\frac{1}{2}kT\sin\theta\right)}{\frac{1}{2}k\sin\theta} \exp[-\mathrm{i}k(m-1)L\sin\theta] \\
&\times \exp\{\mathrm{i}[k(r_0 + nd + r) - \omega t]\}, \quad m = 1,2,3,\cdots
\end{aligned} \tag{6.2.4}$$

和

$$\begin{aligned}
\Psi_{2m} &= \frac{\sin\left(\frac{1}{2}kb\sin\theta\right)}{\frac{1}{2}k\sin\theta} \exp\left[-\mathrm{i}k\frac{2m-3}{2}L\sin\theta\right] \\
&\times \exp\{\mathrm{i}[k(r_0 + d + r) - \omega t]\}
\end{aligned} \tag{6.2.5}$$

使用关系式（6.1.31），得到单光子经 p 个矩形透射光栅衍射后的总量子态

$$\psi(\boldsymbol{r},t) = \sum_{m=1}^{p}(\varPsi_{2m-1} + \varPsi_{2m})$$

$$= \left\{ \frac{\sin\left(\dfrac{k}{2}pL\sin\theta\right)}{\sin\left(\dfrac{k}{2}L\sin\theta\right)} \cdot \frac{\sin\left(\dfrac{k}{2}T\sin\theta\right)}{\dfrac{k}{2}\sin\theta} \exp[ik(n-1)d] \right.$$

$$\left. + \frac{\sin\left[\dfrac{k}{2}(p-1)L\sin\theta\right]}{\sin\left[\dfrac{k}{2}L\sin\theta\right]} \cdot \frac{\sin\left(\dfrac{k}{2}b\sin\theta\right)}{\dfrac{k}{2}\sin\theta} \right\}$$

$$\times \exp\left\{ i\left\{ k\left[r_0 + d + r - \frac{p-1}{2}L\sin\theta \right] - \omega t \right\} \right\}$$

(6.2.6)

即

$$\psi(\boldsymbol{r},t) = \left\{ \frac{\sin\left(\dfrac{\pi}{\lambda}pL\sin\theta\right)}{\sin\left(\dfrac{\pi}{\lambda}L\sin\theta\right)} \cdot \frac{\sin\left(\dfrac{\pi}{\lambda}T\sin\theta\right)}{\dfrac{\pi}{\lambda}\sin\theta} \exp\left\{ i\frac{2\pi}{\lambda}(n-1)d \right\} \right.$$

$$\left. + \frac{\sin\left[\pi(p-1)\dfrac{L\sin\theta}{\lambda}\right]}{\sin\left[\pi\dfrac{L\sin\theta}{\lambda}\right]} \cdot \frac{\sin\left(\dfrac{\pi}{\lambda}b\sin\theta\right)}{\dfrac{\pi}{\lambda}\sin\theta} \right\}$$

$$\times \exp\left\{ i\left\{ \frac{2\pi}{\lambda}\left[r_0 + d + r - \frac{p-1}{2}L\sin\theta \right] - \omega t \right\} \right\}$$

(6.2.7)

单光子经矩形光栅衍射后的几率分布见图 6.2.2.

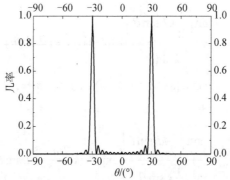

图 6.2.2　单光子经矩形光栅衍射后的几率

$p=8$, $\lambda=1$, $T=1$, $b=1$, $d=1$, $L=T+b$, $n=1.5$, λ, b, T 和 d 有相同的单位

对于纠缠双光子,由(6.2.6)式,我们有纠缠双光子穿过 p 个矩形透射光栅的总量子态为

$$
\psi(\boldsymbol{r},t) = \left\{ \frac{\sin\left(p\dfrac{k_1+k_2}{2}L\sin\theta\right)}{\sin\left(\dfrac{k_1+k_2}{2}L\sin\theta\right)} \cdot \frac{\sin\left(\dfrac{k_1+k_2}{2}T\sin\theta\right)}{\dfrac{k_1+k_2}{2}\sin\theta} \right.
$$

$$
\times \exp\{i(k_1+k_2)(n-1)d\}
$$

$$
+ \frac{\sin\left[\dfrac{k_1+k_2}{2}(p-1)L\sin\theta\right]}{\sin\left[\dfrac{k_1+k_2}{2}L\sin\theta\right]} \cdot \left. \frac{\sin\left(\dfrac{k_1+k_2}{2}b\sin\theta\right)}{\dfrac{k_1+k_2}{2}\sin\theta} \right\} \quad (6.2.8)
$$

$$
\times \exp\left\{i\left\{k_1 r_{01} + k_2 r_{02} + (k_1+k_2)\left[d + r - \frac{p-1}{2}L\sin\theta\right] - (\omega_1+\omega_2)t\right\}\right\}
$$

对于简并纠缠双光子,我们有图 6.2.3.

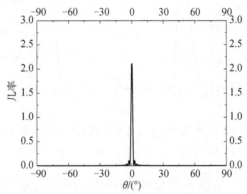

图 6.2.3　简并纠缠双光子经矩形透射光栅衍射后的几率

p=8,λ_0=0.5,T=1,b=1,d=1,L=T+b,n=1.5,λ,b,T 和 d 有相同的单位

图 6.2.3 几率未归一化,是为了比较单光子与纠缠双光子的不同效应.

6.2.2　矩形反射光栅(Fraunhofer 衍射)

在图 6.2.1 中,令 n_0(n_0>n)是 z<-d 的介质的折射率.对于单光子,利用由(6.2.1)式到(6.2.7)式的方法,我们得到它从 p 个矩形反射光栅衍射后的量子态

$$\psi(\boldsymbol{r},t)=\left\{\frac{\sin\left(\dfrac{\pi}{\lambda}pL\sin\theta\right)}{\sin\left(\dfrac{\pi}{\lambda}L\sin\theta\right)}\cdot\frac{\sin\left(\dfrac{\pi}{\lambda}T\sin\theta\right)}{\dfrac{\pi}{\lambda}\sin\theta}\exp\left\{\mathrm{i}\frac{2\pi}{\lambda}(n-1)2d\right\}\right.$$

$$+\frac{\sin\left[\pi(p-1)\dfrac{L\sin\theta}{\lambda}\right]}{\sin\left[\pi\dfrac{L\sin\theta}{\lambda}\right]}\cdot\frac{\sin\left(\dfrac{\pi}{\lambda}b\sin\theta\right)}{\dfrac{\pi}{\lambda}\sin\theta}\right\}\qquad(6.2.9)$$

$$\times\exp\left\{\mathrm{i}\left\{\frac{2\pi}{\lambda}\left[r_0+2d+r-\frac{p-1}{2}L\sin\theta\right]-\omega t\right\}\right\}$$

单光子从 p 个矩形反射光栅衍射后的几率分布见图 6.2.4.

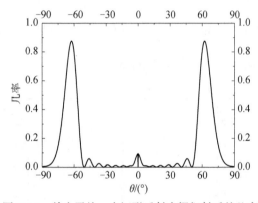

图 6.2.4　单光子从 p 个矩形反射光栅衍射后的几率

$p=8$，$\lambda=1.78$，$T=1$，$b=1$，$d=1$，$L=T+b$，$n=1.5$，λ，b，T 和 d 有相同的单位

对于纠缠双光子，它从 p 个矩形反射光栅衍射后的量子态为

$$\psi(\boldsymbol{r},t)=\left\{\frac{\sin\left(p\dfrac{k_1+k_2}{2}L\sin\theta\right)}{\sin\left(\dfrac{k_1+k_2}{2}L\sin\theta\right)}\cdot\frac{\sin\left(\dfrac{k_1+k_2}{2}T\sin\theta\right)}{\dfrac{k_1+k_2}{2}\sin\theta}\right.$$

$$\times\exp\left\{\mathrm{i}(k_1+k_2)(n-1)2d\right.$$

$$+\frac{\sin\left[\dfrac{k_1+k_2}{2}(p-1)L\sin\theta\right]}{\sin\left[\dfrac{k_1+k_2}{2}L\sin\theta\right]}\cdot\frac{\sin\left(\dfrac{k_1+k_2}{2}b\sin\theta\right)}{\dfrac{k_1+k_2}{2}\sin\theta}\right\}$$

$$\times\exp\left\{\mathrm{i}\left\{k_1r_{01}+k_2r_{02}+(k_1+k_2)\left[2d+r\right.\right.\right.$$

$$-\frac{p-1}{2}L\sin\theta\bigg]-(\omega_1+\omega_2)t\bigg\}\bigg\} \qquad (6.2.10)$$

对于简并纠缠双光子，它从 p 个矩形反射光栅衍射后的几率分布见图 6.2.5.

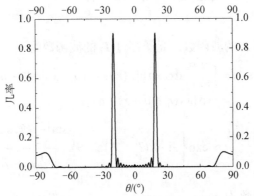

图 6.2.5　简并纠缠双光子从 p 个矩形反射光栅衍射后的几率分布

$p=8$，$\lambda_0=0.66$，$T=1$，$b=1$，$d=1$，$L=T+b$，$n=1.5$，λ，b，T 和 d 有相同的单位

6.3　Dammann光栅（Fraunhofer衍射）

设计 Dammann 光栅的目地是要将它用作分束器，以便从单一光束经 Dammann 光栅后变成等强的多光束.

6.3.1　一维 Dammann 光栅的衍射

光子经一维 Dammann 光栅的衍射见图 6.3.1，它是一个两阶梯的光栅[4]. 图中 n 是光栅介质的折射率，T_1 为中间介质的宽度，T_2 为其相邻两边空气的宽度，d 为介质的厚度，r_0 是光子从远处始点到 x 轴的距离. 我们计算光子从始点到场点 P 的所有可能路径几率幅的叠加. 于是单光子穿过一维 Dammann 光栅衍射后的量子态为

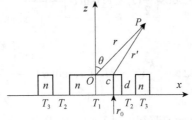

图 6.3.1　光子经一维 Dammann 光栅的衍射[4]

$$\Psi_1(\boldsymbol{r},t) = \int_{-T_1/2}^{T_1/2} \mathrm{d}x \exp\{\mathrm{i}[k(r_0 + nd + r') - \omega t]\}$$

$$= \exp\{\mathrm{i}[k(r_0 + nd + r) - \omega t]\} \frac{\sin\left(\frac{1}{2}kT_1\sin\theta\right)}{\frac{1}{2}kT_1\sin\theta} \quad (6.3.1)$$

上式表示光子穿过 T_1 的波函数. 光子穿过 T_2 的波函数为

$$\Psi_2(\boldsymbol{r},t) = \int_{T_1/2}^{T_1/2+T_2} \mathrm{d}x \exp\{\mathrm{i}[k(r_0 + d + r - x\sin\theta) - \omega t]\}$$

$$= \exp\{\mathrm{i}[k(r_0 + d + r) - \omega t]\} \quad (6.3.2)$$

$$\times \exp\left\{-\mathrm{i}\frac{1}{2}k(T_1 + T_2)\sin\theta\right\} \frac{\sin\left(\frac{1}{2}kT_2\sin\theta\right)}{\frac{1}{2}k\sin\theta}$$

光子穿过 T_3 的波函数为

$$\Psi_3(\boldsymbol{r},t) = \int_{T_1/2+T_2}^{T_1/2+T_2+T_3} \mathrm{d}x \exp\{\mathrm{i}[k(r_0 + nd + r - x\sin\theta) - \omega t]\}$$

$$= \exp\{\mathrm{i}[k(r_0 + nd + r) - \omega t]\} \quad (6.3.3)$$

$$\times \exp\left\{-\mathrm{i}\frac{1}{2}k\left(T_1 + T_2 + \frac{T_3}{2}\right)\sin\theta\right\} \frac{\sin\left(\frac{1}{2}kT_3\sin\theta\right)}{\frac{1}{2}k\sin\theta}$$

式中使用了 Fraunhofer 近似: $r' \approx r - x\sin\theta$.

用同样方法, 可计算 Ψ_{-2}, Ψ_{-3}, 于是可将上述波函数相加, 得到如下量子态:

$$\Psi = \Psi_1 + \Psi_2 + \Psi_{-2} + \Psi_3 + \Psi_{-3} \quad (6.3.4)$$

$$\Psi(\boldsymbol{r},t) = \left\{ \frac{\sin\left(\frac{k}{2}T_1\sin\theta\right)}{\frac{k}{2}\sin\theta} \exp\{\mathrm{i}k(n-1)d\} \right.$$

$$+ 2\cos\left[\frac{k}{2}(T_1 + T_2)\sin\theta\right] \frac{\sin\left(\frac{k}{2}T_2\sin\theta\right)}{\frac{k}{2}\sin\theta} \quad (6.3.5)$$

$$\left. + 2\cos\left[\frac{k}{2}(T_1 + 2T_2 + T_3)\sin\theta\right] \frac{\sin\left(\frac{k}{2}T_3\sin\theta\right)}{\frac{k}{2}\sin\theta} \right\}$$

$$\times \exp\{\mathrm{i}[k(r_0 + d + r + (n-1)d) - \omega t]\}$$

即

$$\Psi(\mathbf{r},t) = \left\{ \frac{\sin\left(\pi\dfrac{T_1\sin\theta}{\lambda}\right)}{\pi\dfrac{\sin\theta}{\lambda}}\exp\{ik(n-1)d\} \right.$$

$$+ 2\cos\left[\frac{\pi}{\lambda}(T_1+T_2)\sin\theta\right]\frac{\sin\left(\pi\dfrac{T_2\sin\theta}{\lambda}\right)}{\pi\dfrac{\sin\theta}{\lambda}} \quad (6.3.6)$$

$$\left. + 2\cos\left[\frac{\pi}{\lambda}(T_1+2T_2+T_3)\sin\theta\right]\frac{\sin\left(\pi\dfrac{T_3\sin\theta}{\lambda}\right)}{\pi\dfrac{\sin\theta}{\lambda}} \right\}$$

$$\times \exp\{i[k(r_0+d+r+(n-1)d)-\omega t]\}$$

单光子穿过一维 Dammann 光栅衍射后的几率（$|\Psi|^2$）分布见图 6.3.2，在一定参数下，它呈等光强分布.

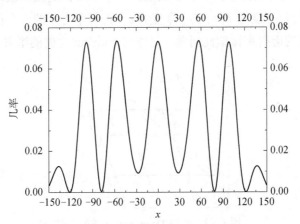

图 6.3.2　单光子穿过一维 Dammann 光栅衍射后的几率分布

λ=0.3548, d=1, T_1=0.26, T_2=0.98, T_3=0.077, n=1.5, f=50

对于纠缠双光子，由（6.3.5）式，它穿过 Dammann 光栅衍射后的量子态为

$$\Psi(\mathbf{r},t) = \left\{ \frac{\sin\left(\dfrac{k_1+k_2}{2}T_1\sin\theta\right)}{\dfrac{k_1+k_2}{2}\sin\theta}\exp[i(k_1+k_2)(n-1)d] \right.$$

$$+ 2\cos\left[\frac{k_1 + k_2}{2}(T_1 + T_2)\sin\theta\right]\frac{\sin\left(\frac{k_1 + k_2}{2}T_2\sin\theta\right)}{\frac{k_1 + k_2}{2}\sin\theta}$$

$$+ 2\cos\left[\frac{k_1 + k_2}{2}(T_1 + 2T_2 + T_3)\sin\theta\right]\frac{\sin\left(\frac{k_1 + k_2}{2}T_3\sin\theta\right)}{\frac{k_1 + k_2}{2}\sin\theta} \qquad (6.3.7)$$

$$\times \exp\left[\mathrm{i}(k_1 + k_2)(n-1)d\right]\bigg\}$$

$$\times \exp\{\mathrm{i}[k_1 r_{01} + k_2 r_{02} + (k_1 + k_2)(d + r + (n-1)d) - (\omega_1 + \omega_2)t]\}$$

6.3.2　二维 Dammann 光栅的衍射

Dammann 光栅在技术上的主要限制是，它不易扩展成二维. 我们讨论它的理论计算. 取边长分别为 T_1 与 T_2、厚度为 d、折射率为 n 的五个正方块组成二维 Dammann 光栅的衍射来讨论此问题. 二维 Dammann 光栅的衍射见图 6.3.3.

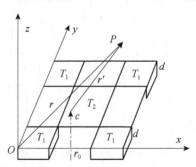

图 6.3.3　二维 Dammann 光栅的衍射

设光子从很远的地点以与 z 轴平行方向进入图 6.3.3 的下方，穿过图中由五个正方块围成的二维 Dammann 光栅. 图中 c 点是跑动点. 光子穿过五个正方块及四个矩形块后在 P 点的波函数为

$$\Psi_1(x,y) = \exp\{\mathrm{i}[k(r_0 + nd) - \omega t]\}\int_{T_1}^{T_1 + T_2}\int_{T_1}^{T_1 + T_2}\mathrm{d}x_c\mathrm{d}y_c\exp\left\{\mathrm{i}\frac{2\pi}{\lambda}\sqrt{z^2 + (x - x_c)^2 + (y - y_c)^2}\right\}$$

$$\Psi_2(x,y) = \exp\{\mathrm{i}[k(r_0 + nd) - \omega t]\}\int_0^{T_1}\int_0^{T_1}\mathrm{d}x_c\mathrm{d}y_c\exp\left\{\mathrm{i}\frac{2\pi}{\lambda}\sqrt{z^2 + (x - x_c)^2 + (y - y_c)^2}\right\}$$

$$\Psi_3(x,y) = \exp\{i[k(r_0 + nd) - \omega t]\}\int_{T_1+T_2}^{2T_1+T_2}\int_0^{T_1} dx_c dy_c \exp\left\{i\frac{2\pi}{\lambda}\sqrt{z^2 + (x-x_c)^2 + (y-y_c)^2}\right\}$$

$$\Psi_4(x,y) = \exp\{i[k(r_0 + nd) - \omega t]\}\int_0^{T_1}\int_{T_1+T_2}^{2T_1+T_2} dx_c dy_c \exp\left\{i\frac{2\pi}{\lambda}\sqrt{z^2 + (x-x_c)^2 + (y-y_c)^2}\right\}$$

$$\Psi_5(x,y) = \exp\{i[k(r_0 + nd) - \omega t]\}\int_{T_1+T_2}^{2T_1+T_2}\int_{T_1+T_2}^{2T_1+T_2} dx_c dy_c \exp\left\{i\frac{2\pi}{\lambda}\sqrt{z^2 + (x-x_c)^2 + (y-y_c)^2}\right\}$$

$$\Psi_6(x,y) = \exp\{i[k(r_0 + d) - \omega t]\}\int_{T_1}^{T_1+T_2}\int_0^{T_1} dx_c dy_c \exp\left\{i\frac{2\pi}{\lambda}\sqrt{z^2 + (x-x_c)^2 + (y-y_c)^2}\right\}$$

$$\Psi_7(x,y) = \exp\{i[k(r_0 + d) - \omega t]\}\int_0^{T_1}\int_{T_1}^{T_1+T_2} dx_c dy_c \exp\left\{i\frac{2\pi}{\lambda}\sqrt{z^2 + (x-x_c)^2 + (y-y_c)^2}\right\}$$

$$\Psi_8(x,y) = \exp\{i[k(r_0 + d) - \omega t]\}\int_{T_1+T_2}^{2T_1+T_2}\int_{T_1}^{T_1+T_2} dx_c dy_c \exp\left\{i\frac{2\pi}{\lambda}\sqrt{z^2 + (x-x_c)^2 + (y-y_c)^2}\right\}$$

$$\Psi_9(x,y) = \exp\{i[k(r_0 + d) - \omega t]\}\int_{T_1}^{T_1+T_2}\int_{T_1+T_2}^{2T_1+T_2} dx_c dy_c \exp\left\{i\frac{2\pi}{\lambda}\sqrt{z^2 + (x-x_c)^2 + (y-y_c)^2}\right\}$$

$$(6.3.8)$$

上述量子态的叠加态为

$$\Phi(x,y) = \exp\{i[k(r_0 + d) - \omega t]\}\left\{(\Psi_1 + \Psi_2 + \Psi_3 + \Psi_4 + \Psi_5)\right.$$
$$\left. \times \exp\left[i\frac{2\pi}{\lambda}(n-1)d\right] + \Psi_6 + \Psi_7 + \Psi_8 + \Psi_9\right\}$$

$$(6.3.9)$$

其几率分布为

$$q(x,y) = |\Phi(x,y)|^2 \tag{6.3.10}$$

取不同参数可作出单束、2×2 束、3×3 束的图形，见图 6.3.4～图 6.3.6.

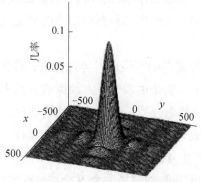

图 6.3.4　光子穿过图 6.3.3 中五个正方块围成的二维 Dammann 光栅衍射后的几率（1）

$\lambda=0.1$, $d=0.4$, $T_1=0.1773$, $T_2=0.255$, $n=1.5$, $z=1000$

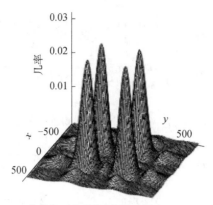

图 6.3.5　光子穿过图 6.3.3 中五个正方块围成的二维 Dammann 光栅衍射后的几率（2）

$\lambda=0.1$，$d=0.5$，$T_1=0.1773$，$T_2=0.255$，$n=1.5$，$z=1000$

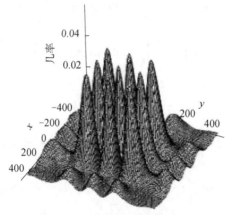

图 6.3.6　光子穿过图 6.3.3 中五个正方块围成的二维 Dammann 光栅衍射后的几率（3）

$\lambda=0.1$，$d=0.5$，$T_1=0.3346$，$T_2=0.1773$，$T_3=T_1$，$n=1.5$，$z=1000$

　　图 6.3.4 可看成是图 6.3.6 的九束光取相干叠加而成的单束光，在多束衍射光的情况下，这是不多见的，这种多光束会聚增强的情况只有在相干叠加增强的情况下才能实现.

　　如果要由单束光产生更多的等强或近等强光束，需要将上述五方块周期性重复构建，如图 6.3.7 所示，它是由四个五方块组成. 其中涂成灰色的方块是介电常量为 $n=1.5$，厚度为 d 的电介质，空白矩形块为空气. 各块中的编号为所取波函数编号，波函数的构成方法如（6.3.8）式所示. 这样，当光子从垂直于这个板块的下方穿过它时，可产生 4×4 与 5×5 的光束. 所需波函数将有 49 个（图中数字表示 49 个方块对应的波函数的编号），将其叠加再取波函数绝对值平方，其几率分布如图 6.3.8 与图 6.3.9 所示，图 6.3.8 是等强光束，图 6.3.9 是近等强光束.

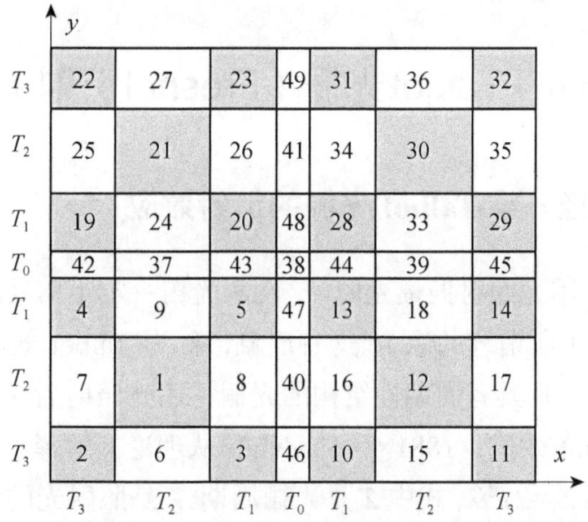

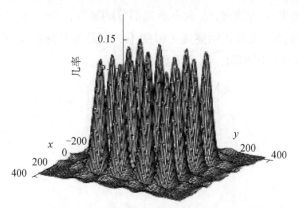

图 6.3.7 光子穿过图 6.3.3 中四个五方块组成的二维 Dammann 光栅的衍射

图 6.3.8 光子穿过四个五方块组成的二维 Dammann 光栅衍射后的几率（1）

λ=0.1, d=0.5, T_0=0.03859, T_1=0.03859, T_2=0.34729, T_3=0.46268, n=1.5, z=1000

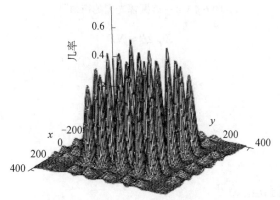

图 6.3.9 光子穿过四个五方块组成的二维 Dammann 光栅衍射后的几率（2）

λ=0.1, d=0.5, T_0=0.0372, T_1=0.36, T_2=0.255, T_3=0.36, n=1.5, z=1000

6.4 Talbot光栅（Fresnel衍射）

6.4.1 光子经一维 Talbot 光栅的衍射效应

1836 年 Talbot 用光照射振幅光栅[5]，在离光栅一定距离处的屏上，观察到与光栅缝平行的条纹（所谓缝的像），这一现象，称为 Talbot 效应，这个距离称为 Talbot 距离. 以后，凡具有周期性结构的光栅，用光照射后在 Fresnel 衍射的区域内都将产生 Talbot 效应. 1881 年 Rayleigh 从理论上解释了该现象[6]，给出了 Talbot 距离的公式：$Z_T = 2T^2/\lambda$（式中 T 是光栅周期，λ 是照射光的波长）. 关于 Talbot 距离，可从多缝衍射中给出：如果 $T\sin\theta = \lambda$，当 $\lambda/T \ll 1$ 时，$\sin\theta \approx \theta$，$\theta \approx \lambda/T$，则由图 6.4.1（图中 w 为缝宽，b 为不透光部分的宽度，$T=w+b$）可知，如果离光栅 Z_T 处光栅的像仍呈现其相同宽度（强度不一定是等光强的），即像宽仍为光栅总宽，像的间隔与光栅相同，则可得到

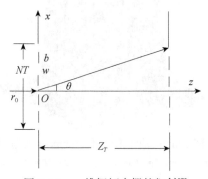

图 6.4.1   一维振幅光栅的衍射[7]

$$Z_T \cdot 2\theta \approx NT \tag{6.4.1}$$

即

$$Z_T = \frac{NT^2}{2\lambda} \tag{6.4.2}$$

令

$$Z_T = \frac{2pT^2}{\lambda}, \quad p = \pm 1, \pm 2, \cdots \tag{6.4.3}$$

则 p 可取的最大值 p_{max} 为[7]

$$p_{\max} = \frac{N}{4} \qquad (6.4.4)$$

这表明（6.4.3）式中 p 的取值是有限的. 后来的研究表明, 在距离 $z = \dfrac{Q}{N} Z_T$ 处（Q,
N 是正整数）也具有 Talbot 效应.

对于光子经图 6.4.1 所示的一维振幅光栅的衍射, 由（4.1.18）式, 我们有

$$\Psi(\boldsymbol{r},t) = \exp\{\mathrm{i}[k(r_0 + z) - \omega t]\}$$

$$\times \frac{(1+\mathrm{i})\lambda z}{2} \sum_{m=1}^{M}[F(\mu_{2m}) - F(\mu_{1m})] \qquad (6.4.5)$$

式中

$$\mu_{2m} = \sqrt{\frac{2}{\lambda z}}\left[x - (m-1)T + \frac{w}{2} \right]$$
$$\mu_{1m} = \sqrt{\frac{2}{\lambda z}}\left[x - (m-1)T - \frac{w}{2} \right] \qquad (6.4.6)$$

为了比较理论与实验结果[8], 对于单光子经一维振幅光栅, 将 Talbot 距离代入上式, 我们给出它的几率分布

$$q(x) = \left| \Psi(x,t) \right|^2$$

$$= 4p^2T^4 \left| \sum_{m=1}^{4} \left\{ F[\mu_{2m}(x,m)] - F[\mu_{1m}(x,m)] \right\} \right.$$

$$\left. + \sum_{m=2}^{4} \left\{ F[\mu_{4m}(x,m)] - F[\mu_{3m}(x,m)] \right\} \right|^2 \qquad (6.4.7)$$

这里 $b = T-w$

$$\mu_{2m}(x,m) = \frac{x - (m-1)T + \dfrac{w}{2}}{\sqrt{p}T}, \quad \mu_{1m}(x,m) = \frac{x - (m-1)T - \dfrac{w}{2}}{\sqrt{p}T} \qquad (6.4.8)$$

$$\mu_{4m}(x,m) = \frac{x + (m-1)T + \dfrac{w}{2}}{\sqrt{p}T}, \quad \mu_{3m}(x,m) = \frac{x + (m-1)T - \dfrac{w}{2}}{\sqrt{p}T} \qquad (6.4.9)$$

单光子一维 Talbot 效应的几率分布见图 6.4.2 和图 6.4.3.

图 6.4.2 中黑点是实验点. 上面和右边的标度对应黑的实验点[8], 下面和左边的标度对应实的理论曲线.

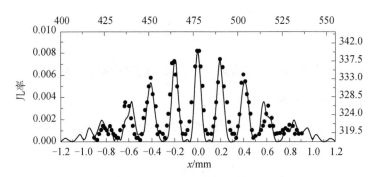

图 6.4.2 单光子经一维 Talbot 振幅光栅的几率[8]（1）

$\lambda=8\times10^{-4}$mm，$T=0.2$mm，$b=0.09$mm，$p=1$，$Z_T=2T^2/\lambda=199$mm，$z=pZ_T=100$mm

从图 6.4.2 中看出：①对于振幅光栅（即各缝处光强相等），各缝处光强分布（等光强）与 Talbot 距离处光强不同；②Talbot 距离处光强分布的宽度与缝宽一致；③Talbot 距离处光强分布平面与缝光强分布平面平行，且各条纹与缝都在与光栅垂直的轴线上.

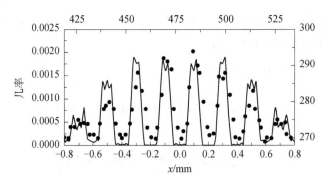

图 6.4.3 单光子经一维 Talbot 振幅光栅的几率[8]（2）

$\lambda=8\times10^{-4}$mm，$T=0.2$mm，$b=0.09$mm，$p=1/2$，$Z_T=2T^2/\lambda=100$mm，$z=pZ_T=50$mm

图 6.4.3 中黑点是实验点. 上面和右边的标度对应黑的实验点[8]，下面和左边的标度对应实的理论曲线. 图 6.4.3 称为图 6.4.2 的反相光栅像.

图 6.4.2 和图 6.4.3 分别与文献 [8] 中的实验结果 Fig.1（b）和 Fig.1（c）一致.

对于纠缠双光子，它经一维振幅光栅的量子态为

$$\Psi(r,t) = \exp\{\mathrm{i}[(k_1+k_2)(r_0+z)-(\omega_1+\omega_2)t]\}$$
$$\times \frac{(1+\mathrm{i})\lambda_0 z}{2}\sum_{m=1}^{M}[F(\mu_{2m})-F(\mu_{1m})] \tag{6.4.10}$$

式中

$$\mu_{2m} = \sqrt{\frac{2}{\lambda_0 z}} \left[x - (m-1)T + \frac{w}{2} \right]$$

（6.4.11）

$$\mu_{1m} = \sqrt{\frac{2}{\lambda_0 z}} \left[x - (m-1)T - \frac{w}{2} \right]$$

$$\lambda_0 = \frac{\lambda_1 \lambda_2}{\lambda_1 + \lambda_2}$$

（6.4.12）

纠缠双光子经一维 Talbot 振幅光栅的几率分布见图 6.4.4 和图 6.4.5. 它们分别与文献[8]中的 Fig.3（a）和 Fig.3（b）一致.

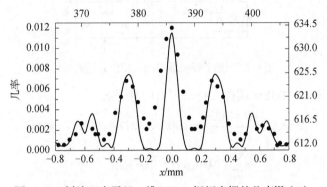

图 6.4.4　纠缠双光子经一维 Talbot 振幅光栅的几率[8]（1）

$\lambda_0 = 8 \times 10^{-4}$mm，$T=0.3$mm，$b=0.12$mm，$p=1/2$，$Z_T = 2T^2/\lambda_0 = 225$mm，$z=pZ_T = 112.5$mm

图 6.4.4 中黑点是实验点. 上面和右边的标度对应黑的实验点[8]. 下面和左边的标度对应实的理论曲线.

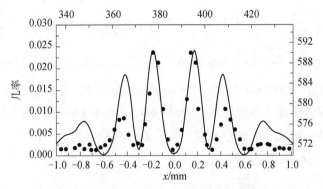

图 6.4.5　纠缠双光子经一维 Talbot 振幅光栅的几率[8]（2）

$\lambda_0 = 8 \times 10^{-4}$mm，$T=0.3$mm，$b=0.12$mm，$p=1$，$Z_T = 2T^2/\lambda_0 = 225$mm，$z=pZ_T = 225$mm

图 6.4.5 中黑点是实验点. 上面和右边的标度对应黑的实验点[8]，下面和左边

的标度对应实的理论曲线.

对于光子经一维 Talbot 相位光栅的衍射见图 6.4.6,图中 n 是光栅介质的折射率,T 为光栅周期,b 是凹槽的宽度,凹槽的深度为 d,r_0 是光子从远处始点到光栅介质底面的距离.

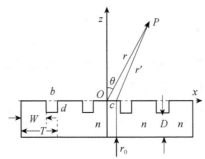

图 6.4.6   光子经一维 Talbot 相位光栅的衍射

单光子经一维 Talbot 相位光栅衍射后的量子态为

$$
\begin{aligned}
\Psi(x,t) = & \frac{(1+\mathrm{i})\lambda z}{2} \exp\{\mathrm{i}[k(r_0 + nD + d + z) - \omega t]\} \\
& \times \sum_{m=1}^{p} \Big\{ F(\mu_{2(2m)}) - F(\mu_{1(2m)}) \\
& + [F(\mu_{2(2m-1)}) - F(\mu_{1(2m-1)})]\exp[\mathrm{i}k(n-1)d] \Big\}
\end{aligned}
\tag{6.4.13}
$$

式中

$$
\mu_{2(2m)} = \sqrt{\frac{2}{\lambda z}}\left[x - (m-1)d - \frac{w}{2} \right], \quad
\mu_{1(2m)} = \sqrt{\frac{2}{\lambda z}}\left[x - md + \frac{w}{2} \right]
\tag{6.4.14}
$$

$$
\mu_{2(2m-1)} = \sqrt{\frac{2}{\lambda z}}\left[x - (m-1)d + \frac{w}{2} \right], \quad
\mu_{1(2m-1)} = \sqrt{\frac{2}{\lambda z}}\left[x - (m-1)d - \frac{w}{2} \right]
\tag{6.4.15}
$$

其中 $z = pZ_T$ ($Z_T = \dfrac{2T^2}{\lambda}$ 是 Talbot 距离),$p=1/2$, 1, 3/2, 2, 5/2, 3, $\cdots$. (6.4.14)式和(6.4.15)式中,如图 6.4.6 所示,$T=w+b$ 是光栅周期. 当 p 为 1/2, 3/2, 5/2, $\cdots$,时, 对应反相光栅像(比较图 6.4.2 与图 6.4.3, 图 6.4.4 与图 6.4.5).

单光子经一维 Talbot 相位光栅衍射后的几率分布为

$$
\begin{aligned}
q(x) = & \left| \Psi(x,t) \right|^2 \\
= & \lambda^2 z^2 \left| \sum_{m=1}^{p} \Big\{ F(\mu_{2(2m)}) - F(\mu_{1(2m)}) \right. \\
& \left. + [F(\mu_{2(2m-1)}) - F(\mu_{1(2m-1)})]\exp[\mathrm{i}k(n-1)d] \Big\} \right|^2
\end{aligned}
\tag{6.4.16}
$$

对于纠缠双光子，它经一维 Talbot 效应的量子态为

$$
\Psi(x,t) = \frac{(1+\mathrm{i})\lambda_0 z}{2} \sum_{m=1}^{p} \left\{ F(\mu_{2(2m)}) - F(\mu_{1(2m)}) \right.
$$

$$
+ [F(\mu_{2(2m-1)}) - F(\mu_{1(2m-1)})] \exp[\mathrm{i}(k_1 + k_2)(n-1)d] \} \qquad (6.4.17)
$$

$$
\times \exp\{\mathrm{i}[k_1 r_{01} + k_2 r_{02} + (k_1 + k_2)(nD + d + z) - (\omega_1 + \omega_2)t]\}
$$

$$
\mu_{1(2m)} = \sqrt{\frac{2}{\lambda_0 z}} \left[x - mT + \frac{w}{2} \right], \quad \mu_{2(2m)} = \sqrt{\frac{2}{\lambda_0 z}} \left[x - (m-1)T - \frac{w}{2} \right] \qquad (6.4.18)
$$

$$
\mu_{1(2m-1)} = \sqrt{\frac{2}{\lambda_0 z}} \left[x - (m-1)T - \frac{w}{2} \right], \quad \mu_{2(2m-1)} = \sqrt{\frac{2}{\lambda_0 z}} \left[x - (m-1)T + \frac{w}{2} \right] \qquad (6.4.19)
$$

6.4.2 光子经二维 Talbot 光栅的衍射效应

1. 二维振幅光栅

6.4.1 节我们讨论了一维 Talbot 光栅的衍射. 现在我们讨论二维 Talbot 光栅的衍射效应. 我们使用加 y 轴的图 6.4.1 作为二维振幅光栅，为简单起见，沿 y 轴的结构参数与沿 x 轴一样. 这样，在 xy 面就形成许多正方形的孔. 单光子穿过这样的有二维多正方孔后的量子态，可由（6.4.5）式得到

$$
\Psi(\boldsymbol{r},t) = \exp\{\mathrm{i}[k(r_0 + z) - \omega t]\}
$$

$$
\times \frac{\lambda z}{2} \sum_{m=1}^{M} \sum_{n=1}^{N} [F(\mu_{2m}) - F(\mu_{1m})] \cdot [F(\mu_{2n}) - F(\mu_{1n})] \qquad (6.4.20)
$$

式中

$$
\mu_{2m}(x,m) = \frac{x - (m-1)T + \dfrac{w}{2}}{\sqrt{pT}}, \quad \mu_{1m}(x,m) = \frac{x - (m-1)T - \dfrac{w}{2}}{\sqrt{pT}} \qquad (6.4.21)
$$

$$
\mu_{2n}(y,n) = \frac{y - (n-1)T + \dfrac{w}{2}}{\sqrt{pT}}, \quad \mu_{1n}(y,n) = \frac{y - (n-1)T - \dfrac{w}{2}}{\sqrt{pT}} \qquad (6.4.22)
$$

单光子穿过二维多正方孔后的几率分布为

$$
q(x,y) = \frac{\lambda^2 z^2}{4} \left| \sum_{m=1}^{M} \sum_{n=1}^{N} [F(\mu_{2m}) - F(\mu_{1m})] \cdot [F(\mu_{2n}) - F(\mu_{1n})] \right|^2 \qquad (6.4.23)
$$

使用与图 6.4.2 同样的参数于 y 方向，可得到与图 6.4.2 对应的二维衍射图，见图 6.4.7～图 6.4.9. 这三个图形是从不同方向观察的衍射图. 图 6.4.7 是从垂直于 x 轴方向观察的衍射图，图 6.4.8 是从垂直于 y 轴的方向观察的衍射图，图 6.4.9

是从任一角度方向观察的衍射图.

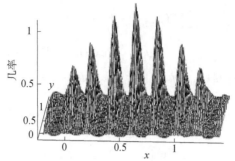

图 6.4.7　光子经二维振幅光栅衍射的几率（1）

$\lambda=8\times10^{-4}$mm，$T=0.2$mm，$w=0.09$mm，$p=1$，$Z_T=2T^2/\lambda=100$mm，$z=pZ_T=100$mm

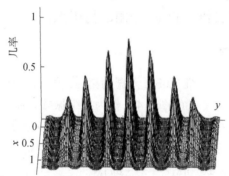

图 6.4.8　光子经二维振幅光栅衍射的几率（2）

$\lambda=8\times10^{-4}$mm，$T=0.2$mm，$w=0.09$mm，$p=1$，$Z_T=2T^2/\lambda=100$mm，$z=pZ_T=100$mm

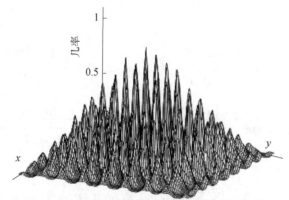

图 6.4.9　光子经二维振幅光栅衍射的几率（3）

$\lambda=8\times10^{-4}$mm，$T=0.2$mm，$w=0.09$mm，$p=1$，$Z_T=2T^2/\lambda=100$mm，$z=pZ_T=100$mm

从图 6.4.7～图 6.4.9 中看出：①对于二维振幅光栅（即各孔处光强相等），各孔处光强分布（等光强）与 Talbot 距离处光强不同；②Talbot 距离处光强分布的宽度与孔宽一致；③Talbot 距离处光强分布平面与孔处光强分布平面平行，且各条纹与孔都在与光栅垂直的轴线上.

2. 二维 Talbot 相位光栅

使用图 6.4.6，将该图加一 y 轴变成二维 Talbot 相位光栅. 当光子从 r_0 处垂直于 xy 面射向该面并穿过介质后形成衍射，其光子的量子态可表示为

$$
\begin{aligned}
\Psi(r,t) = {}& \exp\{i[k(r_0 + n_0 D + d + z) - \omega t]\} \\
& \times \frac{\lambda z}{2}\left\{\sum_{m=1}^{M}\sum_{n=1}^{N}\left[F(\mu_{22}(x,m)) - F(\mu_{12}(x,m))\right]\cdot\left[F(v_{22}(y,n)) - F(v_{12}(y,n))\right]\right. \\
& + \exp\left[ik(n_0-1)d\right] \\
& \left. \times \sum_{m=1}^{M}\sum_{n=1}^{N}[F(\mu_{23}(x,m)) - F(\mu_{13}(x,m))]\cdot[F(v_{23}(y,n)) - F(\mu_{13}(y,n))]\right\}
\end{aligned}
$$

（6.4.24）

式中 n_0 是图 6.4.6 中的介质折射率

$$
\mu_{22}(x,m) = \sqrt{\frac{2}{\lambda z}}\left[x - (m-1)d + \frac{w}{2}\right], \quad \mu_{12}(x,m) = \sqrt{\frac{2}{\lambda z}}\left[x - (m-1)d - \frac{w}{2}\right] \quad (6.4.25)
$$

$$
v_{23}(y,n) = \sqrt{\frac{2}{\lambda z}}\left[y - (n-1)d + \frac{w}{2}\right], \quad v_{13}(y,n) = \sqrt{\frac{2}{\lambda z}}\left[y - (n-1)d - \frac{w}{2}\right] \quad (6.4.26)
$$

（6.2.24）式对应的几率分布为

$$
\begin{aligned}
q(x,y) = {}& \frac{\lambda^2 z^2}{4}\left|\left\{\sum_{m=1}^{M}\sum_{n=1}^{N}\left[F(\mu_{22}(x,m)) - F(\mu_{12}(x,m))\right]\cdot\left[F(v_{22}(y,n)) - F(v_{12}(y,n))\right]\right.\right. \\
& + \exp\left[ik(n_0-1)d\right] \\
& \left.\left. \times \sum_{m=1}^{M}\sum_{n=1}^{N}\left[F(\mu_{23}(x,m)) - F(\mu_{13}(x,m))\right]\cdot\left[F(v_{23}(y,n)) - F(v_{13}(y,n))\right]\right\}\right|^2
\end{aligned}
$$

（6.4.27）

由上式可作出几率分布图，如图 6.4.10～图 6.4.12，这三个图形是从不同方向观察的衍射图. 对应的公式为

$$
\begin{aligned}
q(x,y) = {}& \frac{\lambda^2 z^2}{4}\left|\left\{\sum_{m=1}^{8}\sum_{n=1}^{8}[F(\mu_{22}(x,m)) - F(\mu_{12}(x,m))]\cdot[F(v_{22}(y,n)) - F(v_{12}(y,n))]\right.\right. \\
& + \exp\left[ik(n_0-1)d\right] \\
& \left.\left. \times \sum_{m=1}^{7}\sum_{n=1}^{7}[F(\mu_{23}(x,m)) - F(\mu_{13}(x,m))]\cdot[F(v_{23}(y,n)) - F(\mu_{13}(y,n))]\right\}\right|^2
\end{aligned}
$$

（6.4.28）

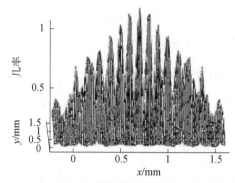

图 6.4.10　光子经二维相位光栅衍射的几率（1）

$\lambda = 8 \times 10^{-4}$ mm，T=0.2 mm，w=0.1 mm，n_0=1.5，
$\varphi = 2\pi(n_0-1)d/\lambda = \pi/2$，$p$=1，$Z_T = 2T^2/\lambda$=100mm，$z = pZ_T$=100mm

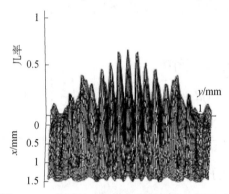

图 6.4.11　光子经二维相位光栅衍射的几率（2）

$\lambda = 8 \times 10^{-4}$ mm，T=0.2 mm，w=0.1 mm，n_0=1.5，
$\varphi = 2\pi(n_0-1)d/\lambda = \pi/2$，$p$=1，$Z_T = 2T^2/\lambda$=100mm，$z = pZ_T$=100mm

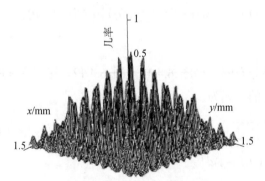

图 6.4.12　光子经二维相位光栅衍射的几率（3）

$\lambda = 8 \times 10^{-4}$ mm，T=0.2 mm，w=0.1 mm，n_0=1.5，
$\varphi = 2\pi(n_0-1)d/\lambda = \pi/2$，$p$=1，$Z_T = 2T^2/\lambda$=100mm，$z = pZ_T$=100mm

6.4.3　光子经二维 Talbot 光栅产生阵列光束

二维 Talbot 光栅有两种情形如下.

1. 光子穿过两个一维 Talbot 相位光栅正交重叠后的衍射

类似（6.4.13）式，可给出光子穿过两个一维光栅正交重叠后的波函数

$$
\begin{aligned}
f_1(x,t) =\ & \frac{(1+\mathrm{i})\lambda z}{2}\exp\{\mathrm{i}[k(r_0+n_0 D+d+z)-\omega t]\} \\
& \times\left\{\sum_{m=1}^{7}\{F[\mu_{22}(x,m)]-F[\mu_{12}(x,m)]\}\right. \\
& \left.+\exp\left\{\mathrm{i}\frac{2\pi}{\lambda}(n_0-1)d\right\}\cdot\sum_{m=1}^{6}\{F[\mu_{23}(x,m)]-F[\mu_{13}(x,m)]\}\right\}
\end{aligned}
\tag{6.4.29}
$$

$$
\begin{aligned}
f_2(y,t) =\ & \frac{(1+\mathrm{i})\lambda z}{2}\exp\{\mathrm{i}[k(r_0+n_0 D+d+z)-\omega t]\} \\
& \times\left\{\sum_{n=1}^{7}\{F[\nu_{22}(y,n)]-F[\nu_{12}(y,n)]\}\right. \\
& \left.+\exp\left\{\mathrm{i}\frac{2\pi}{\lambda}(n_0-1)d\right\}\cdot\sum_{n=1}^{6}\{F[\nu_{23}(y,n)]-F[\nu_{13}(y,n)]\}\right\}
\end{aligned}
\tag{6.4.30}
$$

式中 n_0 为 Talbot 光栅介质的折射率

$$
\mu_{22}(x,m)=\frac{x-(m-1)T+\dfrac{w}{2}}{\sqrt{pT}}\ ,\quad
\mu_{12}(x,m)=\frac{x-(m-1)T-\dfrac{w}{2}}{\sqrt{pT}}
\tag{6.4.31}
$$

$$
\nu_{22}(y,n)=\frac{y-(n-1)T+\dfrac{w}{2}}{\sqrt{pT}}\ ,\quad
\nu_{12}(y,n)=\frac{y-(n-1)T-\dfrac{w}{2}}{\sqrt{pT}}
\tag{6.4.32}
$$

$$
\mu_{23}(x,m)=\frac{x-(m-1)T-\dfrac{w}{2}}{\sqrt{pT}}\ ,\quad
\mu_{13}(x,m)=\frac{x-mT+\dfrac{w}{2}}{\sqrt{pT}}
\tag{6.4.33}
$$

$$
\nu_{23}(y,n)=\frac{y-(n-1)T-\dfrac{w}{2}}{\sqrt{pT}}\ ,\quad
\nu_{13}(y,n)=\frac{y-nT+\dfrac{w}{2}}{\sqrt{pT}}
\tag{6.4.34}
$$

将两个一维光栅正交重叠，可给出光子穿过这种光栅的几率分布

$$
q(x,y)=\left|f_1(x,t)\cdot f_2(y,t)\right|^2
\tag{6.4.35}
$$

选择适当的光栅参数，可给出如图 6.4.13 所示的近等辐光强分布

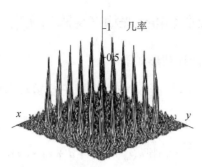

图 6.4.13　光子经两个正交重叠一维 Talbot 相位光栅衍射的几率

$\lambda = 8 \times 10^{-4}$ mm，$p = 0.965/3$，$T = 0.2$ mm，$b = 0.1$ mm，$n_0 = 1.5$，

$w = T - b$，$d = \lambda/2$，$\varphi = 2\pi (n_0 - 1) d/\lambda = \pi/2$，$f = p \cdot 2T^2/\lambda = 32.167$

图 6.4.13 的投影图见图 6.4.14.

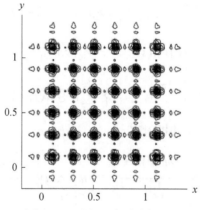

图 6.4.14　图 6.4.13 的投影图

2. 光子穿过图 6.4.6 中二维 Talbot 相位光栅的衍射

由（6.4.24）式，可给出光子穿过二维 Talbot 相位光栅后的衍射态为

$$
\begin{aligned}
\Psi(x,y,t) = \frac{\lambda z}{2} &\exp\{\mathrm{i}[k(r_0 + n_0 D + d + z) - \omega t]\} \\
\times \Bigg\{ &\sum_{m=1}^{8}\sum_{n=1}^{8}\{F[\mu_{22}(x,m)] - F[\mu_{12}(x,m)]\} \cdot \{F[\nu_{22}(y,n)] - F[\nu_{12}(y,n)]\} \\
&+ \sum_{m=1}^{7}\sum_{n=1}^{7}\{F[\mu_{23}(x,m)] - F[\mu_{13}(x,m)]\} \cdot \{F[\nu_{23}(y,n)] - F[\nu_{13}(y,n)]\} \\
&\times \exp\left[\mathrm{i}\frac{2\pi}{\lambda}(n_0 - 1)d\right] \Bigg\}
\end{aligned}
\tag{6.4.36}
$$

式中各参数见（6.4.31）～（6.4.34）式. 选择适当的光栅参数, 可给出如图 6.4.15 所示的近等辐光强分布.

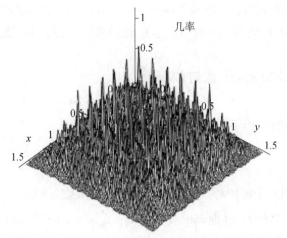

图 6.4.15 光子经二维 Talbot 相位光栅衍射的几率

$\lambda=8 \times 10^{-4}$ mm, p=0.975/3, T=0.2 mm, b=0.1 mm, n_0=1.5, w=T–b,
d=$\lambda/2$, φ=$2\pi(n_0-1)d/\lambda$=$\pi/2$, f=$p\cdot 2T^2/\lambda$=32.5

6.5 衍射透镜

6.5.1 Fraunhofer 衍射

1. 带锯齿形平凸透镜的 Fraunhofer 衍射

光子经带锯齿形平凸透镜的衍射见图 6.5.1.

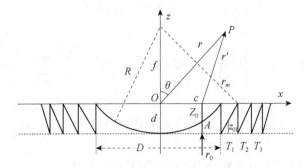

图 6.5.1 光子经带锯齿形平凸透镜的衍射[9]

对于图 6.5.1 的透镜, 无论是光的透射还是反射, 我们希望经过透镜上下表面透射或反射的光相干叠加后能得到加强. 当深沟两侧的光程差 $nd-d=\lambda$ 时, 这种透镜就称为**衍射透镜**, 即透镜的厚度 $d=\lambda/(n-1)$. 当深沟两侧的光程差 $nd-d=p\lambda$ 时 (p 是大于 1 的正整数, $p=2$, 3, $\cdots$), 这种透镜就称为**谐衍射透镜**, 即透镜的厚度 $d=p\lambda/(n-1)$.

对于 Fraunhofer 衍射, 我们有近似

$$r' = r - \rho_c \sin\theta\cos(\varphi_c - \varphi) \tag{6.5.1}$$

单光子经带锯齿形平凸透镜衍射后的量子态为

$$\Psi(\boldsymbol{r},t) = \Psi_0(\boldsymbol{r},t) + \sum_{m=1}^{M} \Psi_m(\boldsymbol{r},t) \tag{6.5.2}$$

式中 $\Psi_0(\boldsymbol{r},t)$ 是单光子经中心平凸透镜衍射后的波函数

$$\Psi_0(\boldsymbol{r},t) = \int \mathrm{d}\boldsymbol{r} \exp\{\mathrm{i}[k(r_0 + (d-z_0) + nz_0 + r') - \omega t]\} \tag{6.5.3}$$

式中 $z_0 = \sqrt{R^2 - \rho_c^2} - (R-d)$, 再使用 (6.5.1) 式, 得到

$$\begin{aligned}
\Psi_0(\boldsymbol{r},t) &= \exp\{\mathrm{i}\{k[r_0 + nd + r - (n-1)R] - \omega t\}\} \\
&\quad \times \int_0^{D/2} \rho_c \mathrm{d}\rho_c \int_0^{2\pi} \mathrm{d}\varphi_c \exp\left\{\mathrm{i}k\left[(n-1)\sqrt{R^2-\rho_c^2} - \rho_c\sin\theta\cos(\varphi_c-\varphi)\right]\right\} \\
&= 2\pi \exp\{\mathrm{i}\{k[(r_0 + nd + r) - (n-1)R] - \omega t\}\} \\
&\quad \times \int_0^{D/2} \rho_c \mathrm{d}\rho_c \mathrm{J}_0(k\rho_c\sin\theta) \exp\left\{\mathrm{i}k(n-1)\sqrt{R^2-\rho_c^2}\right\}
\end{aligned} \tag{6.5.4}$$

$\Psi_m(\boldsymbol{r},t)$ 是二维衍射透镜锯齿形部分的 Fraunhofer 衍射波函数

$$\Psi_m(\boldsymbol{r},t) = \int_{D/2+\sum_{j=1}^{m-1}T_j}^{D/2+\sum_{j=1}^{m}T_j} \rho_c \mathrm{d}\rho_c \int_0^{2\pi} \mathrm{d}\varphi_c \exp\{\mathrm{i}\{k[(r_0 + z_{0m} + n(d-z_{0m}) + r') - \omega t]\}\} \tag{6.5.5}$$

式中, $z_{0m} = \dfrac{d}{T_m}\left(\rho_c - \dfrac{D}{2} - \sum_{j=1}^{m-1}T_j\right)$, 代入上式, 得到

$$\begin{aligned}
\Psi_m(\boldsymbol{r},t) &= 2\pi \exp\left\{\mathrm{i}\left\{k\left[(r_0 + nd + r) + (n-1)\frac{d}{T_m}\left(\frac{D}{2} + \sum_{j=1}^{m-1}T_j\right)\right] - \omega t\right\}\right\} \\
&\quad \times \int_{D/2+\sum_{j=1}^{m-1}T_j}^{D/2+\sum_{j=1}^{m}T_j} \rho_c \mathrm{d}\rho_c \mathrm{J}_0(k\rho_c\sin\theta) \exp\left\{-\mathrm{i}k(n-1)\frac{d}{T_m}\rho_c\right\}
\end{aligned} \tag{6.5.6}$$

如果 (6.5.3) 式与 (6.5.5) 式中的 r' 取柱坐标形式:

$$r' = \sqrt{z^2 + (x - \rho_c\cos\varphi_c)^2 + (y - \rho_c\sin\varphi_c)^2}$$

则可将（6.5.2）式用一般形式写出

$$\Psi(\boldsymbol{r},t) = \exp\{i[k(r_0 + nd) - \omega t]\}$$

$$\times\left\{\int_0^{D/2} \rho_c \mathrm{d}\rho_c \int_0^{2\pi} \mathrm{d}\varphi_c \exp\left\{ik\left[(n-1)\left(\sqrt{R^2 - \rho_c^2} - R\right)\right.\right.\right.$$

$$\left.\left.\left.+\sqrt{z^2 + (x - \rho_c\cos\varphi)^2 + (y - \rho_c\sin\varphi)^2}\right]\right\}\right\}$$

$$+\sum_{m=1}^{M}\exp\left\{ik(n-1)\left(\frac{d}{T_m} + \sum_{j=1}^{m-1}T_j\right)\right. \tag{6.5.7}$$

$$\times\int_{D/2+\sum_{j=1}^{m-1}T_j}^{D/2+\sum_{j=1}^{m}T_j} \rho_c\mathrm{d}\rho_c \int_0^{2\pi}\mathrm{d}\varphi_c \exp\left\{ik\left[-(n-1)\frac{d}{T_m}\rho_c\right.\right.$$

$$\left.\left.+\sqrt{z^2 + (x - \rho_c\cos\varphi)^2 + (y - \rho_c\sin\varphi)^2}\right]\right\}\right\}$$

由（6.5.2）式，可给出单光子经带锯齿形谐衍射透镜衍射后的几率分布，见图 6.5.2.

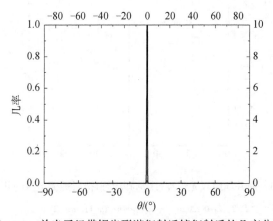

图 6.5.2 单光子经带锯齿形谐衍射透镜衍射后的几率分布

$P=2$，$\lambda=0.640\mu m$，$n=1.5$，$d=p\lambda/(n-1)$，$d=2.56\mu m$，
$T_1=391.9183\mu m$，$T_2=162.2336\mu m$，$T_3=124.5673\mu m$，$D=2T_1$，
$R=[d^2+(D/2)^2]/(2d)$，$R=3\times10^4\mu m$，$f=R/(n-1)$，$f=6\times10^4\mu m$

对于纠缠双光子，它穿过带锯齿形平凸透镜衍射后的量子态为

$$\Psi(\boldsymbol{r},t) = \Psi_0(\boldsymbol{r},t) + \sum_{m=1}^{M}\Psi_m(\boldsymbol{r},t) \tag{6.5.8}$$

式中由（6.5.4）式，有

$$\Psi_0(r,t) = 2\pi \exp\{i\{k_1 r_{01} + k_2 r_{02} + (k_1 + k_2)[(nd+r)-(n-1)R] - (\omega_1 + \omega_2)t\}\}$$

$$\times \int_0^{D/2} \rho_c \mathrm{d}\rho_c \mathrm{J}_0((k_1+k_2)\rho_c \sin\theta) \exp\{i(k_1+k_2)(n-1)\sqrt{R^2-\rho_c^2}\}$$

$$(6.5.9)$$

以及由（6.5.6）式，有

$$\Psi_m(r,t) = 2\pi \exp\left\{i\left\{k_1 r_{01} + k_2 r_{02}\right.\right.$$

$$\left. + (k_1+k_2)\left[nd+r+(n-1)\frac{d}{T_m}\left(\frac{D}{2}+\sum_{j=1}^{m-1}T_j\right)\right] - (\omega_1+\omega_2)t\right\}\right\}$$

$$\times \int_{D/2\ +\ \sum_{j=1}^{m-1}T_j}^{D/2\ +\ \sum_{j=1}^{m}T_j} \rho_c \mathrm{d}\rho_c \mathrm{J}_0((k_1+k_2)\rho_c \sin\theta) \exp\left\{-i(k_1+k_2)(n-1)\frac{d}{T_m}\rho_c\right\}$$

$$(6.5.10)$$

对于简并纠缠双光子，它的几率分布见图 6.5.3.

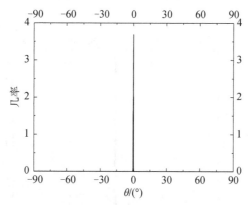

图 6.5.3　简并纠缠双光子穿过带锯齿形谐衍射透镜衍射的几率分布

$P=2$, $\lambda_0=0.320\mu m$, $n=1.5$, $d=p\lambda_0/(n-1)$, $d=1.28\mu m$,

$T_1=554.26\mu m$, $T_2=299.582\mu m$, $T_3=176.165\mu m$, $D=2T_1$.

$R=[d^2+(D/2)^2]/(2d)$, $R=1.2\times10^3\mu m$, $f=R/(n-1)$, $f=2.4\times10^5\mu m$

2. 二维阶梯形衍射透镜的 Fraunhofer 衍射

单光子穿过二维阶梯形衍射透镜的衍射见图 6.5.4. 图中 n 为透镜介质的折射率，d 是它的厚度. r_0 是光子从远处始点至透镜最下端表面的距离，光子经透镜后射向场点 P. 我们计算光子从远处始点到场点 P 的所有可能路径几率幅的叠加.

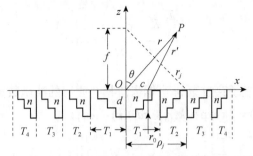

图 6.5.4 单光子穿过二维阶梯形衍射透镜的衍射[9]

在图 6.5.4 中，各 T_j（j=1，2，3，…）为各阶梯单元的宽度．对衍射透镜

$$r_j = f + j\lambda_0, \quad j=1, 2, 3, \cdots \tag{6.5.11}$$

对谐衍射透镜

$$r_j = f + jp\lambda_0, \quad j=1, 2, 3, \cdots \tag{6.5.12}$$

$$\rho_j^2 = (f + jp\lambda_0)^2 - f^2 \approx 2jp\lambda_0 f \tag{6.5.13}$$

$$T_j = \rho_j - \rho_{j-1} = \left(\sqrt{j} - \sqrt{j-1}\right)\sqrt{2p\lambda_0 f} \tag{6.5.14}$$

式中 $p\lambda_0$ 为设计波长，中心波长为 λ_0，当 $p\lambda_0=m\lambda_m$（p，m 为整数）时，λ_m 对应的 T_j 不变．

设 λ 为入射到二维阶梯形谐衍射透镜的光子的波长，光子穿过中心阶梯介质后的波函数为

$$\Psi_1(\boldsymbol{r},t) = \sum_{K=0}^{N-1} \int \mathrm{d}\boldsymbol{r} \exp\{\mathrm{i}[k(r_0 + z_{01} + n(d - z_{01}) + r') - \omega t]\}$$

$$= \sum_{K=0}^{N-1} \int_{T_1 K/N}^{T_1(K+1)/N} \rho_c \mathrm{d}\rho_c \int_0^{2\pi} \mathrm{d}\varphi_c \exp\left\{\mathrm{i}\left[k\left[r_0\right.\right.\right. \tag{6.5.15}$$

$$\left.\left.\left. + \frac{d}{N}K + n\left(d - \frac{d}{N}K\right) + r - \rho_c \sin\theta\cos(\varphi_c - \varphi)\right]\right] - \omega t\right\}$$

式中，$z_{01}=(d/N)K$ 是光子经过的介质台阶的高度．N 是一个锯齿的台阶总数．上式积分给出

$$\Psi_1(\boldsymbol{r},t) = 2\pi \exp\{\mathrm{i}[k(r_0 + nd + r) - \omega t]\}$$

$$\times \sum_{K=0}^{N-1} \exp\left\{-\mathrm{i}k(n-1)\frac{d}{N}K\right\}\left\{\frac{\dfrac{T_1}{N}(K+1)}{k\sin\theta} \mathrm{J}_1\left[\frac{T_1}{N}(K+1)k\sin\theta\right]\right.$$

$$-\frac{\dfrac{T_1}{N}K}{k\sin\theta}\mathrm{J}_1\left[\frac{T_1}{N}Kk\sin\theta\right]\Bigg\} \tag{6.5.16}$$

用同样的方法给出光子穿过第 m 个锯齿阶梯介质后的波函数为

$$\Psi_m(\boldsymbol{r},t)=2\pi\exp\{\mathrm{i}\{k(r_0+nd+r)-\omega t\}\}$$

$$\times\sum_{K=0}^{N-1}\Bigg\{\exp\left[-\mathrm{i}k(n-1)\frac{d}{N}K\right]\Bigg\{\left[\sum_{j=1}^{m-1}T_j+(K+1)\frac{T_m}{N}\right]$$

$$\times\frac{\mathrm{J}_1\left\{\left[\sum_{j=1}^{m-1}T_j+(K+1)\dfrac{T_m}{N}\right]k\sin\theta\right\}}{k\sin\theta} \tag{6.5.17}$$

$$-\left[\sum_{j=1}^{m-1}T_j+K\frac{T_m}{N}\right]\frac{\mathrm{J}_1\left\{\left[\sum_{j=1}^{m-1}T_j+K\dfrac{T_m}{N}\right]k\sin\theta\right\}}{k\sin\theta}\Bigg\}\Bigg\}$$

单光子穿过二维阶梯形衍射透镜衍射后的总量子态为

$$\Psi(\boldsymbol{r},t)=\sum_{m=1}^{M}\Psi_m(\boldsymbol{r},t)$$

$$=2\pi\exp\{\mathrm{i}\{k(r_0+nd+r)-\omega t\}\}$$

$$\times\sum_{K=0}^{N-1}\Bigg\{\exp\left[-\mathrm{i}k(n-1)\frac{d}{N}K\right]\sum_{m=1}^{M}\Bigg\{\left[\sum_{j=1}^{m-1}T_j+(K+1)\frac{T_m}{N}\right]$$

$$\times\frac{\mathrm{J}_1\left\{\left[\sum_{j=1}^{m-1}T_j+(K+1)\dfrac{T_m}{N}\right]k\sin\theta\right\}}{k\sin\theta} \tag{6.5.18}$$

$$-\left[\sum_{j=1}^{m-1}T_j+K\frac{T_m}{N}\right]\frac{\mathrm{J}_1\left\{\left[\sum_{j=1}^{m-1}T_j+K\dfrac{T_m}{N}\right]k\sin\theta\right\}}{k\sin\theta}\Bigg\}\Bigg\}$$

式中

$$T_j=\left(\sqrt{j}-\sqrt{j-1}\right)\sqrt{2\lambda_0 f}$$

单光子穿过二维阶梯形衍射透镜衍射后的几率分布见图 6.5.5～图 6.5.7.

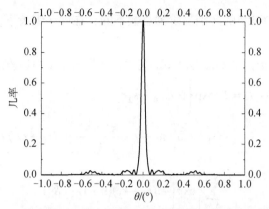

图 6.5.5 单光子经二维阶梯形衍射透镜衍射后的几率分布（1）

$p=2$，$\lambda=0.640\mu m$，$n=1.5$，$T_1=391.9183\mu m$，$T_2=162.2336\mu m$，$T_3=124.5673\mu m$，$d=p\lambda/(n-1)$，$d=2.56\mu m$，$M=4$，$N=8$

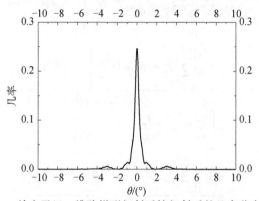

图 6.5.6 单光子经二维阶梯形衍射透镜衍射后的几率分布（2）

$f=1000\mu m$，$\lambda=0.6328\mu m$，$n=1.5$，$d=\lambda/(n-1)$，$T_1=35.57527\mu m$，$T_2=14.73563\mu m$，$T_3=11.30724\mu m$，$T_4=9.53239\mu m$，$T_5=8.39789\mu m$，$T_6=7.59247\mu m$，$T_7=6.98236\mu m$，$T_8=6.489853\mu m$，$M=4$，$N=8$

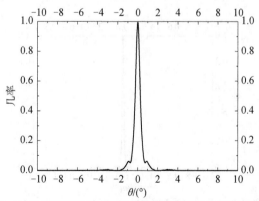

图 6.5.7 单光子经二维阶梯形衍射透镜衍射后的几率分布（3）

$f=1000\mu m$，$\lambda=0.6328\mu m$，$n=1.5$，$d=\lambda/(n-1)$，$d=1.266\mu m$，$T_1=35.575\mu m$，$T_2=14.736\mu m$，$T_3=11.307\mu m$，$T_4=9.532\mu m$，$M=4$，$N=16$

图 6.5.6 和图 6.5.7 的区别是阶梯总数不同，在同一锯齿下，阶梯总数越多，几率越高.

对于纠缠双光子，由（6.5.18）式，它经二维阶梯形衍射透镜衍射后的量子态为

$$
\begin{aligned}
\Psi(\boldsymbol{r},t) = 2\pi \exp\Bigg\{ &\mathrm{i}\Bigg\{ k_1 r_{01} + k_2 r_{02} \\
&+ (k_1 + k_2)\left(nd + f + \frac{x^2 + y^2}{2f} \right) - (\omega_1 + \omega_2)t \Bigg\} \Bigg\} \\
&\times \sum_{K=0}^{N-1}\left\{ \exp\left[-\mathrm{i}(k_1 + k_2)(n-1)\frac{d}{N}K \right] \right. \\
&\times \sum_{m=1}^{M}\Bigg\{ \left[\sum_{j=1}^{m-1}T_j + (K+1)\frac{T_m}{N} \right] \\
&\times \frac{\mathrm{J}_1\left\{ \left[\sum\limits_{j=1}^{m-1}T_j + (K+1)\dfrac{T_m}{N} \right](k_1 + k_2)\sin\theta \right\}}{(k_1 + k_2)\sin\theta} \\
&- \left[\sum_{j=1}^{m-1}T_j + K\frac{T_m}{N} \right] \\
&\left. \times \frac{\mathrm{J}_1\left\{ \left[\sum\limits_{j=1}^{m-1}T_j + K\dfrac{T_m}{N} \right](k_1 + k_2)\sin\theta \right\}}{(k_1 + k_2)\sin\theta} \right\}
\end{aligned}
\tag{6.5.19}
$$

对于简并纠缠双光子，它经阶梯形衍射透镜衍射后的几率分布见图 6.5.8～图 6.5.10.

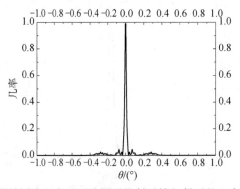

图 6.5.8　简并纠缠双光子经阶梯形衍射透镜衍射后的几率分布（1）

$p=2$，$\lambda_0=0.320\mu m$，$f=60mm$，$n=1.5$，$d=p\lambda_0/(n-1)$，$d=1.28\mu m$，$T_1=391.9183\mu m$，$T_2=162.23365\mu m$，$T_3=124.56733\mu m$，$T_4=105.014\mu m$，$M=4$，$N=8$

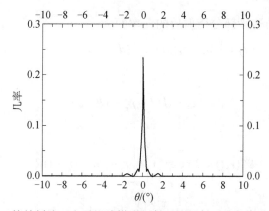

图 6.5.9　简并纠缠双光子经阶梯形衍射透镜衍射后的几率分布（2）

f=1000μm，λ_0=0.3164μm，n=1.5，$d=\lambda_0/(n-1)$，d=0.633μm，T_1=35.57527μm，
T_2=14.73563μm，T_3=11.30724μm，T_4=9.53239μm，M=4，N=8

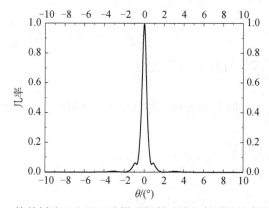

图 6.5.10　简并纠缠双光子经阶梯形衍射透镜衍射后的几率分布（3）

f=1000μm，λ_0=0.3164μm，n=1.5，$d=\lambda_0/(n-1)$，d=0.633μm，T_1=35.575μm，
T_2=14.736μm，T_3=11.307μm，T_4=9.532μm，M=4，N=16

　　图 6.5.9 和图 6.5.10 的区别是阶梯总数不同，在同一锯齿下，阶梯总数越多，几率越高.

6.5.2　Fresnel 衍射

1. 二维带锯齿形平凸透镜的 Fresnel 衍射

单光子经带锯齿形平凸透镜衍射后的量子态为

$$\Psi(\boldsymbol{r},t) = \Psi_0(\boldsymbol{r},t) + \sum_{m=1}^{M} \Psi_m(\boldsymbol{r},t) \tag{6.5.20}$$

式中透镜中心平凸透镜部分衍射后的几率幅为

$$\Psi_0(\boldsymbol{r},t) = \int d\boldsymbol{r}_c \exp\{i[k(r_0 + (d - z_0) + nz_0 + r') - \omega t]\} \qquad (6.5.21)$$

式中

$$z_0 = \sqrt{R^2 - \rho_c^2} - (R - d)$$

于是得到

$$\begin{aligned}
\Psi_0(\boldsymbol{r},t) = {} & 2\pi \exp\left\{i\left\{k\left[r_0 + nd - (n-1)R\right.\right.\right. \\
& \left.\left.\left. + f + \frac{x^2 + y^2}{2f}\right] - \omega t\right\}\right\} \\
& \times \int_0^{D/2} \rho_c d\rho_c J_0(k\rho_c \sin\theta) \\
& \times \exp\left\{ik\left[\frac{\rho_c^2}{2f} + (n-1)\sqrt{R^2 - \rho_c^2}\right]\right\}
\end{aligned} \qquad (6.5.22)$$

衍射透镜的锯齿形部分的 Fresnel 衍射为

$$\begin{aligned}
\Psi_m(\boldsymbol{r},t) = {} & \int_{D/2+\sum_{j=1}^{m-1} T_j}^{D/2+\sum_{j=1}^{m} T_j} \rho_c d\rho_c \int_0^{2\pi} d\varphi_c \exp\{i\{k[(r_0 + z_{0m} + n(d - z_{0m}) + r') - \omega t]\}\} \\
= {} & 2\pi \exp\left\{i\left\{k\left[\left(r_0 + nd + f + \frac{x^2 + y^2}{2f}\right)\right.\right.\right. \\
& \left.\left.\left. + (n-1)\frac{d}{T_m}\left(\frac{D}{2} + \sum_{j=1}^{m-1} T_j\right)\right] - \omega t\right\}\right\} \\
& \times \int_{D/2+\sum_{j=1}^{m-1} T_j}^{D/2+\sum_{j=1}^{m} T_j} \rho_c d\rho_c J_0(k\rho_c \sin\theta) \\
& \times \exp\left\{k\left[\frac{\rho_c^2}{2f} - (n-1)\frac{d}{T_m}\rho_c\right]\right\}
\end{aligned} \qquad (6.5.23)$$

式中

$$z_{0m} = \frac{d}{T_m}\left(\rho_c - \frac{D}{2} - \sum_{j=1}^{m-1} T_j\right)$$

对于纠缠双光子，它穿过带锯齿形中心平凸透镜衍射后的量子态为

$$\Psi(\boldsymbol{r},t) = \Psi_0(\boldsymbol{r},t) + \sum_{m=1}^{M} \Psi_m(\boldsymbol{r},t) \qquad (6.5.24)$$

式中由（6.5.22）式，有

$$
\begin{aligned}
\Psi_0(\boldsymbol{r},t) = 2\pi \exp\Bigg\{ i\Bigg\{ & k_1 r_{01} + k_2 r_{02} + (k_1+k_2)\Bigg[nd - (n-1)R \\
& + f + \frac{x^2+y^2}{2f} \Bigg] - (\omega_1+\omega_2)\,t \Bigg\} \Bigg\} \\
& \times \int_0^{D/2} \rho_c \,\mathrm{d}\rho_c \mathrm{J}_0((k_1+k_2)\rho_c \sin\theta) \\
& \times \exp\Bigg\{ i(k_1+k_2)\Bigg[\frac{\rho_c^2}{2f} + (n-1)\sqrt{R^2-\rho_c^2} \Bigg] \Bigg\}
\end{aligned}
\tag{6.5.25}
$$

以及由（6.5.23）式，有

$$
\begin{aligned}
\Psi_m(\boldsymbol{r},t) = 2\pi \exp\Bigg\{ i\Bigg\{ & k_1 r_{01} + k_2 r_{02} + (k_1+k_2)\Bigg[\Bigg(nd + f \\
& + \frac{x^2+y^2}{2f} \Bigg) + (n-1)\frac{d}{T_m}\Bigg(\frac{D}{2} + \sum_{j=1}^{m-1} T_j \Bigg) \Bigg] - (\omega_1+\omega_2)\,t \Bigg\} \Bigg\} \\
& \times \int_{D/2+\sum_{j=1}^{m-1}T_j}^{D/2+\sum_{j=1}^{m}T_j} \rho_c \,\mathrm{d}\rho_c \mathrm{J}_0((k_1+k_2)\rho_c \sin\theta) \\
& \times \exp\Bigg\{ i(k_1+k_2)\Bigg[\frac{\rho_c^2}{2f} - (n-1)\frac{d}{T_m}\rho_c \Bigg] \Bigg\}
\end{aligned}
\tag{6.5.26}
$$

2. 二维阶梯形衍射透镜的 Fresnel 衍射

单光子经阶梯形衍射透镜衍射后的量子态为

$$
\Psi(\boldsymbol{r},t) = \sum_{m=1}^{p} \Psi_m(\boldsymbol{r},t)
\tag{6.5.27}
$$

式中

$$
\begin{aligned}
\Psi_m(\boldsymbol{r},t) = 2\pi \Bigg\{ & \exp\Bigg\{ i\Bigg[k\Bigg(r_0 + nd + f + \frac{\rho^2}{2f} \Bigg) - \omega t \Bigg] \Bigg\} \Bigg\} \\
& \times \sum_{K=0}^{N-1} \exp\Bigg\{ -i\Bigg[k(n-1)\frac{d}{N}K \Bigg] \Bigg\} \\
& \times \int_{\sum_{j=1}^{m-1}T_j+T_{mj}K/N}^{\sum_{j=1}^{m-1}T_j+T_m(K+1)/N} \rho_c \,\mathrm{d}\rho_c \mathrm{J}_0(k\rho_c \sin\theta)\exp\Bigg\{ ik\frac{\rho_c^2}{2f} \Bigg\}
\end{aligned}
\tag{6.5.28}
$$

纠缠双光子经阶梯形衍射透镜衍射后的量子态为

$$\Psi(\boldsymbol{r},t) = \sum_{m=1}^{p} \Psi_m(\boldsymbol{r},t) \tag{6.5.29}$$

式中

$$
\begin{aligned}
\Psi_m(\boldsymbol{r},t) = 2\pi \Bigg\{ &\exp\Bigg\{ i\bigg[k_{01}r_{01} + k_{02}r_{02} \\
&+ (k_1 + k_2)\bigg(nd + f + \frac{\rho^2}{2f} \bigg) - (\omega_1 + \omega_2)t \bigg] \Bigg\} \Bigg\} \\
&\times \sum_{K=0}^{N-1} \exp\bigg\{ -i\bigg[(k_1 + k_2)(n-1)\frac{d}{N}K \bigg] \bigg\} \\
&\times \int_{\sum_{j=1}^{m-1} T_j + T_{mj}K/N}^{\sum_{j=1}^{m-1} T_j + T_m(K+1)/N} \rho_c \mathrm{d}\rho_c \mathrm{J}_0((k_1 + k_2)\rho_c \sin\theta) \\
&\times \exp\bigg\{ i(k_1 + k_2)\frac{\rho_c^2}{2f} \bigg\}
\end{aligned}
\tag{6.5.30}
$$

6.6 衍射透镜、谐衍射透镜的焦距与色散

由（6.5.22）式，我们有

$$\left| \Psi_0(\theta) \right|^2 = \left| \int_0^{D/2} \rho_c \mathrm{d}\rho_c \mathrm{J}_0(k\rho_c \sin\theta) \exp\left\{ ik\left[\frac{\rho_c^2}{2f} + (n-1)\sqrt{R^2 - \rho_c^2} \right] \right\} \right|^2 \tag{6.6.1}$$

当 $\theta = 0$ 时，上方程变为

$$\left| \Psi_0(f) \right|^2 = \left| \int_0^{D/2} \rho_c \mathrm{d}\rho_c \exp\left\{ ik\left[\frac{\rho_c^2}{2f} + (n-1)\sqrt{R^2 - \rho_c^2} \right] \right\} \right|^2 \tag{6.6.2}$$

当 $R \gg D$ 时，我们得到

$$\left| \Psi_0(f) \right|^2 = \frac{\sin^2\left[\dfrac{\pi}{2\lambda}\left(\dfrac{1}{f} - \dfrac{n-1}{R} \right)\left(\dfrac{D}{2} \right)^2 \right]}{\dfrac{\pi^2}{\lambda^2}\left(\dfrac{1}{f} - \dfrac{n-1}{R} \right)^2} \tag{6.6.3}$$

由上式可见，在这种近似下，衍射透镜的焦距与折射透镜的焦距相同. 在其

他情况下，衍射透镜的焦距与折射透镜的焦距不同. 衍射透镜的焦距与波长和孔径有关. 按（6.6.3）式计算，可作出图 6.6.1. 在图中，焦距对应于衍射强度的最大值. 图 6.6.1 不显示焦距.

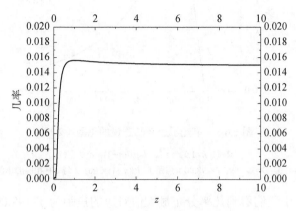

图 6.6.1　单光子经衍射透镜的焦距

$\lambda=1$，$p=0.2$，$n=1.5$，$d=p\lambda/(n-1)$，$d=0.4$，$D=\lambda$，
$R=[d^2+(D/2)^2]/(2d)$，$R=51\lambda$，λ 与 z 有相同的单位

由（6.6.2）式，我们可以从它的几率 $q(z)=|\Psi_0(z)|^2$ 求出单光子经平凸透镜的焦距，见图 6.6.2.

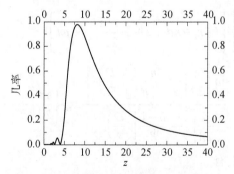

图 6.6.2　单光子经平凸透镜的焦距（1）

$\lambda=1$，$n=1.5$，$p=1$，$d=p\lambda/(n-1)$，$d=2$，
$R=5$，$D=8$，$f=8.10$（焦距），$R/(n-1)=10$，λ 与 z 有相同的单位

从图 6.6.2 中我们看到几率分布最大值在 $f=8.10$ 处，这与从经典几何光学中的焦距公式 $f=R/(n-1)$ 求出的焦距 10 不同. 但如果 $R \gg D$，则如（6.6.3）式表示的那样，焦距接近按经典公式的计算值，如图 6.6.3 所示.

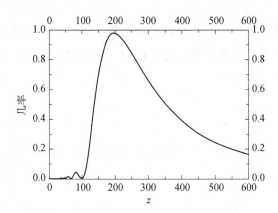

图 6.6.3　单光子经平凸透镜的焦距（2）

$\lambda=1$，$n=1.5$，$p=1$，$d=p\lambda/(n-1)$，$d=2$，
$R=100$，$D=39.799$，$f=198.00$（焦距），$R/(n-1)=200$，λ 与 z 有相同的单位

　　从图 6.6.3 中我们看到几率分布最大值对应的焦距为 $f=198.00$，接近按经典公式计算出的焦距 200.

　　对于带锯齿形平凸谐衍射透镜的焦距可由下式计算

$$q(z)=\left|\varPsi_0(z)+\sum_{m=1}^{4}\varPsi_m(z)\right|^2 \tag{6.6.4}$$

式中，由（6.5.22）式

$$\varPsi_0(z)=\exp\left\{\mathrm{i}\left[k\left(r_0+nd+z+\frac{x^2+y^2}{2z}\right)-\omega t\right]\right\}$$

$$\times\frac{1}{2}\cdot\frac{\sin\left\{\frac{\pi}{2\lambda}\left[\frac{1}{z}-\frac{n-1}{R}\right]\left(\frac{D}{2}\right)^2\right\}}{\frac{\pi}{2\lambda}\left[\frac{1}{z}-\frac{n-1}{R}\right]\left(\frac{D}{2}\right)^2}\exp\left\{\frac{\mathrm{i}\pi}{2\lambda}\left[\frac{1}{z}-\frac{n-1}{R}\right]\left(\frac{D}{2}\right)^2\right\} \tag{6.6.5}$$

由（6.5.23）式，我们有

$$\varPsi_m(z)=\exp\left\{\mathrm{i}\left[k\left(r_0+nd+z+\frac{x^2+y^2}{2z}\right)-\omega t\right]\right\}$$

$$\times\frac{z\lambda}{\mathrm{i}2\pi}\left\{\exp\left\{\frac{\mathrm{i}\pi}{z\lambda}\left[\frac{D}{2}+\sum_{j=1}^{m}T_j-(n-1)\frac{zD}{T_m}\right]^2\right\}\right.$$

$$\left.-\exp\left\{\frac{\mathrm{i}\pi}{z\lambda}\left[\frac{D}{2}+\sum_{j=1}^{m-1}T_j-(n-1)\frac{zD}{T_m}\right]^2\right\}\right\}$$

$$\times \exp\left\{\frac{i\pi}{\lambda}\left\{(n-1)\frac{dD}{T_m} - z\left[(n-1)\frac{d}{T_m}\right]^2\right\}\right\} \qquad (6.6.6)$$

对于带锯齿形平凸谐衍射透镜的焦距,我们使用不同的参数[8],按公式(6.6.4)作出 $q(z)$ 的几率分布图,见图 6.6.4 和图 6.6.5.

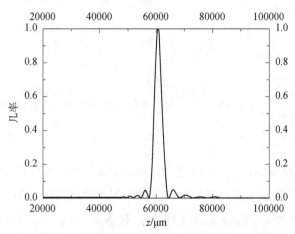

图 6.6.4 单光子经带锯齿形平凸谐衍射透镜的焦距

n=1.514,n_0=1.520,p=2,λ=0.640μm,D=2.352×10³μm,f=6.066×10⁴μm(焦距),d=$p\lambda/(n_0-1)$,
d=2.462μm,T_1=391.918μm,T_2=162.338μm,T_3=124.566μm,T_4=105.014μm

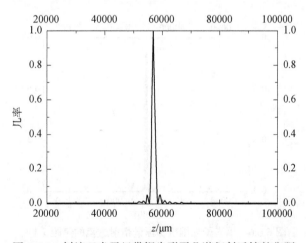

图 6.6.5 纠缠双光子经带锯齿形平凸谐衍射透镜的焦距

n=1.548,n_0=1.520,p=2,λ_0=0.320μm,λ=0.640μm,D=2.352×10³μm,f=5.694×10³μm(焦距),
d=$p\lambda/(n_0-1)$,d=2.462μm,T_1=391.918μm,T_2=162.338μm,T_3=124.566μm,T_4=105.014μm

比较图 6.6.4 与图 6.6.5,我们看到,它仍然是以中心平凸透镜为主要特征,因为波长短的光给出的焦距也短.

由（6.5.27）与（6.5.28）式（设 $\theta=0$），单光子穿过二维阶梯形透镜衍射的情形，我们有

$$\Psi(\mathbf{r},t) = \sum_{m=1}^{M} \Psi_m(\mathbf{r},t) \tag{6.6.7}$$

式中

$$\Psi_m = \exp\{i[k(r_0+nd)-\omega t]\}\sum_{K=0}^{N-1}\exp\left\{-i\frac{2\pi}{\lambda}\cdot(n-1)\cdot\frac{d}{N}\cdot K\right\}$$

$$\times\int_{\sum_{j=1}^{m-1}T_j+\frac{T_m}{N}\cdot K}^{\sum_{j=1}^{m-1}T_j+\frac{T_m}{N}\cdot(K+1)}\int_0^{2\pi}\rho\cdot\exp\left\{i\frac{2\pi}{\lambda}\left[\sqrt{z^2+(x-\rho\cdot\cos\varphi)^2+(y-\rho\cdot\sin\varphi)^2}\right]\right\}d\varphi d\rho$$

$$\tag{6.6.8}$$

注意，上式是一般形式，它既适合远场，也适合于中场与近场的焦距计算. 式中 $d=p\lambda_0/(n-1)$，对于可见光区域阶梯形谐衍射透镜的情形，如我们取：$p=11$ 和 $\lambda_0=520\text{nm}$. 使用公式（6.6.8），我们看到，对于 $p\lambda_0=m\lambda_m$，式中 $m=15$，14，13，12，10，9，8 分别对应波长 381nm，409nm，440nm，477nm，572nm，636nm，715nm. 对应于这些可见光的光子都具有几乎相同的焦距. 我们有图 6.6.6～图 6.6.8.

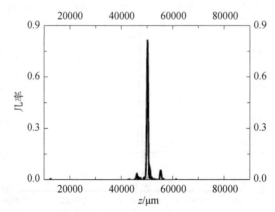

图 6.6.6　单光子二维阶梯形谐衍射透镜的焦距（1）

$n=1.520$，$p=11$，$\lambda=0.520\mu\text{m}$，$f=50.1\times10^3\mu\text{m}$（焦距），$d=p\lambda/(n-1)$，
$d=11\mu\text{m}$，$T_1=756.306\mu\text{m}$，$T_2=313.273\mu\text{m}$，$T_3=240.382\mu\text{m}$，
$T_4=202.652\mu\text{m}$，…，T_j，$M=8$，$N=32$

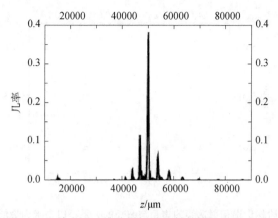

图 6.6.7　单光子二维阶梯形谐衍射透镜的焦距（2）

n=1.53，n_0=1.520，p=11，λ_0=0.520μm，λ=0.409μm，f=50.1×10^3μm（焦距），d=$p\lambda_0/(n_0-1)$，d=11μm，T_1=756.306μm，T_2=313.273μm，T_3=240.382μm，T_4=202.652μm，…，T_j，M=8，N=32

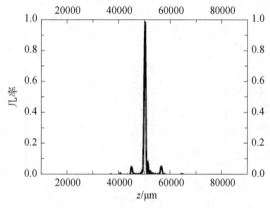

图 6.6.8　单光子二维阶梯形谐衍射透镜的焦距（3）

n=1.535，n_0=1.520，p=11，λ_0=0.520μm，λ=0.636μm，f=50.1×10^3μm（焦距），d=$p\lambda/(n-1)$，d=11μm，T_1=756.306μm，T_2=313.273μm，T_3=240.382μm，T_4=202.652μm，…，T_j，M=8，N=32

　　上面图 6.6.6～图 6.6.8 中对三种不同波长，光子经二维阶梯形谐衍射透镜的焦距都相同，这是因为我们取最低有效位数是 0.1mm，即 100μm. 这样，对 m=15，14，13，12，11，10，9，8 分别对应的八个波长 381nm，409nm，440nm，477nm，520nm，572nm，636nm，715nm，除两边的波长外，其他六个波长的光子，其衍射的焦距都相同，见图 6.6.9.

　　图 6.6.9 中中间六个点对应波长的焦距相同，都为 5.01×10^4μm. 如果以毫米为最低有效位数，则图 6.6.9 中八个点都处于同一焦距值 50×10^4，这个焦距为我

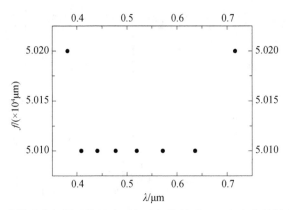

图 6.6.9　阶梯形谐衍射透镜的焦距与波长的关系，以毫米为最低有效位数

们的初始设计焦距. 但是如果以微米为最低量度起点，则对应波长的计算焦距值都不同，见图 6.6.10.

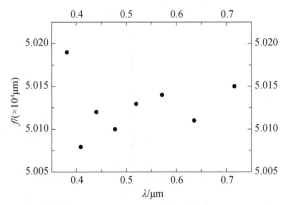

图 6.6.10　阶梯形谐衍射透镜的焦距与波长的关系，以微米为最低量度起点

　　从我们按公式（6.6.7）计算给出的阶梯形谐衍射透镜焦距与波长的上述关系图中，可以看到，谐衍射透镜的实际焦距与设计焦距（$f=\lambda_0 f_0/\lambda$）[1,10]有微小的差别，原因是透镜材料的折射率随波长变化，在公式（6.6.8）中，计算显示出折射率随波长变化产生的影响. 上述计算中所使用的玻璃为 K9 玻璃，其折射率与波长的关系见文献[11].

　　对于简并纠缠双光子经二维阶梯形谐衍射透镜的焦距，见图 6.6.11.

　　由（6.6.7）式，可得到单光子与双光子经二维阶梯形谐衍射透镜的几率随波长的关系 $q(\lambda)=|\Psi(\lambda)|^2$，见图 6.6.12 与图 6.6.13.

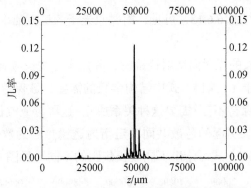

图 6.6.11　简并纠缠双光子二维阶梯形谐衍射透镜的焦距

n=1.520，p=11，λ_0=0.260μm，λ=0.520μm，f=50×10³μm（焦距），d=$p\lambda/(n-1)$，d=11μm，T_1=756.306μm，T_2=313.273μm，T_3=240.382μm，T_4=202.652μm，···，T_j，M=8，N=32

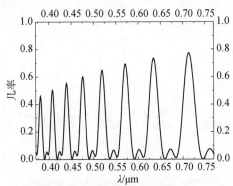

图 6.6.12　单光子经二维阶梯形谐衍射透镜的几率与波长的关系

n=1.5，p=11，λ=0.520μm，f=50×10³μm（焦距），d=$p\lambda/(n-1)$，d=11.44μm，m=15，14，13，12，11，10，9，8，对应 λ_m=0.381μm，0.409μm，0.440μm，0.477μm，0.520μm，0.572μm，0.636μm，0.715μm，T_1=756.306μm，T_2=313.273μm，T_3=240.382μm，T_4=202.652μm，M=4，N=16

图 6.6.12 说明，在各个 λ_m 处，光子衍射的几率取极大值.

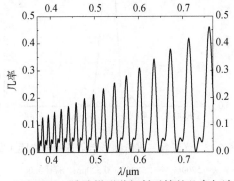

图 6.6.13　双光子经二维阶梯形谐衍射透镜的几率与波长的关系

n=1.5，p=11，λ=0.260μm，f=50×10³μm（焦距），d=$p\lambda/(n-1)$，d=11.44μm，T_1=756.306μm，T_2=313.273μm，T_3=240.382μm，T_4=202.652μm，M=4，N=16

比较图 6.6.12 与图 6.6.13，可见，简并双光子的最大几率峰数比单光子的多一倍.

当两种不同波长的光射向衍射透镜时，其焦距与波长应满足关系：$\lambda_1 f_1 = \lambda_2 f_2$，

这个关系来源于（6.5.14）式中结构参数的需要，欲保持衍射透镜在不同波长的光照射下 T_j 仍保持不变，需要这种关系成立，这可看成波长不同引起的色散，与材料折射率随波长引起的色散共同决定衍射透镜焦距的数值. 对于衍射透镜 $d = \lambda_0/(n-1)$，按（6.6.7）式可给出不同波长焦距的不同，见图 6.6.14～图 6.6.16.

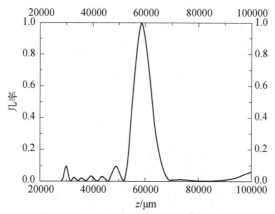

图 6.6.14　光子经二维阶梯形衍射透镜的焦距（1）

$\lambda=0.440\mu m$，$n=1.526$，$\lambda_0=0.520\mu m$，$n_0=1.520$，
$d=\lambda_0/(n_0-1)$，$d=1\mu m$，$f_0=50\times10^3\mu m$，$f=58710\mu m$，$M=8$，$N=32$

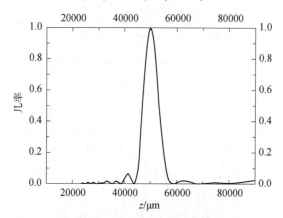

图 6.6.15　光子经二维阶梯形衍射透镜的焦距（2）

$\lambda=0.520\mu m$，$n=1.520$，$\lambda_0=0.520\mu m$，$n_0=1.520$，
$d=\lambda_0/(n_0-1)$，$d=1\mu m$，$f_0=50\times10^3\mu m$，$f=49910\mu m$，$M=8$，$N=32$

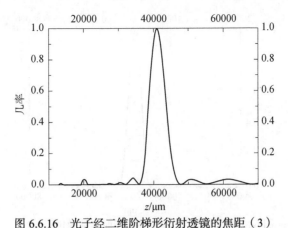

图 6.6.16 光子经二维阶梯形衍射透镜的焦距（3）

$\lambda=0.636\mu m$，$n=1.515$，$\lambda_0=0.520\mu m$，$n_0=1.520$，

$d=\lambda_0/(n_0-1)$，$d=1\mu m$，$f_0=50\times10^3\mu m$，$f=41000\mu m$，$M=8$，$N=32$

比较图 6.6.14、图 6.6.15 与图 6.6.16，我们看到，对于三种不同波长 0.636μm、0.520μm 与 0.440μm，其相应的焦距分别为 41000μm、49910μm 与 58710μm，波长与焦距的乘积为 $\lambda f=2.6\times10^4$．当入射光的波长小于中心波长 0.520μm 时，入射光的焦距比中心波长光的焦距大；当入射光的波长大于中心波长 0.520μm 时，入射光的焦距比中心波长光的焦距小．这种情况表明，衍射光学与折射光学正好相反．在折射光学中，波长长的光焦距大，波长短的光焦距小．因此我们有，当波长满足关系 $\lambda_1>\lambda_2$ 时，两光子的焦距满足关系：对于折射透镜，$f_1>f_2$；但对于衍射透镜，它变为 $f_1<f_2$．所以使用折射透镜与衍射透镜的组合系统可以消色差．

对于二维阶梯谐衍射透镜，透镜厚度 $d=p\lambda_0 f_0$，（p 是大于 1 的正整数，λ_0 是设计波长，f_0 是设计焦距），可给出不同波长焦距的不同，见图 6.6.17～图 6.6.19.

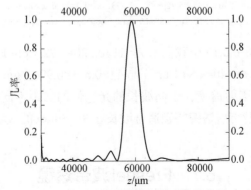

图 6.6.17 光子经二维阶梯谐衍射透镜的焦距（1）

$\lambda=4.84\mu m$，$\lambda_0=5.72\mu m$，$n=1.426$，$n_0=1.393$，$d=\lambda_0/(n_0-1)$，

$d=14.555\mu m$，$f_0=5.909\times10^4\mu m$，$f=58940\mu m$，$M=12$，$N=32$

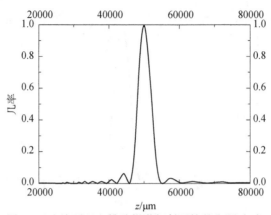

图 6.6.18　光子经二维阶梯谐衍射透镜的焦距（2）

$\lambda=5.72\mu m$，$\lambda_0=5.72\mu m$，$n=1.393$，$n_0=1.393$，$d=\lambda_0/(n_0-1)$，
$d=14.555\mu m$，$f_0=5.0\times10^4\mu m$，$f=49980\mu m$，$M=12$，$N=32$

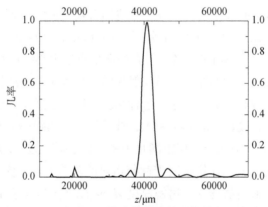

图 6.6.19　光子经二维阶梯谐衍射透镜的焦距（3）

$\lambda=6.996\mu m$，$\lambda_0=5.72\mu m$，$n=1.333$，$n_0=1.393$，$d=\lambda_0/(n_0-1)$，
$d=14.555\mu m$，$f_0=4.088\times10^4\mu m$，$f=40970\mu m$，$M=12$，$N=32$

　　从图 6.6.17～图 6.6.19 中我们取 $\lambda_0=11\times0.520=5.72$（μm）为中心波长，取相邻的两个波长为 $11\times0.440=4.84$（μm）与 $11\times0.636=6.996$（μm），这样作出的三个图形表明，对于谐衍射透镜，不同波长的光它们的焦距不同，但仍可使关系式 $\lambda_0f_0=\lambda f$ 近似成立. 谐衍射透镜特别适合波长在 3～50μm 的太赫兹的成像系统中.

6.7　Fresnel波带透镜

　　对于如下一些问题：二维锯齿相位型 Fresnel 波带透镜的 Fraunhofer 衍射，

二维阶梯相位型 Fresnel 波带透镜的 Fraunhofer 衍射, 二维锯齿相位型 Fresnel 波带透镜的 Fresnel 衍射, 二维阶梯相位型 Fresnel 波带透镜的 Fresnel 衍射, 以及 Fresnel 波带透镜的焦距. 这些问题与公式 (6.5.2) ~ (6.5.30) 的情形类似.

对于衍射透镜、谐衍射透镜及相位型 Fresnel 波带透镜, 它们之间的差别在于透镜厚度的不同, 以及如何划分透镜孔径.

对于衍射透镜, 透镜厚度是

$$d = \frac{\lambda}{n-1} \tag{6.7.1}$$

对于谐衍射透镜, 透镜厚度是

$$d = \frac{p\lambda}{n-1} \tag{6.7.2}$$

式中 p 是正整数. 对于相位型 Fresnel 波带透镜, 透镜厚度是任意的. 下面讨论光子经 Fresnel 波带透镜的强度分布, 再讨论它的焦距问题.

我们可以比较三种不同类型波带划分所对应圆孔的衍射强度分布, 如图 6.7.1 ~ 图 6.7.3 所示.

(1) 当 $r_m = f + m\lambda/2$ 时, 由 (6.5.18) 式, 我们有图 6.7.1 (参考图 6.5.4, 以及 (6.5.11) 式与 (6.5.12) 式)

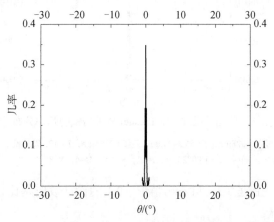

图 6.7.1　单光子通过二维 Fresnel 波带透镜的几率分布 (1)

λ=0.6328μm, T_1=112.49888μm, T_2=46.59816μm, T_3=35.75664μm, T_4=30.14407μm, d=T_1, n=1.5, M=4, N=8

（2）当 $r_m = f + m\lambda$ 时，由（6.5.18）式，我们有图 6.7.2.

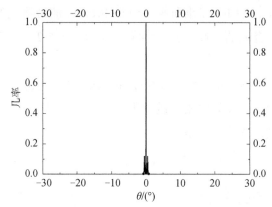

图 6.7.2　单光子通过二维 Fresnel 波带透镜的几率分布（2）

$\lambda = 0.6328\mu m$，$T_1 = 159.09745\mu m$，$T_2 = 65.89975\mu m$，$T_3 = 50.56753\mu m$，
$T_4 = 42.63016\mu m$，$d = T_1$，$n = 1.5$，$M = 4$，$N = 8$

（3）当 $r_m = f + m\lambda/N$ 时，由（6.5.18）式，我们有图 6.7.3.

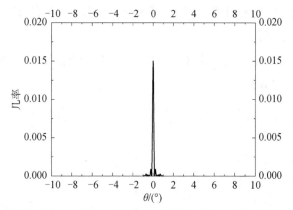

图 6.7.3　单光子通过二维 Fresnel 波带透镜的几率分布（3）

$\lambda = 0.6328\mu m$，$T_1 = 56.2494\mu m$，$T_2 = 23.2991\mu m$，$T_3 = 17.8783\mu m$，
$T_4 = 15.0720\mu m$，$d = T_1$，$n = 1.5$，$M = 4$，$N = 8$

比较图 6.7.1～图 6.7.3，可看出情形（2）的设计效应是比较好的，因为它在焦距处的几率最大.

下面讨论 Fresnel 波带透镜的焦距问题.

由（6.5.27）式，当 $\theta = 0$ 时对（6.5.28）式积分，可求单光子通过二维阶梯相位型 Fresnel 波带透镜的焦距，见图 6.7.4.

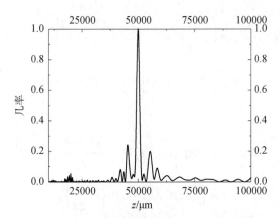

图 6.7.4 单光子通过二维阶梯相位型 Fresnel 波带透镜的焦距

$M=4$, $N=16$, $p=9.9043$, $\lambda=0.640\mu m$, $n=1.5$,
$d=p\lambda/(n-1)=12.678\mu m$, $f=50\times10^3\mu m$,（焦距）

图 6.7.4 中 $j=1, \cdots, 27$, $\quad T_j = \left(\sqrt{j} - \sqrt{j-1}\right)\sqrt{2p\lambda f}$.

对于简并纠缠双光子，用得到上图同样的计算方法，可得到穿过二维阶梯相位型 Fresnel 波带透镜的几率分布，见图 6.7.5.

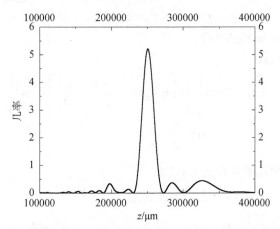

图 6.7.5 简并纠缠双光子穿过二维阶梯相位型 Fresnel 波带透镜的几率分布

$M=4$, $N=16$, $p=9.9043$, $\lambda=0.640\mu m$, $\lambda_0=\lambda/2$, $n=1.5$,
$d=p\lambda/(n-1)=12.678\mu m$, $f=50\times10^3\mu m$,（焦距）

图 6.7.5 中 $j=1, \cdots, 27$, $T_j = \left(\sqrt{j} - \sqrt{j-1}\right)\sqrt{2p\lambda f}$. 比较图 6.7.4 与图 6.7.5，我们看到，两图给出了不同焦距的结果.

本节最后我们讨论单光子穿过圆孔轴上的几率分布，对于振幅型 Fresnel 半波带，我们从单光子 Fresnel 圆孔衍射的公式（4.1.25）中的第二个等式出发

$$\Psi(\boldsymbol{r},t) = \exp\left\{ \mathrm{i}\left[k\left(r_0 + z + \frac{x^2 + y^2}{2z} \right) - \omega t \right] \right\}$$
$$\times \int_0^a \rho\mathrm{d}\rho \int_0^{2\pi} \mathrm{d}\varphi \left\{ \mathrm{i}\left[k\frac{\rho^2}{2z} - \rho(k\sin\theta)\sin\varphi \right] \right\} \tag{6.7.3}$$

对 φ 积分，得到

$$\Psi(\boldsymbol{r},t) = 2\pi \exp\left\{ \mathrm{i}\left[k\left(r_0 + z + \frac{x^2 + y^2}{2z} \right) - \omega t \right] \right\}$$
$$\times \int_0^a \rho\mathrm{d}\rho \mathrm{J}_0(k\rho\sin\theta)\left\{ \mathrm{i}k\frac{\rho^2}{2z} \right\} \tag{6.7.4}$$

讨论光子沿 z 轴的几率分布，可令 $\theta=0$

$$\Psi(\boldsymbol{r},t) = 2\pi \exp\left\{ \mathrm{i}\left[k\left(r_0 + z + \frac{x^2 + y^2}{2z} \right) - \omega t \right] \right\}$$
$$\times \int_0^{\rho_m} \rho\mathrm{d}\rho \left\{ \mathrm{i}k\frac{\rho^2}{2z} \right\} \tag{6.7.5}$$

式中

$$\rho_m \approx \sqrt{m\lambda z}, \quad m=1,\ 2,\ \cdots$$

它表示圆孔中心第 m 环的半径.

我们给出波函数

$$\Psi(z) = 2\exp\left\{ \mathrm{i}\left\{ k\left[r_0 + z + \frac{x^2 + y^2}{2z} + \frac{\rho_m^2}{4z} \right] - \omega t \right\} \right\}$$
$$\times \lambda z \sin\left(\frac{\pi}{2} \cdot \frac{\rho_m^2}{\lambda z} \right) \tag{6.7.6}$$

这个波函数对应的几率分布见图 6.7.6.

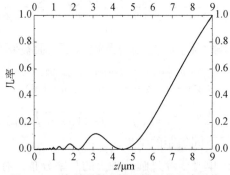

图 6.7.6　单光子穿过圆孔轴上的几率分布

$\lambda=0.50\mu\mathrm{m}$，$a$（圆孔半径）$=2.121\mu\mathrm{m}$，$f=9\mu\mathrm{m}$

从（6.7.6）式可见，振幅型 Fresnel 半波带具有许多焦点，第一级强度的位置离得最远，较高级焦距的位置近似分别为 $f/3$，$f/5$，$f/7$，…，图 6.7.6 中还表明，各焦点极大值的几率各不相同．这种情形不同于相位型 Fresnel 波带的图 6.7.4 与图 6.7.5．我们的结果与一般书上的结果不同，比较文献[12, 13]．

参 考 文 献

[1] 金国藩，严瑛白，邬敏贤，等. 二元光学. 北京：国防工业出版社，1997.

[2] Deng L-B. Diffraction of entangled photon pairs by ultrasonic waves. Frontiers of Physics，2012，7（2）：239-243.

[3] 郁道银，谈恒英. 工程光学. 2 版. 北京：机械工业出版社，2006.

[4] Dammann H，Görtler K . High-efficiency in-line multiple imaging by means of multiple phase holograms[J]. Optics Communications，1971，3（5）：312-315.

[5] Talbot H F. Facts relating to optical science. Philosophical Magazine Series 3，1836，9（56）：401-407.

[6] Rayleigh L. XXV. On copying diffraction-gratings，and on some phenomena connected therewith. Philos. Mag.，1881，11：196-205.

[7] 羊国光，宋菲君. 高等物理光学. 2 版. 合肥：中国科学技术大学出版社，2008.

[8] Song X B，Wang H B，Xiong J，et al. Experimental observation of quantum Talbot effects. Physical Review Letters，2011，107：033902.

[9] Faklis D，Morris G M. Spectral properties of multiorder diffractive lenses. Applied Optics，1995，34（14）：2462-2468.

[10] Herzig H P. Micro-Optics：Elements，Systems and Applications. London：Taylor and Francis，1997.

[11] 刘颂豪. 光子学技术与应用（上、下册）. 广州：广州科学技术出版社. 合肥：安徽科学技术出版社，2006：25（公式 2-1-1）.

[12] Ghatak A K. Optics. New Delhi：Tata Mcgraw-Hill，1977：376.

[13] 石顺祥，王学恩，刘劲松. 物理光学与应用光学. 2 版. 西安：西安电子科技大学出版社，2010：158（公式（3-3-20）及图 3-38）.

第7章　光子的极化

7.1　极化光子态的表示

在经典电磁场理论中，一个沿 z 方向传播的任意方向线极化光的电场强度可用两个互相垂直的线极化光表示为

$$
\begin{aligned}
\boldsymbol{E} &= E_x \boldsymbol{e}_x + E_y \boldsymbol{e}_y \\
&= \boldsymbol{e}_x a_x \exp[\mathrm{i}(kz - \omega t)] + \boldsymbol{e}_y a_y \exp[\mathrm{i}(kz - \omega t)] \\
&= (\boldsymbol{e}_x a_x + \boldsymbol{e}_y a_y) \exp[\mathrm{i}(kz - \omega t)] \\
&= \begin{pmatrix} a_x \\ a_y \end{pmatrix}^{\mathrm{T}} \begin{pmatrix} \boldsymbol{e}_x \\ \boldsymbol{e}_y \end{pmatrix} \exp[\mathrm{i}(kz - \omega t)]
\end{aligned}
\tag{7.1.1}
$$

式中 T 表示转置，$\boldsymbol{e}_x$ 和 $\boldsymbol{e}_y$ 为单位矢量，a_x 与 a_y 为分量，ω 与 k 分别为光的圆频率与波数.

右旋圆极化光与左旋圆极化光的电场强度表示式为

$$
\boldsymbol{E} = a\{\boldsymbol{e}_x \exp[\mathrm{i}(kz - \omega t)] \pm \boldsymbol{e}_y \exp[\mathrm{i}(kz - \omega t)]\}
\tag{7.1.2}
$$

式中"+"号对应于右旋圆极化光，"−"号对应于左旋圆极化光. 或写为复数形式

$$
\begin{aligned}
\boldsymbol{E} &= a(\boldsymbol{e}_x \pm \mathrm{i}\boldsymbol{e}_y) \exp[\mathrm{i}(kz - \omega t)] \\
&= a\left\{\boldsymbol{e}_x \exp[\mathrm{i}(kz - \omega t)] + \boldsymbol{e}_y \exp\left[\mathrm{i}\left(kz - \omega t \pm \frac{\pi}{2}\right)\right]\right\}
\end{aligned}
\tag{7.1.3}
$$

对于沿 x 方向的线极化光，可用矩阵表示，由（7.1.1）式，可令 $a_x=1$，$a_y=0$，我们有

$$
\boldsymbol{E} = \begin{pmatrix} 1 \\ 0 \end{pmatrix} \exp[\mathrm{i}(kz - \omega t)]
\tag{7.1.4}
$$

它可改写为

$$
\begin{aligned}
\boldsymbol{E} &= \begin{pmatrix} 1 \\ 0 \end{pmatrix} \exp[\mathrm{i}(kz - \omega t)] \\
&= \left\{\frac{1}{\sqrt{2}} \cdot \frac{1}{\sqrt{2}} \begin{pmatrix} 1 \\ -\mathrm{i} \end{pmatrix} + \frac{1}{\sqrt{2}} \cdot \frac{1}{\sqrt{2}} \begin{pmatrix} 1 \\ \mathrm{i} \end{pmatrix}\right\} \exp[\mathrm{i}(kz - \omega t)]
\end{aligned}
\tag{7.1.5}
$$

式中可令

$$E_x = \frac{1}{\sqrt{2}}\begin{pmatrix} 1 \\ -i \end{pmatrix}\exp[i(kz - \omega t)] \qquad (7.1.6)$$

$$E_y = \frac{1}{\sqrt{2}}\begin{pmatrix} 1 \\ i \end{pmatrix}\exp[i(kz - \omega t)] \qquad (7.1.7)$$

它们分别为右旋圆极化光与左旋圆极化光.

一般极化光可表示为

$$\begin{aligned} E &= E_x e_x + E_y e_y \\ &= [e_x a_x + e_y a_y e^{i\varphi}]\exp[i(kz - \omega t)] \end{aligned} \qquad (7.1.8)$$

当 $a_x = a_y$, $\varphi = \pm(2m+1)\pi/2$, $m = 0, 1, 2, 3, \cdots$ 时,(7.1.5)式右边两项表示光的圆极化态.

对于光子,应过渡到量子理论表述. 利用(1.2.4)式,线极化光子,右旋极化光子与左旋极化光子态可分别表示为

$$\Psi = \begin{pmatrix} 1 \\ 0 \end{pmatrix}\int dr_c \exp\{i[\boldsymbol{k}\cdot(\boldsymbol{r}-\boldsymbol{r}_c) + \boldsymbol{k}_0\cdot(\boldsymbol{r}_c - \boldsymbol{r}_s) - \omega t]\} \qquad (7.1.9)$$

对于各向同性的均匀介质,设光子沿 z 方向传播,上式变为

$$\Psi = \begin{pmatrix} 1 \\ 0 \end{pmatrix}\exp[i(kz - \omega t)] \qquad (7.1.10)$$

上式中指数函数部分为光子的传播子. 光子的右旋与左旋极化态可分别表示为

$$\Psi_{右} = \frac{1}{\sqrt{2}}\begin{pmatrix} 1 \\ -i \end{pmatrix}\exp[i(kz - \omega t)] \qquad (7.1.11)$$

$$\Psi_{左} = \frac{1}{\sqrt{2}}\begin{pmatrix} 1 \\ i \end{pmatrix}\exp[i(kz - \omega t)] \qquad (7.1.12)$$

光子的线极化态可改写为

$$\begin{aligned} \Psi(\boldsymbol{r},t) &= \begin{pmatrix} 1 \\ 0 \end{pmatrix}e^{i(\boldsymbol{k}\cdot\boldsymbol{r} - \omega t)} \\ &= \left[\frac{1}{\sqrt{2}}\cdot\frac{1}{\sqrt{2}}\begin{pmatrix} 1 \\ -i \end{pmatrix} + \frac{1}{\sqrt{2}}\cdot\frac{1}{\sqrt{2}}\begin{pmatrix} 1 \\ i \end{pmatrix}\right]e^{i(\boldsymbol{k}\cdot\boldsymbol{r} - \omega t)} \end{aligned} \qquad (7.1.13)$$

式中右边第一项为右旋光子态,第二项为左旋光子态.(7.1.13)式表示,线极化的单光子态可看成是右旋光子态与左旋光子态的叠加态,在此态中发现右旋光子态与左旋光子态的几率都是 1/2.

对于一般的光子极化态，可写为

$$\Psi = \begin{pmatrix} a_x \\ a_y e^{i\varphi} \end{pmatrix} \exp[i(kz - \omega t)] \qquad (7.1.14)$$

例如

$$\begin{aligned} \begin{pmatrix} a_x \\ a_y \end{pmatrix} &= a_x \begin{pmatrix} 1 \\ 0 \end{pmatrix} + a_y \begin{pmatrix} 0 \\ 1 \end{pmatrix} \\ &= \frac{1}{2}(a_x + ia_y)\begin{pmatrix} 1 \\ -i \end{pmatrix} + \frac{1}{2}(a_x - ia_y)\begin{pmatrix} 1 \\ i \end{pmatrix} \end{aligned} \qquad (7.1.15)$$

上式第一个等式表示一般线极化态，可表示为两个互相垂直的线极化态的叠加；第二个等式表明它也可表示为两个圆极化态的叠加.（7.1.14）式一般表示光子的椭圆极化态. 当 $a_x = a_y$，$\varphi = \pm(2m+1)\pi/2$，$m = 0, 1, 2, 3, \cdots$ 时，（7.1.14）式表示光子的圆极化态.

相反，光子的右旋极化态也可以用两个线极化态的叠加来表示，由（7.1.11）式，我们有

$$\begin{aligned} \Psi_{\text{右}} &= \frac{1}{\sqrt{2}}\begin{pmatrix} 1 \\ -i \end{pmatrix}\exp[i(kz-\omega t)] = \frac{1}{\sqrt{2}}\left[\begin{pmatrix} 1 \\ 0 \end{pmatrix} - i\begin{pmatrix} 0 \\ 1 \end{pmatrix}\right]\exp[i(kz-\omega t)] \\ &= \frac{1}{\sqrt{2}}\left[\begin{pmatrix} 1 \\ 0 \end{pmatrix} + i\begin{pmatrix} 0 \\ 1 \end{pmatrix}e^{-i\pi/2}\right]\exp[i(kz-\omega t)] \\ &= \frac{1}{\sqrt{2}}\left[\begin{pmatrix} 1 \\ 0 \end{pmatrix}\exp[i(kz-\omega t)] + \begin{pmatrix} 0 \\ 1 \end{pmatrix}\exp\left[i\left(kz-\omega t-\frac{\pi}{2}\right)\right]\right] \end{aligned} \qquad (7.1.16)$$

同理，可得到光子的左旋极化态用两个线极化态的叠加来表示

$$\begin{aligned} \Psi_{\text{左}} &= \frac{1}{\sqrt{2}}\begin{pmatrix} 1 \\ i \end{pmatrix}\exp[i(kz-\omega t)] = \frac{1}{\sqrt{2}}\left[\begin{pmatrix} 1 \\ 0 \end{pmatrix} - i\begin{pmatrix} 0 \\ 1 \end{pmatrix}\right]\exp[i(kz-\omega t)] \\ &= \frac{1}{\sqrt{2}}\left[\begin{pmatrix} 1 \\ 0 \end{pmatrix} + i\begin{pmatrix} 0 \\ 1 \end{pmatrix}\right]\exp[i(kz-\omega t)] \\ &= \frac{1}{\sqrt{2}}\left[\begin{pmatrix} 1 \\ 0 \end{pmatrix}\exp[i(kz-\omega t)] + \begin{pmatrix} 0 \\ 1 \end{pmatrix}\exp\left[i\left(kz-\omega t+\frac{\pi}{2}\right)\right]\right] \end{aligned} \qquad (7.1.17)$$

7.2　天然旋光效应与磁光效应

7.2.1　天然旋光效应

对于天然旋光效应，设入射波为（7.1.13）式表示的线极化单光子态

$$\Psi(\boldsymbol{r},t)=\begin{pmatrix}1\\0\end{pmatrix}\mathrm{e}^{\mathrm{i}(\boldsymbol{k}\cdot\boldsymbol{r}-\omega t)}=\left[\frac{1}{2}\begin{pmatrix}1\\-\mathrm{i}\end{pmatrix}+\frac{1}{2}\begin{pmatrix}1\\\mathrm{i}\end{pmatrix}\right]\mathrm{e}^{\mathrm{i}(\boldsymbol{k}\cdot\boldsymbol{r}-\omega t)} \tag{7.2.1}$$

当光射入旋光介质中时，考虑到介质中右旋光与左旋光的波矢不同，上式变为

$$\begin{aligned}\Psi(\boldsymbol{r},t)&=\frac{1}{2}\begin{pmatrix}1\\-\mathrm{i}\end{pmatrix}\mathrm{e}^{\mathrm{i}(\boldsymbol{k}_R\cdot\boldsymbol{r}-\omega t)}+\frac{1}{2}\begin{pmatrix}1\\\mathrm{i}\end{pmatrix}\mathrm{e}^{\mathrm{i}(\boldsymbol{k}_L\cdot\boldsymbol{r}-\omega t)}\\&=\frac{1}{2}\begin{pmatrix}1\\-\mathrm{i}\end{pmatrix}\mathrm{e}^{\mathrm{i}(kn_RL-\omega t)}+\frac{1}{2}\begin{pmatrix}1\\\mathrm{i}\end{pmatrix}\mathrm{e}^{\mathrm{i}(kn_LL-\omega t)}\\&=\frac{1}{2}\left\{\begin{pmatrix}1\\-\mathrm{i}\end{pmatrix}\mathrm{e}^{\mathrm{i}k(n_R-n_L)L/2}+\begin{pmatrix}1\\\mathrm{i}\end{pmatrix}\mathrm{e}^{-\mathrm{i}k(n_R-n_L)L/2}\right\}\\&\quad\times\mathrm{e}^{\mathrm{i}[k(n_R+n_L)L/2-\omega t]}\end{aligned} \tag{7.2.2}$$

$$\Psi(\theta)=\begin{pmatrix}\cos\theta\\\sin\theta\end{pmatrix}\mathrm{e}^{\mathrm{i}[k(n_R+n_L)L/2-\omega t]} \tag{7.2.3}$$

其中 n_R 与 n_L 分别为右旋与左旋极化光的折射率，L 为光通过介质的距离，θ 为光矢量的转角（注意，因光子是电磁场的量子，光矢量的方向即为电场的方向，对于线极化光子，光矢量的方向即为光子极化矢量的方向，即矢量光子，其态为**矢量光子态**，如（7.1.11）～（7.1.14）式所示，而光子传播的方向为它的波矢方向）.（7.2.3）式所表示的态与（7.2.1）式不同，它是光子极化方向旋转θ角的线极化态.（7.2.3）式中

$$\theta=k(n_R-n_L)L/2 \tag{7.2.4}$$

当 $n_R>n_L$ 时，$\theta>0$，光矢量沿逆时针方向旋转；当 $n_R<n_L$ 时，$\theta<0$，光矢量沿顺时针方向旋转.

7.2.2　磁光效应

对于磁光效应，光矢量的转角为

$$\theta = VBL \qquad\qquad (7.2.5)$$

式中 V 是 Verdet 常数（比例常数），B 为磁感应强度，L 为光通过介质的距离. 而（7.2.3）式指数中的折射率为一平均折射率.

第8章 变折射率光学

光学元器件的微型化是光学发展的重要方向. 本节讨论微型的变折射率透镜的光传输特性. 已有的理论是经典的几何光学与波动光学理论[1], 在这里我们使用光子量子态的路径积分表示研究这一问题[2].

我们讨论沿平凸透镜垂轴方向折射率呈直线、抛物线、双曲正割线与椭圆线型分布的光传输的光学特性, 以及球向变折射率透镜的光传输的光学特性, 进而研究它们的量子像差.

8.1 垂轴方向直线型折射率分布透镜的光学特性

我们讨论沿平凸透镜垂轴方向折射率呈直线分布的光传输问题. 由图 2.10.2 及（2.10.16）式, 将式中透镜的折射率变为与径向参数有关的折射率,（2.10.16）式变为

$$
\Psi(r,t) = \exp\{i[k(r_0 + d) - \omega t]\}
$$
$$
\times \int_0^h \rho_c \mathrm{d}\rho_c \int_0^{2\pi} \mathrm{d}\varphi_c \exp\left\{i\frac{2\pi}{\lambda}\left\{(n(\rho_c)-1)\left[\sqrt{R^2 - \rho_c^2} - (R-d)\right]\right.\right. \quad （8.1.1）
$$
$$
\left.\left. + \sqrt{z^2 + (x - \rho_c\cos\varphi_c)^2 + (y - \rho_c\sin\varphi_c)^2}\right\}\right\}
$$

其中 R 是透镜的曲率半径; d 是透镜的厚度; h 是积分限, 表示射向透镜光子的路径高度; 折射率沿垂轴方向呈直线型分布的表示式为

$$
n(\rho) = n(0)(1 - A\rho) \quad （8.1.2）
$$

式中 A 是常数, $n(0)$是透镜中轴线上的折射率. 我们使用文献[1]图 3.29 中的折射率分布曲线两端的数值 1.575～1.495, 在本节及以下两节将讨论折射率呈直线分布、抛物线分布及双曲正割线分布三种情况下的光传输问题.

对于光经透镜后沿 z 轴的几率分布,（8.1.1）式变为

$$\Psi(z) = \exp\{i[k(r_0 + d) - \omega t]\}$$

$$\times \int_0^h \rho_c \mathrm{d}\rho_c \int_0^{2\pi} \mathrm{d}\varphi_c \exp\left\{i\frac{2\pi}{\lambda}\left\{n(\rho_c) - 1\right)\left[\sqrt{R^2 - \rho_c^2} - (R - d)\right]\right. \quad (8.1.3)$$

$$\left. + \sqrt{z^2 + (x - \rho_c\cos\varphi_c)^2 + (y - \rho_c\sin\varphi_c)^2}\right\}\right\}$$

上式波函数取绝对值的平方，得到光沿 z 轴的几率分布（相对光强分布），见图 8.1.1.

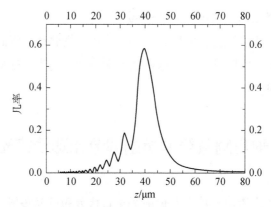

图 8.1.1　光经直线型折射率分布的右凸半球透镜后沿 z 轴的几率分布

$\lambda = 0.520\mu m$，$R = 52.5\mu m$，$d = R$，$f = 39.7\mu m$，$n(0) = 1.575$，$h = 0.38R$

由图 8.1.1 可得到光经直线型折射率分布的右凸半球透镜沿 z 轴的焦点为 $39.7\mu m$（以半球球面顶点为坐标原点）. 在此焦点处光沿 xy 方向的分布是将（8.1.1）式中波函数改写为

$$\Psi(x,y) = \exp\{i[k(r_0 + d) - \omega t]\}$$

$$\times \int_0^{D/2} \rho_c \mathrm{d}\rho_c \int_0^{2\pi} \mathrm{d}\varphi_c \exp\left\{i\frac{2\pi}{\lambda}\left\{(n(\rho_c) - 1)\left[\sqrt{R^2 - \rho_c^2} - (R - d)\right]\right.\right. \quad (8.1.4)$$

$$\left.\left. + \sqrt{z^2 + (x - \rho_c\cos\varphi_c)^2 + (y - \rho_c\sin\varphi_c)^2}\right\}\right\}$$

上式取绝对值的平方，径向积分限为 0 到 $0.38R$（R 为透镜的曲率半径），于是得到图 8.1.2.

图 8.1.1 与图 8.1.2 中，透镜中心的折射率最大，为 1.575，设沿半径方向直线地降至 1.495（$0.38R$ 处，以下积分限均如此）. 如果透镜中心的折射率为 1.525，设沿半径方向直线地降至 1.495，则可得到图 8.1.3 与图 8.1.4.

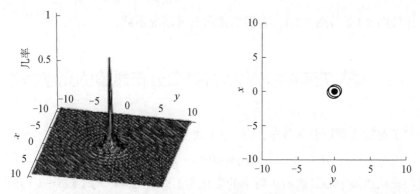

图 8.1.2　光经直线型折射率分布的右凸半球透镜后的几率分布（右图为投影图）

$\lambda=0.520\mu m$，$R=52.5\mu m$，$d=R$，f=39.7，$n(\rho)$=1.575～1.495，h=0.38R

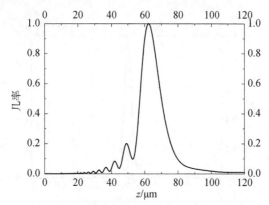

图 8.1.3　光经直线型折射率分布的右凸半球透镜后沿 z 轴的几率分布

$\lambda=0.520\mu m$，$R=52.5\mu m$，$d=R$，f=62.3μm，$n(0)$=1.525，h=0.38R

相应地，沿 x，y 方向的几率分布见图 8.1.4.

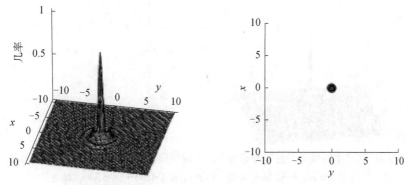

图 8.1.4　光经直线型折射率分布的右凸半球透镜后的几率分布（右图为投影图）

λ=0.520μm，R=52.5μm，$d=R$，f=62.3，$n(\rho)$= 1.525～1.495，h=0.38R

比较图 8.1.2 与图 8.1.4，它们的横向会聚情况不同.

8.2 垂轴方向抛物线型折射率分布透镜的光学特性

对于抛物线型折射率分布,（8.1.2）式变为

$$n(\rho) = n(0)(1 - A\rho^2) \qquad （8.2.1）$$

我们假设从透镜中心到边沿折射率的变化为 1.575～1.495 与 1.525～1.495 两种情况. 将上式代入（8.1.3）式与（8.1.4）式,与 8.1 节类似地计算,可得到图 8.2.1～图 8.2.4.

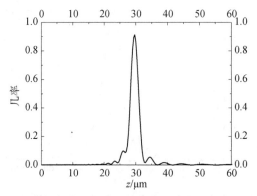

图 8.2.1 光经抛物线型折射率分布的右凸半球透镜后沿 z 轴的几率分布

$\lambda = 0.520\mu m$, $R = 52.5\mu m$, $d = R$, $f = 29.6\mu m$, $n(0) = 1.575$, $h = 0.38R$

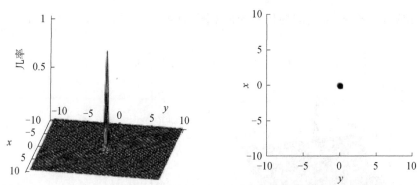

图 8.2.2 光经抛物线型折射率分布的右凸半球透镜后的几率分布（右图为投影图）

$\lambda = 0.520\mu m$, $R = 52.5\mu m$, $d = R$, $f = 29.6$, $n(\rho) = 1.575～1.495$, $h = 0.38R$

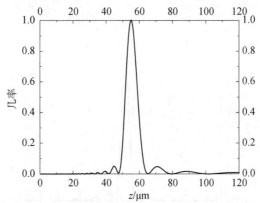

图 8.2.3　光经抛物线型折射率分布的右凸半球透镜后沿 z 轴的几率分布

$\lambda = 0.520\mu m$，$R = 52.5\mu m$，$d = R$，$f = 55.1\mu m$，$n(0) = 1.525$，$h = 0.38R$

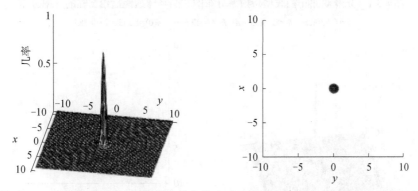

图 8.2.4　光经抛物线型折射率分布的右凸半球透镜后的几率分布（右图为投影图）

$\lambda = 0.520\mu m$，$R = 52.5\mu m$，$d = R$，$f = 55.1$，$n(\rho) = 1.525 \sim 1.495$，$h = 0.38R$

比较图 8.2.2 与图 8.2.4，可见，选择图 8.2.2 中的参数（中轴处与边沿处折射率差值较大的参数），即 $n(\rho) = 1.575 \sim 1.495$，透镜的聚焦性好于后者.

8.3　垂轴方向双曲正割型折射率分布透镜的光学特性及光学微透镜阵列

对于双曲正割型折射率分布，（8.1.2）式变为

$$n(\rho) = n(0)\operatorname{sech}(A\rho) \qquad (8.3.1)$$

我们假设透镜中心到边沿折射率的变化为 $1.575 \sim 1.495$ 与 $1.525 \sim 1.495$ 两种情况. 将上式代入（8.1.3）式与（8.1.4）式，用与 8.2 节类似的计算，可得到图 8.3.1～

图 8.3.4.

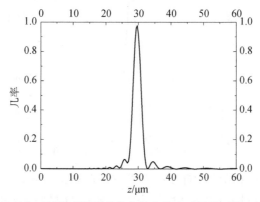

图 8.3.1　光经双曲正割线型折射率分布的右凸半球透镜后沿 z 轴的几率分布

$\lambda=0.520\mu m$，$R=52.5\mu m$，$d=R$，$f=29.6\mu m$，$n(0)=1.575$，$h=0.38R$

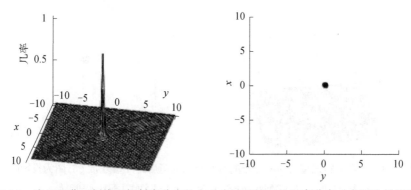

图 8.3.2　光经双曲正割线型折射率分布的右凸半球透镜后的几率分布（右图为投影图）

$\lambda=0.520\mu m$，$R=52.5\mu m$，$d=R$，$f=29.6$，$n(\rho)=1.575\sim1.495$，$h=0.38R$

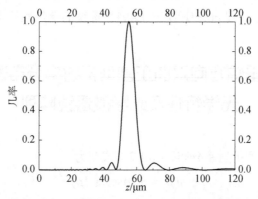

图 8.3.3　光经双曲正割线型折射率分布的右凸半球透镜后沿 z 轴的几率分布

$\lambda=0.520\mu m$，$R=52.5\mu m$，$d=R$，$f=55.0\mu m$，$n(\rho)=1.525$，$h=0.38R$

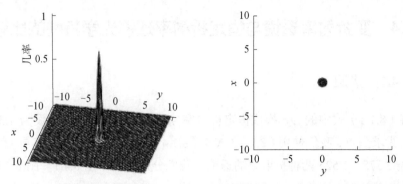

图 8.3.4　光经双曲正割线型折射率分布的右凸半球透镜后的几率分布（右图为投影图）

$\lambda = 0.520\mu m$，$R = 52.5\mu m$，$d = R$，$f = 55.0$，$n(\rho) = 1.525 \sim 1.495$，$h = 0.38R$

比较图 8.3.2 与图 8.3.4 可见，选择图 8.3.2 中的参数，即，$n(\rho) = 1.575 \sim 1.495$ 透镜的聚焦性好于后者.

我们以图 8.3.4 中光经双曲正割线型折射率分布的右凸半球透镜后的几率分布为基础，构建 $N \times N$（$N = 2, 3, \cdots$）的微透镜阵列，其几率分布为

$$q(x, y) = \sum_{j=1}^{M} \left| \Psi_j \right|^2 \qquad (8.3.2)$$

图 8.3.5 给出了光经 6×6 微透镜阵列后的几率分布及其投影图，它们是等光强的光束.

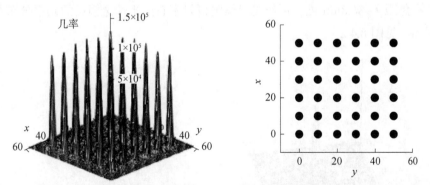

图 8.3.5　光经双曲正割线型折射率分布的右凸半球透镜阵列后的几率分布（右图为投影图）

$\lambda = 0.520\mu m$，$R = 52.5\mu m$，$d = R$，$f = 55.0$，$n(\rho) = 1.525 \sim 1.495$，$h = 0.38R$

变折射率微透镜阵列由于焦距短、数值孔径大（见 8.6 节）在光信息传输、光信息处理、光纤传感及光计算技术中都有广泛的应用.

8.4 变折射率透镜与恒定折射率透镜光学特性的比较

8.4.1 焦距

将（8.1.1）式中的 $n(\rho)$ 换成恒定折射率 $n(0)$，为讨论方便，可设为 1.575 和 1.525. 为求焦点，我们使用（8.1.3）式与（8.1.4）式，也将式中 $n(\rho)$ 换成 $n(0)$. 对于 $n(0)=1.575$，1.525 两种折射率的透镜，我们分别给出了图 8.4.1～图 8.4.4.

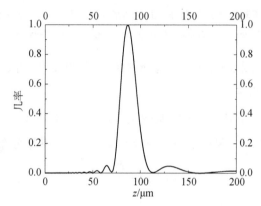

图 8.4.1 恒定折射率右凸半球透镜的焦距

$\lambda=0.520\mu m$，$n(0)=1.575$，$R=52.5\mu m$，$d=R$，$f=86.8\mu m$，$h=0.38R$

在焦距 $f=86.8\mu m$ 处，可作光经恒定折射率右凸半球透镜后的几率分布及其投影图，见图 8.4.2.

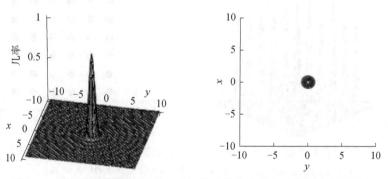

图 8.4.2 光经恒定折射率右凸半球透镜后的几率分布（右图为投影图）

$\lambda=0.520\mu m$，$n(0)=1.575$，$R=52.5\mu m$，$d=R$，$f=86.8\mu m$，$h=0.38R$

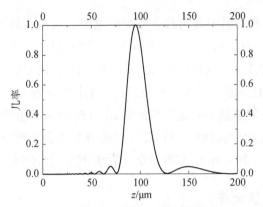

图 8.4.3　恒定折射率右凸半球透镜的焦距

$\lambda=0.520\mu m$，$n(0)=1.525$，$R=52.5\mu m$，$d=R$，$f=95.3\mu m$，$h=0.38R$

在焦距 $f=95.3\mu m$ 处，可作光经恒定折射率右凸半球透镜后的几率分布及其投影图，见图 8.4.4.

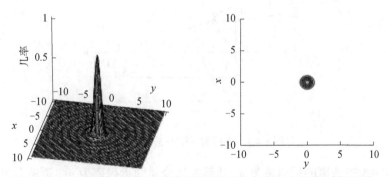

图 8.4.4　光经恒定折射率右凸半球透镜后的几率分布（右图为投影图）

$\lambda=0.520\mu m$，$n(0)=1.525$，$R=52.5\mu m$，$d=R$，$f=95.3\mu m$，$h=0.38R$

比较恒定折射率右凸半球透镜与径向变折射率右凸半球透镜的焦距，见表 8.4.1.

表 8.4.1　恒定折射率与径向变折射率右凸半球透镜光学特性的比较

波长 $\lambda/\mu m$	折射率变化	半球半径 $R/\mu m$	透镜厚度 d	焦距 $f/\mu m$
0.520	恒定 1.575	52.5	$d=R$	86.8
0.520	恒定 1.525	52.5	$d=R$	95.3
0.520	线性 1.575～1.495	52.5	$d=R$	39.7
0.520	线性 1.525～1.495	52.5	$d=R$	62.3
0.520	抛物线型 1.575～1.495	52.5	$d=R$	29.6
0.520	抛物线型 1.525～1.495	52.5	$d=R$	55.1
0.520	双曲正割型 1.575～1.495	52.5	$d=R$	29.6
0.520	双曲正割型 1.525～1.495	52.5	$d=R$	55.0

从表 8.4.1 看出，对于几何参数不变的透镜，从原设计的恒定折射率透镜 $n(0)=1.525$，焦距 $f=100\mu m$（以半球球面顶点为坐标原点），给出透镜的曲率半径为 $R=[n(0)-1]f=52.5\mu m$，然后对不同的折射率及折射率的变化通过公式计算，得到上述表中计算的焦距．由表中第三行得到计算值为 $95.3\mu m$，与设计的焦距 $100\mu m$ 不同．计算值给出的是几率分布 $q(z)=|\Psi(z)|^2$ 最大值所对应的 z 值（$\Psi(z)$ 见（8.1.3）式）．从表中倒数第二行知道，折射率呈双曲正割型且折射率变化较大的透镜，焦距最小（$29.6\mu m$），只有恒定折射率透镜焦距（$95.3\mu m$）的近 1/3．

8.4.2　横向放大率

我们计算线性变折射率透镜成像的横向放大率，定义为像高与物高之比，即 y'/y，讨论球面透镜的成像问题，见图 8.4.5．

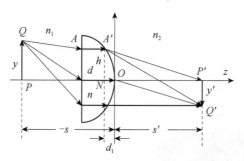

图 8.4.5　变折射率平凸透镜的成像

图 8.4.5 中透镜的折射率为 n，透镜左边介质的折射率为 n_1，透镜右边介质的折射率为 n_2，y 为物高，y' 为像高，透镜厚度为 d，物离坐标原点 O 的距离为 $-s$（符号正负的说明见 2.9 节），像距为 s'．A'点（跑动点）距 z 轴的距离为 h．我们考虑从 Q 点出发的光子经透镜后聚焦于 Q' 点，光子从 Q 点出发经 AA' 到 Q' 点的所有可能路径几率幅的叠加为　（只考虑一维问题）

$$
\begin{aligned}
\Psi(\boldsymbol{r},t) &= \int_0^h \mathrm{d}h\, \exp\{\mathrm{i}[kQAA'Q' - \omega t]\} \\
&= \int_0^h \mathrm{d}h\, \exp\{\mathrm{i}[k(n_1 QA + nAA' + n_2 A'Q') - \omega t]\} \\
&= \int_0^h \mathrm{d}h\, \exp\{\mathrm{i}[k\{n_1[(-s-d)^2 + (y-h)^2]^{1/2} + n(h)(d-d_1) \\
&\quad + n_2[(s'+d_1)^2 + (-y'+h)^2]^{1/2}\} - \omega t]\}
\end{aligned}
\tag{8.4.1}
$$

式中积分限 h 为最大高度，在如下条件下：$s \gg d$，$s' \gg d_1$，即薄透镜，将上式方括号中作近似展开，得到

$$\Psi(\boldsymbol{r},t) = \exp\left\{ i \left[k\left(n_1(-s-d) + n_1 \frac{y^2}{-2s} + n_2 s' + n_2 \frac{y'^2}{2s'} \right) - \omega t \right] \right\}$$
$$\times \int_0^h \mathrm{d}h \exp\left\{ ik \left[n(h)d + h\left(\frac{n_1 y}{s} - \frac{n_2 y'}{s'} \right) + \frac{h^2}{2}\left(\frac{n_1}{-s} + \frac{n_2}{s'} + \frac{n}{R} - \frac{n_2}{R} \right) + \cdots \right] \right\}$$

（8.4.2）

略去 h^2 及更高方次的项，得到

$$\Psi(\boldsymbol{r},t) = \exp\left\{ i \left[k\left(n_1(-s-d) + n_1 \frac{y^2}{-2s} + n_2 s' + n_2 \frac{y'^2}{2s'} \right) - \omega t \right] \right\}$$
$$\times \int_0^h \mathrm{d}h \exp\left\{ ik \left[n(h)d + h\left(\frac{n_1 y}{s} - \frac{n_2 y'}{s'} \right) \right] \right\}$$

（8.4.3）

上式取绝对值的平方，得到像高的几率分布：

$$q(y') = \left| \Psi(\boldsymbol{r},t) \right|^2 = \left| \int_0^h \mathrm{d}h \exp\left\{ ik \left[n(h)d + h\left(\frac{n_1 y}{s} - \frac{n_2 y'}{s'} \right) \right] \right\} \right|^2$$

（8.4.4）

对一般平凸透镜的像高几率分布可由（8.4.1）式的第三个等式给出

$$q(y') = \left| \int_0^h \mathrm{d}h \exp\left\{ i \left[k \left\{ n_1[(-s-d)^2 + (y-h)^2]^{1/2} + n(h)\left(d - R + \sqrt{R^2 - h^2} \right) \right. \right. \right. \right.$$
$$\left. \left. \left. \left. + n_2 \left[\left(s' + R - \sqrt{R^2 - h^2} \right)^2 + (-y'+h)^2 \right]^{1/2} \right\} \right] \right\} \right|^2$$

（8.4.5）

式中对于线性变折射率，用（8.1.2）式，其中 $n(h)=n(0)(1-Ah)$，选适当参数，可得到图 8.4.6 的结果.

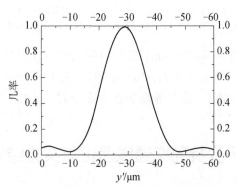

图 8.4.6　线性变折射率右凸平凸薄透镜成像的像高

$\lambda=0.5876\mu m$, $R=52.5\mu m$, $d=0.1R\mu m$, $n(0)=1.575$, $h=0.5D/2$, $y=0.3D/2\mu m$,
$y'=-28.754\mu m$, $s=-29.854083\mu m$, $s'=125.038753\mu m$, $A=0.00252709$, $H=1.125R$, $H'=4.575R$

图 8.4.6 中参数 D 为平凸透镜孔的直径，几率分布最大值对应的像高是 $-28.754\mu m$，负号表明它为倒立实像. 线性变折射率透镜成像的放大率是 $y'/y=-4.188$. 像距与物距之比为 $s'/s=-4.188$. 由此我们看到，关系式 $y'/y=s'/s$ 成立. 但要得到这个结果，s 的起始位置应从物方等效基点量起. 在此计算中基点值为 $H=-1.125R$，s' 应从像方基点量起，像方基点位置为 $H'=4.575R$.

对于半球形的平凸透镜，可使用（2.13.3）式，这时，它可改写为

$$\Psi(y')=\exp(-i\omega t)\int_0^{\rho_0}d\rho\exp\left\{ik\left[\sqrt{\left(-s-\frac{R}{n}\right)^2+(y-h)^2}\right.\right.$$
$$\left.\left.+n\left(\sqrt{(h-\rho)^2+R^2-\rho^2}\right)+\sqrt{\left(s'+R-\sqrt{R^2-\rho^2}\right)^2+(-y'+\rho)^2}\right]\right\} \quad (8.4.6)$$

取适当参数，可得像高的几率分布 $q(y')=|\Psi(y')|^2$，见图 8.4.7.

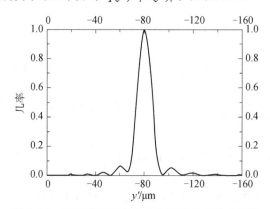

图 8.4.7　线性变折射率右凸半球透镜成像的像高

$\lambda=0.5876\mu m$，$R=52.5\mu m$，$y=0.3R\mu m$，$y'=-80.285\mu m$，$A=0.0015$

$s=-63.038\mu m$，$s'=321.336\mu m$，$n(0)=1.575$，$\rho_0=0.245R$，$H=-0.180R$，$H'=-1.121R$

在图 8.4.7 中像高为 $-80.285\mu m$，负号表明它为倒立实像. 线性变折射率半球透镜成像的放大率是 $y'/y=-5.097$. $s'/s=-5.097$. 关系式 $y'/y=s'/s$ 成立. 这时，物方等效基点为 $H=-0.180R$，像方等效基点位置为 $H'=-1.121R$.

8.5　关于变折射率透镜理论与实验结果的比较

我们讨论文献[3]中对于变折射率半球透镜成像特性给出的实验结果与我们对于该结果的理论计算值的比较.

在文献[3]的图 3 中给出了实测的半球透镜轴对称变折射率的分布曲线，见图 8.5.1.

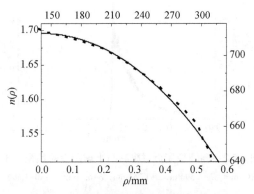

图 8.5.1　半球透镜的椭圆变折射率分布

图 8.5.1 中虚线为实验曲线，实线为按下式近似模拟的曲线：椭圆曲线的四分之一.

$$n(\rho) = n(0)\sqrt{1 - \frac{\rho^2}{a^2}} \qquad (8.5.1)$$

式中 a 为椭圆的半长轴，$n(0)$ 为半球中轴线上的折射率.

对于半球透镜，在（8.1.3）式中，$d=R$，半球周围的折射率为 n_2，（8.1.3）式变为

$$\Psi(z) = \exp\{i[k(r_0 + R) - \omega t]\}$$
$$\times \int_0^b \rho_c \mathrm{d}\rho_c \int_0^{2\pi} \mathrm{d}\varphi_c \exp\left\{i\frac{2\pi}{\lambda}\left\{(n(\rho_c)-1)\left[\sqrt{R^2 - \rho_c^2}\,\right]\right.\right. \qquad (8.5.2)$$
$$\left.\left. + n_2\sqrt{z^2 + (x - \rho_c\cos\varphi_c)^2 + (y - \rho_c\sin\varphi_c)^2}\right\}\right\}$$

将（8.5.1）式中的折射率函数代入上式，在文献[3]中给定的实验参数下，垂直于轴的径向积分限取离子交换深度 b，对不同的半球半径 R 与不同的离子交换深度 b，得到上式的几率分布图，见图 8.5.2～图 8.5.7.

由图 8.5.2 的峰值对应的 z 值为 0.829（以半球球面顶点为坐标原点的焦距），加上半球透镜的曲率半径，给出半球透镜的焦距（以半球球心为坐标原点）f'=0.59+0.829=1.419（mm），与实验值 1.4mm 一致. 由于介质折射率与光的波长有关，在文献[3]中没有给出测试时光的波长，我们取波长 0.52μm 的光作为我们计算的基础. 给出了上述理论计算值. 在可见光波段 0.38～0.76μm 中，我们取两个极端波长 0.38μm 与 0.76μm，分别进行计算，得到半球透镜的焦距分别是 1.421mm（0.38μm）与 1.415mm（0.76μm），可见在整个可见光波段，我们的理论计算值都与实验值一致.

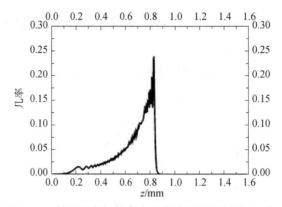

图 8.5.2　椭圆型变折射率右凸半球透镜的焦距（1）

$\lambda=0.52\times10^{-3}$mm，$R$=0.59mm，$a$=1.261mm，$b$=0.55mm，$n(0)$=1.696，$n_2$=1.5262

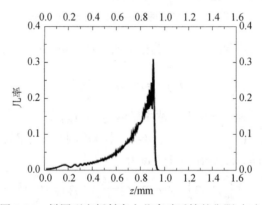

图 8.5.3　椭圆型变折射率右凸半球透镜的焦距（2）

$\lambda=0.52\times10^{-3}$mm，$R$=0.64mm，$a$=1.3756mm，$b$=0.60mm，$n(0)$=1.696，$n_2$=1.5262

图 8.5.3 中半球透镜的焦距 f' = 0.64+0.870=1.51（mm）与实验值 1.5mm 一致.

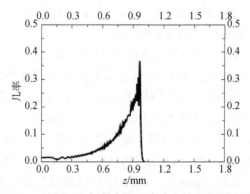

图 8.5.4　椭圆型变折射率右凸半球透镜的焦距（3）

$\lambda=0.52\times10^{-3}$mm，$R$=0.68mm，$a$=1.4674mm，$b$=0.64mm，$n(0)$=1.696，$n_2$=1.5262

图 8.5.4 中半球透镜的焦距 $f'=0.68+0.928=1.608$（mm）与实验值 1.6mm 一致.

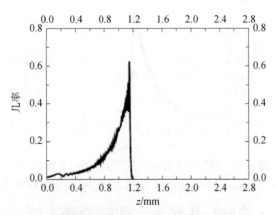

图 8.5.5　椭圆型变折射率右凸半球透镜的焦距（4）

$\lambda=0.52\times10^{-3}$mm, $R=0.81$mm, $a=1.7426$mm, $b=0.76$mm, $n(0)=1.696$, $n_2=1.5262$

图 8.5.5 中半球透镜的焦距 $f'=0.81+1.071=1.881$（mm）与实验值 1.9mm 一致.

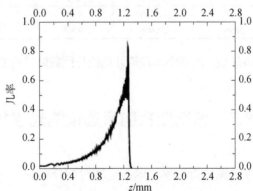

图 8.5.6　椭圆型变折射率右凸半球透镜的焦距（5）

$\lambda=0.52\times10^{-3}$mm, $R=0.89$mm, $a=1.9259$mm, $b=0.84$mm, $n(0)=1.696$, $n_2=1.5262$

图 8.5.6 中半球透镜的焦距 $f'=0.89+1.203=2.093$（mm）与实验值 2.1mm 一致.

图 8.5.7 中半球透镜的焦距 $f'=0.94+1.252=2.192$（mm）与实验值 2.2mm 一致.

为便于比较，将图 8.5.2～图 8.5.7 中给出的理论结果作成表格，见表 8.5.1.

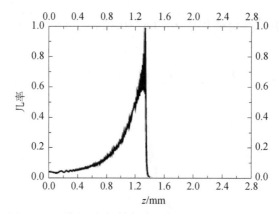

图 8.5.7　椭圆型变折射率右凸半球透镜的焦距（6）

λ=0.52 × 10⁻³mm，R=0.94mm，a=2.0406mm，b=0.89mm，$n(0)$=1.696，n_2=1.5262

表 8.5.1　焦距的理论计算值与实验数据比较

样品	R/mm	a/mm	b/mm	f'_{exp}/mm	f'_{th}/mm
TWL-1-1	0.59	1.261	0.55	1.4	1.419
TWL-1-2	0.64	1.3756	0.60	1.5	1.510
TWL-1-3	0.68	1.4674	0.64	1.6	1.608
TWL-2-1	0.81	1.7425	0.76	1.9	1.881
TWL-2-2	0.89	1.9259	0.84	2.1	2.093
TWL-2-3	0.94	2.0406	0.89	2.2	2.192

　　表 8.5.1 中右边最后一列焦距的理论计算值与倒数第二列的实验值符合得很好[3].

8.6　球向变折射率透镜的光学特性

　　球向变折射率透镜的折射率对球心呈球对称分布

$$n(r) = f(r) \qquad (8.6.1)$$

其聚焦情况见图 8.6.1.

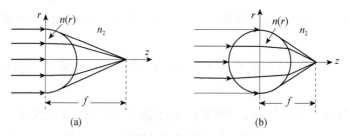

(a)　　　　　　　　　　　　　(b)

图 8.6.1　变折射率半球透镜与球透镜的聚焦

图 8.6.1 中 n_2 为球右边介质的折射率，f 是焦距．我们模拟文献[4]中 Fig.10 的球向变折射率分布，如图 8.6.2 中虚线所示，图中实线为模拟函数的计算曲线．

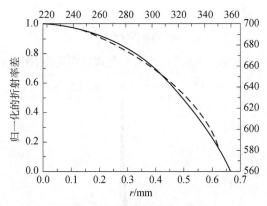

图 8.6.2　球向变折射率分布

图 8.6.2 中归一化的折射率差为 $(n^2(r) - n_2^2) / (n^2(0) - n_2^2)$，我们模拟实验的理论折射率差的分布为

$$f(r) = [n(0)(1 - r^2 / a^2)^{1/4} - 1.537] / 0.27 \qquad (8.6.2)$$

式中 $n(0)=1.807$，$\Delta n=0.27$，$a=0.9633\text{mm}$，$R=0.665\text{mm}$．文献[4]中的球向折射率分布为

$$n(r) = \sqrt{(n^2(0) - n_2^2)f(r) + n_2^2} \qquad (8.6.3)$$

为求半球透镜的焦距，可作光子的路径图，见图 8.6.3．

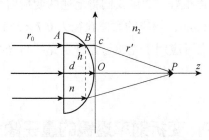

图 8.6.3　球向变折射率右凸半球透镜

图 8.6.3 中 h 是 B 点到 z 轴的垂直距离，按图 8.6.3，光子经路径 $ABcP$ 在 P 点聚焦，可写出光子量子态波函数（只写出一维表示）

$$\begin{aligned}
\Psi(\mathbf{r},t) &= \int \mathrm{d}r_c \exp\{\mathrm{i}[k(r_0 + nAB + (R - AB) + n_2 r'] - \omega t\} \\
&= \exp\{\mathrm{i}(kr_0 - \omega t)\} \int_0^R \mathrm{d}h \exp\left\{\mathrm{i}k\left[(n(h)-1)\sqrt{R^2 - h^2} + n_2\sqrt{z^2 + h^2}\right]\right\}
\end{aligned} \qquad (8.6.4)$$

上式中 R 为球的半径，$n(h)$ 为透镜介质随 h 变化的折射率. 这里，因 h 的变化范围是 0 到 R，可表示折射率随球向 r 的变化. 上述波函数对应的光子在 P 点出现的几率（相对光强）为

$$q(h) = \left| \Psi(r,t) \right|^2 \qquad\qquad (8.6.5)$$

取文献 [4] 中折射率的分布（8.6.3）式代入上式，可得到图 8.6.4.

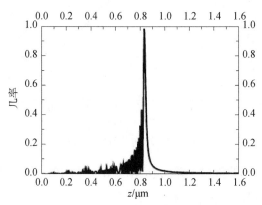

图 8.6.4　球向变折射率右凸半球透镜的焦距

$\lambda = 0.63\mu m$，$R = 0.665mm$，$n(0) = 1.807$，$n_2 = 1.537$，$a = 0.9633mm$

图 8.6.4 给出球向变折射率右凸半球透镜的焦距为 0.827mm（以半球顶点为坐标原点），或 $f = 0.665 + 0.834 = 1.499 \approx 1.5$（以球心为坐标原点），透镜的数值孔径为 $NA = n_2 R / f = 0.6819 \approx 0.7$，这两个数值与文献 [4] 给出的结果完全一致，表明我们的理论与实验符合得很好. 如果我们将上述两变折射率半球合成一个球，则该球的焦距为 1.5/2=0.75mm，相应的数值孔径为 $0.7 \times 2 = 1.4$，这是一个短焦距、大数值孔径的球透镜. 它可应用于光源与光纤及光纤与光纤之间的连接器，对于光互联有用.

8.7　变折射率透镜的量子像差

透镜的形状及折射率分布是产生像差的主要原因. 球面透镜在经典几何光学中有六种像差：球差（轴向与垂轴）、像散、彗差、场曲（子午与弧矢）、畸变和色差（轴向与垂轴）. 球面系统的像差可按几何光学的光线理论进行计算. 这里，由于我们的理论是以光子的几率分布来解释所遇到的光学现象，对于像差问题我

们仍然采用光子态的路径积分表示来讨论，即量子像差.

8.7.1　球差

1. 轴向球差

对于恒定折射率的透镜，从光轴上一点射向透镜的、与光轴对称的所有光线都会聚于光轴上一点，而不同倾角的光将会聚于光轴上不同点，形成球差. 我们以射高 $0.3R$（R 为透镜的曲率半径）与 $0.5R$ 的光在光轴上的会聚点之差作为衡量轴向球差的标准. 将（8.1.1）式中 $n(\rho_c)$ 用恒定折射率 n 代替，我们有

$$
\begin{aligned}
\Psi(z) = & \exp\{i[k(r_0 + R) - \omega t]\} \\
& \times \int_0^h \rho_c \mathrm{d}\rho_c \int_0^{2\pi} \mathrm{d}\varphi_c \exp\left\{i\frac{2\pi}{\lambda}\left\{(n-1)\sqrt{R^2 - \rho_c^2}\right.\right. \\
& \left.\left. + \sqrt{z^2 + (x - \rho_c\cos\varphi_c)^2 + (y - \rho_c\sin\varphi_c)^2}\right\}\right\}
\end{aligned}
\tag{8.7.1}
$$

当积分限取 $0.3R$ 与 $0.5R$ 时，可作图 8.7.1 与图 8.7.2，图中纵轴为（8.7.1）式中波函数取绝对值的平方.

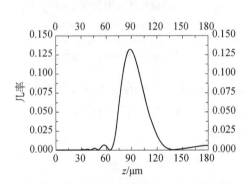

图 8.7.1　恒定折射率半球透镜的焦距（1）

R=52.5μm，h=0.3R，f=88.5μm，
n=1.575，λ=0.520μm

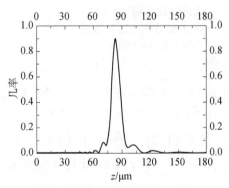

图 8.7.2　恒定折射率半球透镜的焦距（2）

R=52.5μm，h=0.5R，f=83.3μm，
n=1.575，λ=0.520μm

图 8.7.1 和图 8.7.2 可给出轴向球差：$\delta z'$=88.5−83.3=5.2(μm).

2. 垂轴球差

对于垂轴球差，将（8.7.1）式改写为

$$\Psi(x,y) = \exp\{i[k(r_0 + R) - \omega t]\}$$

$$\times \int_0^h \rho_c \mathrm{d}\rho_c \int_0^{2\pi} \mathrm{d}\varphi_c \exp\left\{i\frac{2\pi}{\lambda}\left\{(n-1)\sqrt{R^2 - \rho_c^2}\right.\right. \quad (8.7.2)$$

$$\left.\left. + \sqrt{z^2 + (x - \rho_c\cos\varphi_c)^2 + (y - \rho_c\sin\varphi_c)^2}\right\}\right\}$$

（8.7.2）式中波函数取绝对值的平方，给出光子经恒定折射率右凸半球透镜后的几率分布，见图 8.7.3 与图 8.7.4.

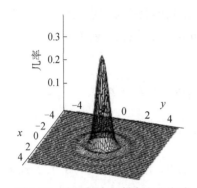

图 8.7.3　光经恒定折射率右凸半球
透镜后的几率分布（1）

R=52.5μm，h=0.3R，z=88.5μm，
n=1.575，λ=0.520μm，
第一最小几率半径(1.3，1.3)μm

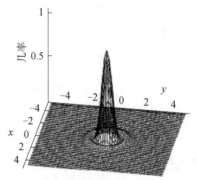

图 8.7.4　光经恒定折射率右凸半球
透镜后的几率分布（2）

R=52.5μm，h=0.5R，z=83.3μm，
n=1.575，λ=0.520μm，
第一最小几率半径(0.7，0.7)μm

图 8.7.3 中第一最小几率半径(1.3, 1.3)μm 表示最小几率的(x, y)值，从图 8.7.3 和图 8.7.4 可看出恒定折射率右凸半球透镜的垂轴球差 Δx=1.3−0.7=0.6(μm).

对于变折射率透镜，由（8.1.1）式，我们有

$$\Psi(z) = \exp\{i[k(r_0 + d) - \omega t]\}$$

$$\times \int_0^h \rho_c \mathrm{d}\rho_c \int_0^{2\pi} \mathrm{d}\varphi_c \exp\left\{i\frac{2\pi}{\lambda}\left\{(n(\rho_c)-1)\sqrt{R^2 - \rho_c^2}\right.\right. \quad (8.7.3)$$

$$\left.\left. + \sqrt{z^2 + (x - \rho_c\cos\varphi_c)^2 + (y - \rho_c\sin\varphi_c)^2}\right\}\right\}$$

（8.7.3）式中波函数取绝对值的平方，$n(\rho_c)$取（8.3.1）式的双曲正割型折射率分布（A=0.0162043），可给出光子经变折射率右凸半球透镜后沿z轴的几率分布，见图 8.7.5 与图 8.7.6.

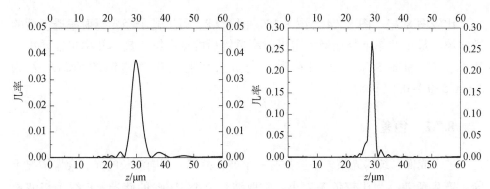

图 8.7.5　光子经变折射率右凸
半球透镜后沿 z 轴的几率分布（1）

R=52.5μm，h=0.3R，f=29.9μm，
$n(0)$=1.575，λ=0.520μm

图 8.7.6　光子经变折射率右凸
半球透镜后沿 z 轴的几率分布（2）

R=52.5μm，h=0.5R，f=29.1μm，
$n(0)$=1.575，λ=0.520μm

图 8.7.5 和图 8.7.6 可给出变折射率右凸半球透镜对于 h=0.5R 与 h=0.3R 两射高的轴向球差：$\Delta z'$=29.9－29.1=0.8（μm）.

由（8.1.4）式，给出光子经变折射率右凸半球透镜后的波函数

$$\Psi(x,y) = \exp\{i[k(r_0+d)-\omega t]\}$$
$$\times \int_0^h \rho_c d\rho_c \int_0^{2\pi} d\varphi_c \exp\left\{i\frac{2\pi}{\lambda}\left\{(n(\rho_c)-1)\sqrt{R^2-\rho_c^2}\right.\right. \quad (8.7.4)$$
$$\left.\left.+\sqrt{z^2+(x-\rho_c\cos\varphi_c)^2+(y-\rho_c\sin\varphi_c)^2}\right\}\right\}$$

对于射高为 0.3R 与 0.5R 的两束光，$n(\rho_c)$ 取（8.3.1）式的双曲正割型折射率分布（A=0.0162043），可给出光子经变折射率右凸半球透镜后的几率分布，见图 8.7.7 与图 8.7.8.

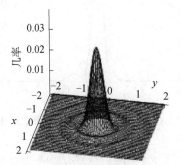

图 8.7.7　光子经变折射率右凸半球
透镜后的几率分布（1）

R=52.5μm，h=0.3R，f=29.9μm，
$n(0)$=1.575，λ=0.520μm，
第一最小几率半径（0.5，0.5）μm

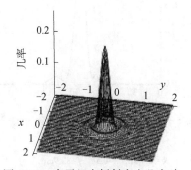

图 8.7.8　光子经变折射率右凸半球
透镜后的几率分布（2）

R=52.5μm，h=0.5R，f=29.1μm，
$n(0)$=1.575，λ=0.520μm，
第一最小几率半径（0.3，0.3）μm

比较图 8.7.3、图 8.7.4 与图 8.7.7、图 8.7.8，可见光子经变折射率透镜后的横向第一最小几率半径比经恒定折射率透镜后的横向第一最小几率半径要小。从图 8.7.7 和图 8.7.8，我们看到，变折射率右凸半球透镜的垂轴球差为 Δx =0.5−0.3=0.2（μm）.

8.7.2 色差

进入成像系统的光束，一般都有一个波长范围，不同波长的光，会聚情况不同，产生色差. 为比较色差大小，常取波长 0.4861μm 的蓝光（F 线）与波长 0.6563μm 的红光（C 线）作为比较不同波长产生像差的标准.

对于透镜，可分为轴向色差与垂轴色差. 我们先讨论恒定折射率的透镜，然后再讨论变折率的透镜.

对于恒定折射率的透镜，由（8.7.1）式，可计算波长 0.4861μm（F 线）与波长 0.6563μm（C 线）两种光的焦距，见图 8.7.9 与图 8.7.10.（8.7.1）式中的折射率 n 可按文献[5]第 25 页中(2-1-1)式对 QF3 光学玻璃的计算：对于波长 0.6563μm 的 C 线，n（0.6563）=1.571，对于波长 0.4861μm 的 F 线，n（0.4861）=1.585. 将此两折射率代入（8.7.1）式，取波函数绝对值的平方，得到光子经恒定折射率右凸半球透镜后的几率分布，见图 8.7.9 和图 8.7.10.

1. 轴向色差

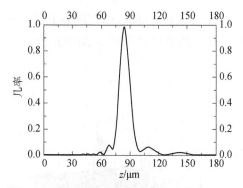

图 8.7.9 光子经恒定折射率右凸半球
透镜后的几率分布（1）
R=52.5μm, h=0.5R, f=83.9μm,
n=1.571, λ=0.6563μm

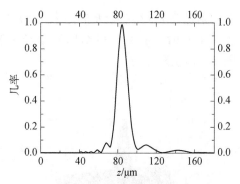

图 8.7.10 光子经恒定折射率右凸半球
透镜后的几率分布（2）
R=52.5μm, h=0.5R, f=81.8μm,
n=1.585, λ=0.4861μm

图 8.7.9 和图 8.7.10 可给出恒定折射率右凸半球透镜的轴向色差：
$\Delta z'_{FC}$=83.9−81.8=2.1（μm）.

对于变折射率右凸半球透镜, 由 (8.7.3) 式可给出光子经变折射率透镜的波函数, 再取波函数绝对值的平方, 可得光子经变折射率透镜的不同波长的轴向色差, $n(\rho_c)$ 取 (8.3.1) 式的双曲正割型折射率分布 ($A=0.0162043$), 可给出图 8.7.11 与图 8.7.12.

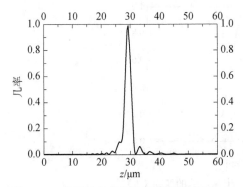

图 8.7.11　变折射率右凸半球透镜的焦距 (1)
$R=52.5\mu m$, $h=0.5R$, $f=29.3\mu m$, $n(0)=1.571$, $\lambda=0.6563\mu m$

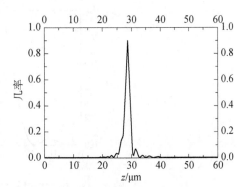

图 8.7.12　变折射率右凸半球透镜的焦距 (2)
$R=52.5\mu m$, $h=0.5R$, $f=28.7\mu m$, $n(0)=1.585$, $\lambda=0.4861\mu m$

图 8.7.11 和图 8.7.12 可给出变折射率右凸半球透镜的轴向色差: $\Delta z'_{FC}=29.3-28.7=0.6\,(\mu m)$. 比较恒定折射率透镜与变折射率透镜的轴向色差, 可以看出, 变折射率透镜的轴向色差比恒定折射率透镜的轴向色差小.

2. 垂轴色差等效基点位置

对于恒定折射率的透镜, 由 (8.7.2) 式, 对于波长 $0.6563\mu m$ 与 $0.4861\mu m$ 的两束光, 可给出这两种波长对应的垂轴色差, 见图 8.7.13 与图 8.7.14.

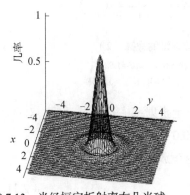

图 8.7.13　光经恒定折射率右凸半球
透镜后的几率分布 (1)
$R=52.5\mu m$, $h=0.5R$, $f=83.9\mu m$, $n(0)=1.571$, $\lambda=0.6563\mu m$,
第一最小几率半径 (0.9, 0.9) μm

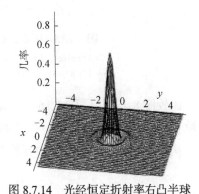

图 8.7.14　光经恒定折射率右凸半球
透镜后的几率分布 (2)
$R=52.5\mu m$, $h=0.5R$, $f=81.8\mu m$, $n(0)=1.585$, $\lambda=0.4861\mu m$,
第一最小几率半径 (0.7, 0.7) μm

由图8.7.13和图8.7.14可给出右凸半球透镜的垂轴色差 $\Delta x'_{FC}$=0.9-0.7=0.2（μm）.

为比较垂轴色差，我们还可以用不同波长的像高来比较变折射率透镜与恒定折射率透镜的垂轴色差. 由（2.13.3）式，可给出图8.7.15与图8.7.16.

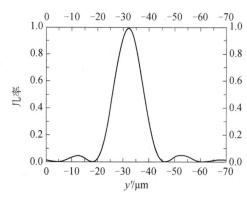

图 8.7.15　恒定折射率右凸半球透镜的像高（1）

λ=0.6563μm, R=52.5μm, h=0.3R, f'=86.75μm, $n(0)$=1.571, s=-130.125μm, s'=260.25μm, y=0.3R, y'=-32.01μm, ρ_0=0.245R

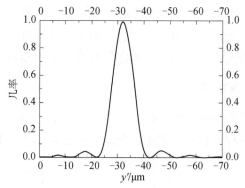

图 8.7.16　恒定折射率右凸半球透镜的像高（2）

λ=0.4861μm, R=52.5μm, h=0.3R, f'=84.58μm, $n(0)$=1.585, s=-126.87μm, s'=253.74μm, y=0.3R, y'=-32.04μm, ρ_0=0.245R

比较图8.7.15与图8.7.16的结果，对于恒定折射率右凸半球透镜，对两个不同波长，其像高之差为 $\Delta y'_{FC}$=-32.04+32.01=-0.03（μm）.

从图8.7.15与图8.7.16中我们看出半球透镜放大率的如下关系成立

$$\frac{y'}{y} = \frac{s'}{s} \tag{2.11.8}$$

即

$$\frac{y'}{y} = -\frac{32.01}{15.75} \approx -2.032 , \quad \frac{s'}{s} = -\frac{260.25}{130.125} = -2 \text{（图 8.7.15 中数据）}$$

$$\frac{y'}{y} = -\frac{32.04}{15.75} \approx -2.034 , \quad \frac{s'}{s} = -\frac{253.74}{126.87} = -2 \text{（图 8.7.16 中数据）}$$

上两行表明经典几何光学中半球厚透镜的放大率公式与我们的理论计算一致.

对于变折射率的透镜，由（8.7.4）式，对于波长 0.6563μm 与 0.4861μm 的两束光，可给出变折射率透镜的垂轴色差，$n(\rho_c)$ 取（8.1.2）式的线性变折射率分布（$A=0.00252709$），可给出图 8.7.17 与图 8.7.18.

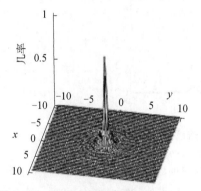

图 8.7.17　光经变折射率右凸半球
透镜后的几率分布（1）

$R=52.5$μm, $h=0.5R$, $f=46.0$μm,

$n(0)=1.571$, $\lambda=0.6563$μm,

第一最小几率半径（0.4, 0.4）μm

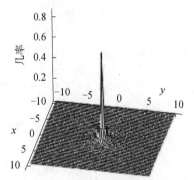

图 8.7.18　光经变折射率右凸半球
透镜后的几率分布（2）

$R=52.5$μm, $h=0.5R$, $f=45.7$μm,

$n(0)=1.585$, $\lambda=0.4861$μm,

第一最小几率半径（0.3, 0.3）μm

从图 8.7.17 和图 8.7.18 可给出变折射率右凸半球透镜的垂轴色差 $\Delta x_{FC} = 0.4-0.3=0.1$（μm）.

比较图 8.7.13、图 8.7.14 与图 8.7.17、图 8.7.18，可见变折射率右凸半球透镜的垂轴色差比恒定折射率右凸半球透镜的垂轴色差小.

为比较垂轴色差，我们还可以用不同波长的像高来比较变折射率透镜与恒定折射率透镜的垂轴色差. $n(\rho_c)$ 取（8.1.2）式的线性折射率分布，由（2.13.3）式，我们得到光经线性折射率右凸半球透镜成像的量子态

$$\Psi(y') = \exp(-\mathrm{i}\omega t)\int_0^{\rho_0} \mathrm{d}\rho \exp\left\{ \mathrm{i}k\left[\sqrt{\left(-s-\frac{R}{n(h)}\right)^2 + (y-h)^2} \right.\right.$$
$$\left.\left. + n(h)\left(\sqrt{(h-\rho)^2 + R^2 - \rho^2}\right) + \sqrt{\left(s'+R-\sqrt{R^2-\rho^2}\right)^2 + (-y'+\rho)^2} \right] \right\} \quad (8.7.5)$$

式中

$$h = \rho + \sqrt{R^2 - \rho^2} \cdot \tan\beta \qquad (8.7.6)$$

$$n(\rho) = n(0)(1 - A\rho) \qquad (8.7.7)$$

（8.7.5）式取绝对值的平方，可得到像高的几率分布，见图 8.7.19 与图 8.7.20.

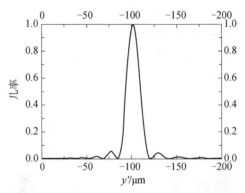

图 8.7.19　变折射率右凸半球透镜的像高（1）

$\lambda=0.6563\mu m$，$R=52.5R$，$h=0.3R$，$n(0)=1.571$，$\rho_0=0.245R$，$A=0.00252709$，
$s=-100.995\mu m$，$s'=654.833\mu m$，$y=0.3R$，$y'=-102.12\mu m$，$H=-0.882R$，$H'=7.473R$

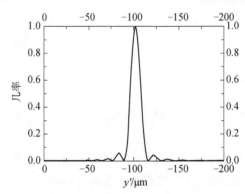

图 8.7.20　变折射率右凸半球透镜的像高（2）

$\lambda=0.4861\mu m$，$R=52.5\mu m$，$h=0.3R$，$n(0)=1.585$，$\rho_0=0.245R$，$A=0.00252709$，
$s=-100.98\mu m$，$s'=655.50\mu m$，$y=0.3R\mu m$，$y'=-102.24\mu m$，$H=-0.882R$，$H'=0.749R$

比较图 8.7.19 与图 8.7.20 的结果，对于变折射率右凸半球透镜，对两个不同波长，其垂轴色差为 $\Delta y'_{FC}=-102.12+102.24=0.12$（$\mu m$），比恒定折射率半球透镜的色差（0.03μm）大，这是由于变折射率透镜比恒定折射率透镜放大率高的缘故. 比较图 8.7.17、图 8.7.18 与图 8.7.13、图 8.7.14 的结果，可见变折射率透镜的横向分辨率高.

从图 8.7.19 与图 8.7.20 中，我们看出对于线性变折射率半球透镜放大率

$$\frac{y'}{y}=-\frac{102.12}{15.75}=-6.48 , \quad \frac{s'}{s}=-\frac{262.5}{40.485}=-6.48 \quad （图 8.7.19 中数据）$$

$$\frac{y'}{y}=-\frac{102.24}{15.75}=-6.49 , \quad \frac{s'}{s}=-\frac{262.5}{40.485}=-6.48 \quad （图 8.7.20 中数据）$$

对于图 8.7.19，在（8.7.5）式中将（$-s-R/n(\rho)$）换成（$-s_0+s_2$），s_0 为新的物距，$H=-s_2$，它为**物方等效基点位置**，而 $s_2=0.2701R$，在图 2.13.3 中它位于半球平面的左边. 这与恒定折射率半球透镜基面位置不同. 对于图 8.7.20，在（2.13.3）式中将（$-s-R/n(\rho)$）换成（$-s_0+s_2$），s_0 为新的物距，$H=-s_2$ 它为**物方等效基点位置**，在图 2.13.3 中它位于半球平面的左边. 这也与恒定折射率半球透镜基面位置不同，但关系式 $y'/y=s'/s$ 成立.

从上面结果看出，对于恒定折射率右凸半球透镜，在图 2.13.3 中，像方基点为半球顶点，物方基点为距半球平面 R/n 处，图 8.7.15 与图 8.7.16 中的结果证明了关系式 $y'/y=s'/s$ 成立. 对于变折射率右凸半球透镜，像方基点不是半球顶点，不同折射率对它也产生影响，而物方基点由于 R/n 中折射率 n 随离光轴的距离而变化，即不同射高的光对应不同的基面，所以物方单一基面是没有的. 但我们可以从等效的观点设定一个基面，为使关系式 $y'/y=s'/s$ 成立，可在计算中调整基面位置使变折射率给出的结果与固定基面给出的结果一致，这样我们就可通过计算给出物方与像方的等效基面位置.

从图 8.7.15 与图 8.7.19、图 8.7.16 与图 8.7.20 的比较中我们看到，在物距与像距相同的情况下，变折射率透镜的放大率比恒定折射率透镜要大得多.

8.8　垂轴方向直线型折射率分布球透镜的光学特性

8.8.1　垂轴方向直线型折射率分布球透镜的焦距

垂轴方向直线型折射率分布球透镜焦距的光路图见图 2.12.3. 这里我们给出微透镜的结果. 为便于比较，我们先给出恒定折射率微球透镜的结果，其波函数见（2.12.20）式. 给定参数，可得到恒定折射率微球透镜焦距的几率分部，见图 8.8.1 与图 8.8.2. 它们都具有相同的几何参数，但有不同的波长及相应的折射率.

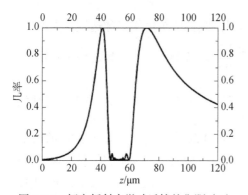

图 8.8.1　恒定折射率微球透镜的焦距（1）
$\lambda=0.6563\mu m$, $n(0)=1.571$, $R=52.5\mu m$, $h_0=0.3R$,
$f_1=41.61\mu m$, $f_2=71.52\mu m$

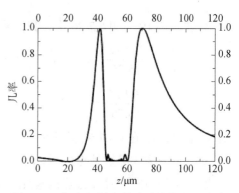

图 8.8.2　恒定折射率微球透镜的焦距（2）
$\lambda=0.4861\mu m$, $n(0)=1.585$, $R=52.5\mu m$, $h_0=0.3R$,
$f_1=41.97\mu m$, $f_2=70.44\mu m$

由图 8.8.1 和图 8.8.2 可见，球透镜有两个焦点，一个在球内，一个在球外，与图 2.12.6 类似. 对于波长 0.6563μm 的光（图 8.8.1），按经典几何光学中球透镜的公式，焦距为 $f_2=nR/2(n-1)=72.222\mu m$，与图 8.8.1 中计算焦距 71.52μm 接近. 对于波长 0.4861μm 的光（图 8.8.2），按经典几何光学中球透镜的公式，焦距为 $f_2=nR/2(n-1)=71.122\mu m$，与图 8.8.2 中计算焦距 70.44 接近.

对于垂轴向线性变折射率球透镜的焦距，由（2.12.20）式，将式中折射率 n 变成与垂轴向有关的函数 $n(h)$，得到光沿 z 轴的波函数

$$\Psi(r,t) = \exp\{i[k(r_0+R)-\omega t]\}$$
$$\times \int_0^{\rho_0}\int_0^{2\pi}\rho d\rho d\varphi \exp\left\{ik\left[-\sqrt{R^2-h^2}+2\sqrt{n(h)^2 R^2-h^2}\right.\right. \quad (8.8.1)$$
$$\left.\left.+\sqrt{(x-\rho\cos\varphi)^2+(y-\rho\sin\varphi)^2+\left(z-\sqrt{R^2-\rho^2}\right)^2}\right]\right\}$$

式中，由（2.12.17）式，有

$$\rho(h) = h - \frac{2}{n(h)}\sqrt{n(h)^2 R^2-h^2}\sin(\alpha-\beta) \quad (8.8.2)$$

$$n(h) = n(0)(1-Ah) \quad (8.8.3)$$

由（8.8.1）式，取适当参数，可得到线性变折射率球透镜的焦距（几率 $q(z)=|\Psi(z)|^2$ 的最大值），见图 8.8.3 与图 8.8.4.

从图 8.8.3 和图 8.8.4 中可看到变折射率球透镜的焦距只有一个，且焦点位于球的表面处. 这与恒定折射率的球透镜有两个焦距不同. 计算表明，在可见光波段（0.38～0.76μm），对于线性变折射率的微球透镜，它的焦距都在球表面附近

（ f'=53.0～52.55μm）. 但是, 并不是所有的变折射率球透镜的焦距都只有一个, 不同的折射率分布也会呈现两个焦距的情况. 如我们取垂轴向呈双曲正割型折射率分布的球透镜, 则可得到图 8.8.5.

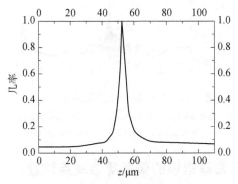

图 8.8.3　变折射率球透镜的焦距（1）

λ=0.760μm, $n(0)$=1.567, R=52.5μm,
h_0=0.3R, A=0.0022, f'_1=52.55μm

图 8.8.4　变折射率球透镜的焦距（2）

λ=0.380μm, $n(0)$=1.607, R=52.5μm,
h_0=0.3R, A=0.0022, f'_1=53.0μm

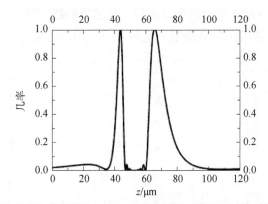

图 8.8.5　垂轴向呈双曲正割型折射率球透镜的焦距

λ=0.380μm, $n(0)$=1.607, R=52.5μm, h_0=0.3R,
f_1=43.86μm, f_2=65.56μm, A=0.0022, $n(\rho)=n(0)\mathrm{sech}(A\rho)$

从图 8.8.5 中我们看到, 它有两个焦距, 一个在球内, 一个在球外. 如果折射率取另外的双曲正割型分布, 则仍可得到只有一个焦点的结果, 见图 8.8.6 与图 8.8.7.

图 8.8.6 和图 8.8.7 可给出变折射率球透镜的轴向色差：$\Delta z'_{FC}$ =52.55−52.54=0.01（μm）.

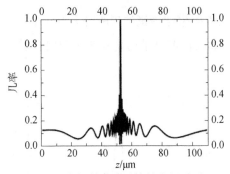

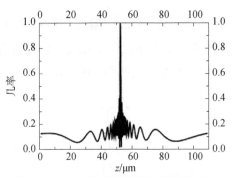

图 8.8.6 变折射率球透镜的焦距（1）

$\lambda=0.6563\mu m$, $R=52.5\mu m$, $h_0=0.3R$, $n(0)=1.571$, $f'=52.55\mu m$, $A=0.026$, $n(h)=n(0)\mathrm{sech}(Ah)$

图 8.8.7 变折射率球透镜的焦距（2）

$\lambda=0.4861\mu m$, $R=52.5\mu m$, $h_0=0.3R$, $n(0)=1.585$, $f'=52.54\mu m$, $A=0.026$, $n(h)=n(0)\mathrm{sech}(Ah)$

8.8.2 垂轴方向直线型折射率分布球透镜的像差等效基点位置

1. 球差

1）轴向球差

由（8.8.1）式，对于变折射率球透镜，取适当参数，可得到波长 $\lambda=0.5876\mu m$ 的光对两个不同射高给出的焦距图，见图 8.8.8 与图 8.8.9.

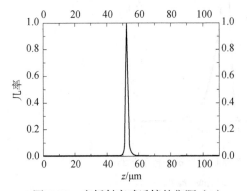

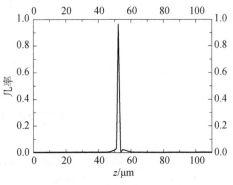

图 8.8.8 变折射率球透镜的焦距（1）

$\lambda=0.5876\mu m$, $n(0)=1.575$, $R=52.5\mu m$, $h_0=0.3R$, $A=0.0015$, $f'=52.63\mu m$

图 8.8.9 变折射率球透镜的焦距（2）

$\lambda=0.5876\mu m$, $n(0)=1.575$, $R=52.5\mu m$, $h_0=0.5R$, $A=0.0015$, $f'=52.72\mu m$

图 8.8.8 与图 8.8.9 给出变折射率透镜对于 $h_0=0.5R$ 与 $h_0=0.3R$ 两射高的轴向球差： $\Delta z'=52.72-52.63=0.009$（$\mu m$）.

2）垂轴球差

由（8.8.1）式，可给出在焦点处光在（x, y）面上的波函数

$$\Psi(x,y) = \exp\{i[k(r_0 + R) - \omega t]\}$$

$$\times \int_0^{\rho_0} \int_0^{2\pi} \rho \mathrm{d}\rho \mathrm{d}\varphi \exp\left\{ik\left[-\sqrt{R^2 - h^2} + 2\sqrt{n(h)^2 R^2 - h^2}\right.\right.\qquad(8.8.4)$$

$$\left.\left.+\sqrt{(x - \rho\cos\varphi)^2 + (y - \rho\sin\varphi)^2 + \left(z - \sqrt{R^2 - \rho^2}\right)^2}\right]\right\}$$

其几率分布为 $q(x,y)=|\Psi(x,y)|^2$，由此可得到光经变折射率球透镜的垂轴球差，见图 8.8.10 与图 8.8.11.

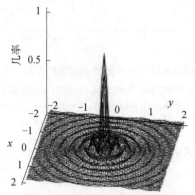

图 8.8.10　光经变折射率球透镜后
的几率分布（1）

$R=52.5\mu m$, $h=0.3R$, $f=52.72\mu m$,
$n(0)=1.575$, $\lambda=0.5876\mu m$, $A=0.0015$,
第一最小几率半径（0.16，0.16）μm

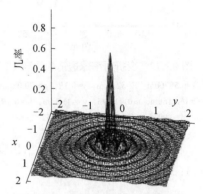

图 8.8.11　光经变折射率球透镜后
的几率分布（2）

$R=52.5\mu m$, $h=0.5R$, $f=52.63\mu m$,
$n(0)=1.575$, $\lambda=0.5876\mu m$, $A=0.0015$,
第一最小几率半径（0.16，0.16）μm

由图 8.8.10 和图 8.8.11 可得到球透镜的垂轴球差为 $\Delta x=0.16-0.16=0.00$（μm）.

为比较垂轴球差的大小，我们还可以用不同射高的光的成像像高来进行比较. 对于射高为 $0.3R$ 与 $0.5R$ 的两束光，$n(h)$ 取（8.8.3）式的线性变折射率分布（$A=0.0015$），即将（2.13.6）式中折射率 n 换成与垂轴半径有关的线性变折射率分布 $n(h)$，径向坐标 ρ 换成 $\rho(h)$ 可得到光经线性折射率球透镜成像的量子态

$$\Psi(y') = \exp(-i\omega t)\int_0^{h_0} \mathrm{d}h \exp\left\{ik\left[\sqrt{\left(-s - \sqrt{R^2 - h^2}\right)^2 + (y - h)^2}\right.\right.$$

$$(8.8.5)$$

$$\left.\left.+2Rn(h)\cos(\beta) + \sqrt{\left(s' - \sqrt{R^2 - \rho(h)^2}\right)^2 + (-y' + \rho(h))^2}\right]\right\}$$

式中

$$\rho(h) = h - 2R\cos(\beta)\sin(\delta)\qquad(8.8.6)$$

取适当参数，可给出图 8.8.12 与图 8.8.13.

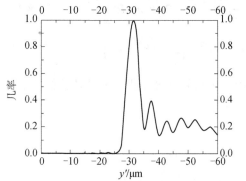

图 8.8.12　变折射率球透镜的像高（1）

$\lambda=0.5876\mu m$, $R=52.5\mu m$, $y=0.3R$, $s=-79.08\mu m$, $s'=158.16\mu m$, $n(0)=1.575$, $y'=-31.5\mu m$, $h_0=0.3R$, $A=0.0015$, $n(h)=n(0)(1-Ah)$, $f'=52.72\mu m$

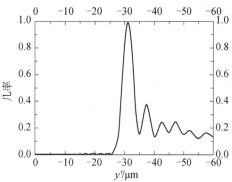

图 8.8.13　变折射率球透镜的像高（2）

$\lambda=0.5876\mu m$, $R=52.5\mu m$, $y=0.3R$, $s=-79.08\mu m$, $s'=158.16\mu m$, $n(0)=1.575$, $y'=-31.19\mu m$, $h_0=0.5R$, $A=0.0015$, $n(h)=n(0)(1-Ah)$, $f'=52.63\mu m$

图 8.8.12 和图 8.8.13 可给出变折射率球透镜的垂轴球差 $\Delta y'=-31.5+31.19=-0.31$（$\mu m$）.

2. 色差

1）轴向色差

由（8.8.1）式，用两种不同波长的光以同一射高射向球透镜，可得到图 8.8.14 与图 8.8.15.

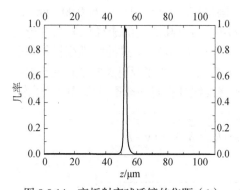

图 8.8.14　变折射率球透镜的焦距（1）

$\lambda=0.6563\mu m$, $n(0)=1.571$, $R=52.5\mu m$, $h_0=0.3R$, $A=0.0015$, $f'=52.83\mu m$

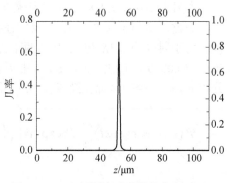

图 8.8.15　变折射率球透镜的焦距（2）

$\lambda=0.4861\mu m$, $n(0)=1.585$, $R=52.5\mu m$, $h_0=0.3R$, $A=0.0015$, $f'=52.55\mu m$

图 8.8.14 和图 8.8.15 可给出变折射率球透镜的轴向色差：$\Delta z'_{FC}=52.83-52.55=$

0.28（μm）.

　　2）垂轴色差等效基点位置

　　对于垂轴向线性变折射率球透镜的成像，由图 2.13.5，（8.8.5）式取绝对值的平方得到垂轴向直线型折射率分布球透镜像高的几率分布，见图 8.8.16 与图 8.8.17.

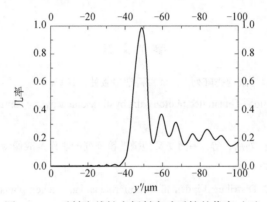

图 8.8.16　垂轴向线性变折射率球透镜的像高（1）

λ=0.6563μm，R=52.5μm，s=-69.867μm，s'=216.653μm，h_0=0.3R，
$n(0)$=1.571，A=0.0015，$n(h)$=$n(0)(1-Ah)$，y=0.3R，y'=-48.84μm，
f'=52.83μm，物方等效基点位置 H=-0.00254R，像方等效基点位置 H'=0.826R

从图 8.8.16 中可得到像的放大倍数 y'/y=-3，10，s'/s=-3.10，与公式 y'/y=s'/s 一致.

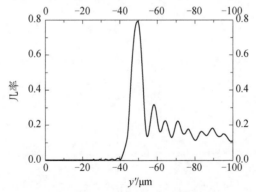

图 8.8.17　垂轴向线性变折射率球透镜的像高（2）

λ=0.4861μm，R=52.5μm，s=-69.379μm，s'=216.639μm，h_0=0.3R，
$n(0)$=1.585，A=0.0015，$n(h)$=$n(0)(1-Ah)$，y=0.3R，y'=-49.18μm，
f'=52.55μm，物方等效基点位置 H=-0.012R，像方等效基点位置 H'=0.826R

从图 8.8.17 中可得到像的放大倍数 y'/y=-3，12，s'/s=-3.12，与公式 y'/y=s'/s

一致.

比较图 8.8.16 与图 8.8.17 的结果，对于变折射率球透镜，对两个不同波长，其垂轴色差为 $\Delta y'_{FC} = -48.84 + 49.18 = 0.34$（μm）.

在图 8.8.16 与图 8.8.17 的计算过程中，我们还给出了物方等效基点位置.

$H = -0.012R$，在透镜球心的左边，像方等效基点位置 $H' = 0.826R$，在透镜球心的右边.

参 考 文 献

[1] 刘德森. 微小光学与微透镜阵列. 北京：科学出版社，2013.

[2] Deng L-B. Diffraction of entangled photon pairs by ultrasonic waves. Frontiers of Physics，2012，7（2）：239-243.

[3] 刘德森，胡建明，刘炜，等. 平面交叉型微透镜阵列的制作及成像特性研究. 中国激光，2005，12（6）：743-748.

[4] Iga K, Misawa S. Distributed-index planar microlens and stacked planar optics：a review of progress. Applied Optics，1986，25（19）：3388.

[5] 刘颂豪. 光子学技术与应用（上、下册）. 广州：广州科学技术出版社. 合肥：安徽科学技术出版社，2006.

第9章 其他光学问题

9.1 单光子的薄膜干涉

单光子的薄膜干涉见图 9.1.1. 薄膜的厚度为 d. L 为 DP 的长度（未标出）.

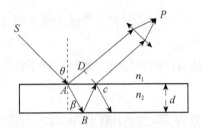

图 9.1.1　单光子的薄膜干涉

令 $k_1=n_1k$，$k_2=n_2k$，$k=2\pi/\lambda$，从 S 点射向 A 点的光子分两光路进行，一路经介质上表面反射，另一路经介质下表面反射后再回到 n_1 介质中，这两路都是光子行进中的可能态，这两种可能态的叠加即为光子在 P 点的总光子态. 光子经 SAP 路径的波函数为

$$\Psi_1 = \exp\left\{\mathrm{i}\left[kn_1(r_0 + AD + L) - \omega t\right]\right\} \tag{9.1.1}$$

式中 r_0 是光子从远处到达 A 点的距离（未标出），t 为光子从 S 经 A 到 P 点的时间.

光子经 $SABcP$ 路径的波函数为

$$\Psi_2 = \exp\left\{\mathrm{i}\left[k(n_1r_0 + n_2(AB+Bc) + n_1L) - \omega t\right]\right\} \tag{9.1.2}$$

从图中可得到如下关系式：

$$AB = Bc = \frac{d}{\cos\beta}，\qquad n_1\sin\theta = n_2\sin\beta$$

$$AD = Ac\sin\theta = 2AB\frac{n_2}{n_1}\sin^2\beta = \frac{2d}{\cos\beta}\cdot\frac{n_2}{n_1}\sin^2\beta$$

（9.1.1）式与（9.1.2）式两式相加，得

$$\begin{aligned}\Psi &= \Psi_1 + \Psi_2 \\ &= \exp\{\mathrm{i}[kn_1(r_0 + AD + L) - \omega t]\} \\ &\quad + \exp\{\mathrm{i}k(n_1 r_0 + n_2(AB + Bc) + n_1 L) - \omega t\} \\ &= 2\cos\left[\frac{\pi}{\lambda}\Delta'\right]\exp\left\{\mathrm{i}\left[k\left(n_1 r_0 + \frac{n_2(AB + Bc) + n_1 AD}{2}\right) - \omega t\right]\right\}\end{aligned} \tag{9.1.3}$$

式中考虑光子在经 A 点反射时有 π 的相变（设 $n_2>n_1$），即半波损失

$$\Delta' = 2d\sqrt{n_2^2 - n_1^2 \sin^2\theta} - \frac{\lambda}{2} \tag{9.1.4}$$

当 $\Delta'=m\lambda$，$m=1$，2，…时，光强 $|\Psi|^2$ 取极大值；当 $\Delta'=(2m+1)\lambda/2$，$m=1$，2，…时，光强 $|\Psi|^2$ 取极小值.

由（9.1.4）式我们还可讨论薄膜的等倾与等厚干涉条纹，以及 Newton 环.

9.2 单光子与纠缠双光子的超声衍射

9.2.1 单光子与纠缠双光子经超声驻波场的 Fraunhofer 衍射

当声波在介质中传播时，常见的有两类声波，即声行波与声驻波. 声波是一种弹性波，它能使介质各点物理特性随时间与空间周期性地变，如介质折射率随之周期性地变化.

当光垂直于声传播方向射向介质时，会发生衍射. 我们讨论单光子与纠缠双光子对声行波与声驻波的衍射，讨论远场与中场情况下光子的几率分布（即光强分布）规律. 我们先讨论光对声驻波场的衍射.

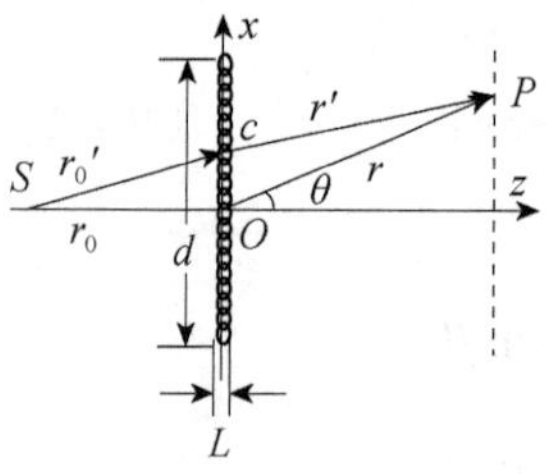

图 9.2.1 单光子的超声衍射

图 9.2.1 中沿 x 方向有一超声驻波场，如同一个衍射光栅，当光穿过它时会发生衍射，图中虚线处为观测屏，θ为衍射角. 设沿 z 方向的远处始端有一单光子源 S. 单光子沿 z 方向经超声驻波场的衍射态，由（1.2.1）式，可写为

$$\Psi(\boldsymbol{r},t) = \int \mathrm{d}\boldsymbol{r}_c \int \mathrm{d}\boldsymbol{r}_S \exp\left\{\frac{\mathrm{i}}{\hbar}[S(P,c) + S(c,S)]\right\}\Psi(\boldsymbol{r}_S,0)$$

设单光子的初始波函数为

$$\Psi(r_s,0)=\delta(r_s-r_0)$$

光子经超声驻波场的折射率受超声波周期性调制的关系为

$$n=n_0+\Delta n\cos(Kx_c)\cos(\Omega t) \tag{9.2.1}$$

式中 n_0 是介质没有超声驻波场时的折射率，Δn 是受超声波周期性调制折射率变化的最大值，$K=2\pi/\Lambda$ 是超声波的波矢，Λ 是超声波的波长，Ω 是超声波的频率.

由（3.1.6）式给出 r' 的远场近似式 $r'\approx r-x_c\sin\theta$，我们得到单光子穿过超声驻波场后的量子态为

$$\begin{aligned}
\Psi(r,t)=&\int dr_c\exp\{i[k(r_0+nL+r')-\omega t]\}\\
=&\exp\{i[k(r_0+r)-\omega t]\}\\
&\times\int_{-d/2}^{d/2}dx_c\exp\{-ik[x_c\sin\theta-(n_0+\Delta n\cos(Kx_c)\cos(\Omega t)L)]\}\\
=&\,d\exp\{i[k(r_0+r+n_0L)]\}\\
&\times\sum_{m=-\infty}^{\infty}\sum_{n=-\infty}^{\infty}i^{m+n}J_m\left(\frac{kL\Delta n}{2}\right)J_n\left(\frac{kL\Delta n}{2}\right)\exp\{-i[\omega-(m-n)\Omega]t\}\\
&\times\frac{\sin\left\{(k\sin\theta-(m+n)K)\dfrac{d}{2}\right\}}{(k\sin\theta-(m+n)K)\dfrac{d}{2}}
\end{aligned} \tag{9.2.2}$$

在计算过程中我们使用了关系式

$$\exp(ix\cos\theta)=\sum_{m=-\infty}^{\infty}i^m J_m(x)\exp(im\theta)$$

式中 $k=2\pi/\lambda$ 是光子的波矢，λ 是光子的波长，d 是光与超声驻波场相互作用的宽度.

将（9.2.2）式单光子穿过超声驻波场后的波函数取绝对值的平方（即相对光强）与实验结果的比较见图 9.2.2[1,2].

图 9.2.2 中 $\gamma(\theta)=(\Lambda/\lambda)\sin(\theta)$，$\alpha=\dfrac{2\pi}{\lambda}L\Delta n$，$\beta=d/\Lambda$，上面与右边的标度对应虚的实验曲线，下面与左边的标度对应实的理论曲线，图 9.2.2 表明，理论与实验符合得很好.

注意在（9.2.2）式中，令 $N=m-n$（0，± 1，± 2，…），可给出散射后光子的频率为 $\omega-N\Omega$. 这个结果是由理论本身给出的. 因为光源与声源相对于观测者均没有运动，就没有 Doppler 效应.

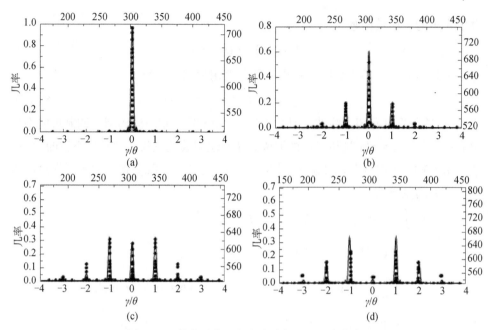

图 9.2.2　单光子穿过超声驻波场后的几率分布

（a）$\alpha=0.28, \beta=8$；（b）$\alpha=1.0, \beta=8$；（c）$\alpha=1.5, \beta=8$；（d）$\alpha=2.13, \beta=8$

对斜入射角 φ，单光子的 Raman-Nath 衍射条件和 Bragg 衍射条件，由（9.4.2）式取极值得到.

Raman-Nath 衍射条件：

$$\Lambda(\sin\theta - \sin\varphi) = m\lambda, \qquad m = 0, \pm1, \pm2, \cdots \qquad (9.2.3)$$

对斜入射光：$\varphi = -\theta$，且 $m=1$，相应地可得到 Bragg 衍射条件：

$$\Lambda\sin\theta = \frac{\lambda}{2} \qquad (9.2.4)$$

纠缠双光子经超声驻波场的 Fraunhofer 衍射，见图 9.2.3.

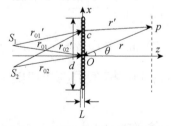

图 9.2.3　纠缠双光子的超声衍射

图 9.2.3 中 S_1、S_2 为两个波包中心不重合的非共线的一对纠缠双光子，θ 为衍

射角. 纠缠双光子经超声驻波场衍射的量子态为

$$\Psi(\boldsymbol{r},t) = \int \mathrm{d}\boldsymbol{r}_c \int \mathrm{d}\boldsymbol{r}_{S_1} \mathrm{d}\boldsymbol{r}_{S_2} \exp\left\{\frac{\mathrm{i}}{\hbar}[S_1(P,c) + S_2(P,c)\right.$$
$$\left. + S_1(c,S) + S_2(c,S)]\right\} \Psi(\boldsymbol{r}_{S_1}, \boldsymbol{r}_{S_2}, 0) \qquad (9.2.5)$$

式中

$$\Psi(\boldsymbol{r}_{S_1}, \boldsymbol{r}_{S_2}, 0) = \frac{1}{\sqrt{2}}\{\delta_1(\boldsymbol{r}_{S_1} - \boldsymbol{r}_{01})\delta_2(\boldsymbol{r}_{S_2} - \boldsymbol{r}_{02}) + \delta_1(\boldsymbol{r}_{S_1} - \boldsymbol{r}_{02})\delta_2(\boldsymbol{r}_{S_2} - \boldsymbol{r}_{01})\} \qquad (9.2.6)$$

使用（9.2.1）式表示的介质受超声波调制的折射率（不考虑与时间有关的因子），
得到

$$\Psi(\boldsymbol{r},t) = \frac{2}{\sqrt{2}} \int \mathrm{d}\boldsymbol{r}_c \exp\{\mathrm{i}[k_1 r_{01} + k_2 r_{02} + (k_1 + k_2)nL + (k_1 + k_2)r' - (\omega_1 + \omega_2)t]\}$$
$$= \frac{2}{\sqrt{2}} \exp\{\mathrm{i}[k_1 r_{01} + k_2 r_{02} + (k_1 + k_2)\cdot r - (\omega_1 + \omega_2)t]\} \qquad (9.2.7)$$
$$\times \int_{-d/2}^{d/2} \mathrm{d}x_c \exp\{-\mathrm{i}[(k_1 + k_2)x_c \sin\theta - (k_1 + k_2)(n_0 + \Delta n\cos(Kx_c)L)]\}$$

即

$$\Psi(\boldsymbol{r},t) = \frac{2d}{\sqrt{2}} \exp\left\{\mathrm{i}\left[k_1 r_{01} + k_2 r_{02} + (k_1 + k_2)\cdot(r + n_0 L) - (\omega_1 + \omega_2)t\right]\right\}$$
$$\times \sum_{m=-\infty}^{\infty} \mathrm{i}^m \mathrm{J}_m[(k_1 + k_2)L\Delta n]\frac{\sin\left\{[(k_1 + k_2)\sin\theta - mK]\dfrac{d}{2}\right\}}{[(k_1 + k_2)\sin\theta - mK]\dfrac{d}{2}} \qquad (9.2.8)$$

式中 k_1、k_2 为纠缠双光子的波矢，ω_1、ω_2 为纠缠双光子的频率，J_m 为 m 阶 Bessel
函数.

对斜入射角 φ，纠缠双光子的 Raman-Nath 衍射条件和 Bragg 衍射条件如下.
Raman-Nath 衍射条件：

$$\Lambda(\sin\theta - \sin\varphi) = m\frac{\lambda}{2}, \quad m = 0, \pm1, \pm2, \cdots \qquad (9.2.9)$$

当 $\varphi = -\theta$，$m=1$ 时，有 Bragg 衍射条件：

$$\Lambda\sin\theta = \frac{\lambda}{4} \qquad (9.2.10)$$

9.2.2　单光子与纠缠双光子经超声驻波场的 Fresnel 衍射

对单光子的超声 Fresnel 衍射，见图 9.2.1. 利用（4.1.1）式第二等式的 Fresnel

近似，单光子超声 Fresnel 衍射态为

$$\Psi(r,t) = \int \mathrm{d}r_c \, \exp\{\mathrm{i}[k(r_0 + nL + r') - \omega t]\}$$

$$= \exp\{\mathrm{i}[k(r_0 + z + Ln_0) - \omega t]\}$$

$$\times \frac{(1+\mathrm{i})\lambda z}{2} \sum_{m=-\infty}^{\infty} \mathrm{i}^m \mathrm{J}_m(kL\Delta n) \qquad (9.2.11)$$

$$\times \exp\left\{\mathrm{i}\left[mKx - \frac{\lambda z m^2 K^2}{4\pi}\right]\right\}\{F(\mu_2) - F(\mu_1)\}$$

式中

$$\mu_1 = \sqrt{\frac{2}{\lambda z}}\left(x - \frac{d}{2}\right) - \sqrt{\frac{\lambda z}{2}}\frac{mK}{\pi}, \qquad \mu_2 = \sqrt{\frac{2}{\lambda z}}\left(x + \frac{d}{2}\right) - \sqrt{\frac{\lambda z}{2}}\frac{mK}{\pi} \qquad (9.2.12)$$

$$F(\omega) = \int_0^\omega \mathrm{d}t \, \exp\left(\frac{\mathrm{i}\pi t^2}{2}\right) \qquad (9.2.13)$$

对纠缠双光子超声驻波场的 Fresnel 衍射，见图 9.2.3，其衍射态为

$$\Psi(r,t) = \frac{2}{\sqrt{2}} \exp\left\{\mathrm{i}\left[k_1 r_{01} + k_2 r_{02} + (k_1 + k_2)(z + n_0 L) - (\omega_1 + \omega_2)t\right]\right\}$$

$$\times \frac{(1+\mathrm{i})\lambda_0 z}{2} \sum_{m=-\infty}^{\infty} \mathrm{i}^m \mathrm{J}_m[(k_1 + \boldsymbol{k}_2)L\Delta n] \exp\left\{\mathrm{i}\left[mkx - \frac{\lambda_0 z m^2 K^2}{4\pi}\right]\right\}\{F(v_2) - F(v_1)\}$$

$$(9.2.14)$$

式中

$$k_1 + k_2 = \frac{2\pi}{\lambda_0}$$

$$v_1 = \sqrt{\frac{2}{\lambda_0 z}}\left(x - \frac{d}{2}\right) - \sqrt{\frac{\lambda_0 z}{2}}\frac{mK}{\pi}, \qquad v_2 = \sqrt{\frac{2}{\lambda_0 z}}\left(x + \frac{d}{2}\right) - \sqrt{\frac{\lambda_0 z}{2}}\frac{mK}{\pi} \qquad (9.2.15)$$

9.2.3　单光子与纠缠双光子经超声驻波场的关联态

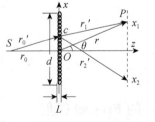

图 9.2.4　单光子经超声场的关联态

单光子经超声场的关联态，见图 9.2.4. 我们讨论单光子经 Scx_1 与 Scx_2 两条路径的关联.

由（9.2.2）式中第二等式（不考虑与时间有关的因子），得到

$$\Psi(x_1,x_2,t) = \exp\{i[k(r_0 + r + n_0L) - \omega t]\}$$

$$\times \sum_{m=-\infty}^{\infty} i^m J_m(kL\Delta n) \frac{d\sin\left\{\left[\frac{(x_1+x_2)\Lambda}{\lambda z} - m\right]\frac{\pi d}{\Lambda}\right\}}{\left[\frac{(x_1+x_2)\Lambda}{\lambda z} - m\right]\frac{\pi d}{\Lambda}} \quad (9.2.16)$$

纠缠双光子经超声场的关联态, 见图 9.2.5.

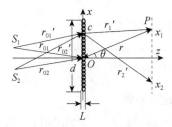

图 9.2.5 纠缠双光子经超声场的关联态

由 (9.2.7) 式中第二等式

$$\Psi(\mathbf{r},t) = \frac{2}{\sqrt{2}}\exp\{i[k_1r_{01} + k_2r_{02} + k_1r_1 + k_2r_2 + (k_1+k_2)n_0L - (\omega_1+\omega_2)t]\}$$

$$\times \int_{-d/2}^{d/2} dx_c \exp\{-i[(k_1\sin\theta_1 + k_2\sin\theta_2)x_c - (k_1+k_2)L\Delta n\cos(Kx_c)]\}$$

我们得到纠缠双光子经超声驻波场的关联态

$$\Psi(x_1,x_2,t) = \frac{2}{\sqrt{2}}\exp\{i[k_1r_{01} + k_2r_{02} + k_1r_1 + k_2r_2 + (k_1+k_2)n_0L - (\omega_1+\omega_2)t]\}$$

$$\times \sum_{m=-\infty}^{\infty} i^m J_m[(k_1+k_2)L\Delta n] \frac{d\sin\left\{\left[(k_1+k_2)\frac{(x_1+x_2)}{z} - m\Lambda\right]\frac{d}{2}\right\}}{\left[(k_1+k_2)\frac{(x_1+x_2)}{z} - m\Lambda\right]\frac{d}{2}} \quad (9.2.17)$$

9.2.4 单光子与纠缠双光子经多频声行波的 Fraunhofer 衍射

1. 单光子经多频声行波的 Fraunhofer 衍射

多频声行波对介质折射率的影响, 可用下式表示

$$n = n_0 + \sum_j \Delta n_j \cos(K_j x_j - \Omega_j t) \quad (9.2.18)$$

式中 n_0 为未受声波影响的介质折射率, Δn_j 为第 j 个声频波引起的最大折射率变化, K_j 是第 j 个声频波的波矢, Ω_j 是第 j 个声频波的频率. 由 (9.2.2) 式中第一等式, 我们给出单光子穿过宽度 d 的声行波后的量子态为

$$\Psi(r,t) = \exp\{i[k(r_0 + r) - \omega t]\}$$

$$\times \int_{-d/2}^{d/2} dx_c \exp\left\{i\left\{-kx_c\sin\theta + kL\left[n_0 + \sum_j \Delta n_j \cos(K_j x_c - \Omega_j t)\right]\right\}\right\}$$

$$= \exp\{i[k(r_0 + r + n_0 L) - \omega t]\} \tag{9.2.19}$$

$$\times \prod_{j=1}^{P} \sum_{m=-\infty}^{\infty} i^m J_m(kL\Delta n_j)\exp(-im\Omega_j t)$$

$$\times d \cdot \frac{\sin\left\{[k(\sin\theta - \sin\varphi) - mK_j]\dfrac{d}{2}\right\}}{[k(\sin\theta - \sin\varphi) - mK_j]\dfrac{d}{2}}$$

从上式可得到光子衍射后的频率为

$$\omega_{jm} = \omega + m\Omega_j, \quad m=0, \pm1, \pm2, \cdots \tag{9.2.20}$$

（9.2.19）式取绝对值的平方，再取极值，可得 Raman-Nath 衍射条件

$$\Lambda_j(\sin\theta - \sin\varphi) = m\lambda, \quad m=0, \pm1, \pm2, \cdots \tag{9.2.21}$$

式中 Λ_j 为第 j 声频波的波长，λ 为光子的波长．相应地，Bragg 衍射条件为

$$\Lambda_j\sin\theta = \frac{\lambda}{2} \tag{9.2.22}$$

2. 纠缠双光子经多频声行波的 Fraunhofer 衍射

参考（9.2.19）式，作替换：$k \to k_1 + k_2$，$\omega \to \omega_1 + \omega_2$，可得到纠缠双光子经多频声行波衍射的量子态为

$$\Psi(r,t) = \exp\{i[k_1 r_{01} + k_2 r_{02} + (k_1 + k_2)(r + n_0 L)]\}$$

$$\times \prod_{j=1}^{P} \sum_{m=-\infty}^{\infty} i^m J_m((k_1 + k_2)L\Delta n_j)\exp\{-i(\omega_1 + \omega_2 + m\Omega_j)t\} \tag{9.2.23}$$

$$\times d \cdot \frac{\sin[(k_1 + k_2)(\sin\theta - \sin\varphi) - mK_j]\dfrac{d}{2}}{[(k_1 + k_2)(\sin\theta - \sin\varphi) - mK_j]\dfrac{d}{2}}$$

由上式可给出纠缠双光子与声波的频率关系：

$$\omega_{jm} = \omega_1 + \omega_2 + m\Omega_j, \quad m=0, \pm1, \pm2, \cdots \tag{9.2.24}$$

Raman-Nath 衍射条件为

$$(k_1 + k_2)(\sin\theta - \sin\varphi) = mK_j \tag{9.2.25}$$

Bragg 衍射条件为

$$(k_1 + k_2)\sin\theta = \frac{1}{2}K_j \qquad (9.2.26)$$

9.2.5 单光子与纠缠双光子经多频声行波的 Fresnel 衍射

1. 单光子经多频声行波的 Fresnel 衍射

由（9.2.2）式中第一等式及（4.1.1）式中第二等式，我们给出单光子穿过宽度 L 的多频声行波后 Fresnel 衍射的量子态为

$$
\begin{aligned}
\Psi(\boldsymbol{r},t) &= \int \mathrm{d}\boldsymbol{r}_c \exp\{\mathrm{i}[k(r_0 + nL + r') - \omega t]\}\\
&= \exp\{\mathrm{i}[k(r_0 + z) - \omega t]\}\\
&\quad \times \int_{-d/2}^{d/2} \mathrm{d}x_c \exp\left\{\mathrm{i}k\left[\frac{(x - x_c)^2}{2z} + \left(n_0 + \sum_j \Delta n_j \cos(K_j x_j - \Omega_j t)\right)L\right]\right\}\\
&\quad \times \int_{-\infty}^{\infty} \mathrm{d}y_c \exp\left\{\mathrm{i}k\frac{(y - y_c)^2}{2z}\right\}\\
&= \exp\{\mathrm{i}[k(r_0 + z + n_0 L) - \omega t]\}\\
&\quad \times \sum_{j=1}^{p}\sum_{m=-\infty}^{\infty} \mathrm{i}^m J_m(kL\Delta n_j)\exp\left\{\mathrm{i}\left[mK_j x - \frac{\lambda z m^2 K_j^2}{4\pi} - m\Omega_j t\right]\right\}\\
&\quad \times \int_{-d/2}^{d/2} \mathrm{d}x_c \exp\left\{\mathrm{i}k\left[\frac{(x - x_c)^2}{2z} + mK_j x_c\right]\right\}\int_{-\infty}^{\infty}\mathrm{d}y_c \exp\left\{\mathrm{i}k\frac{(y - y_c)^2}{2z}\right\}
\end{aligned}
\tag{9.2.27}
$$

式中积分作变换

$$
\mu = \sqrt{\frac{2}{\lambda z}}(x - x_c) - \sqrt{\frac{\lambda z}{2}}\frac{mK_j}{\pi}, \quad \nu = \sqrt{\frac{2}{\lambda z}}(y - y_c) \qquad (9.2.28)
$$

得

$$
\begin{aligned}
\Psi(\boldsymbol{r},t) &= \exp\{\mathrm{i}[k(r_0 + z + n_0 L) - \omega t]\}\\
&\quad \times \frac{(1+\mathrm{i})\lambda z}{2}\sum_{j=1}^{p}\sum_{m=-\infty}^{\infty} \mathrm{i}^m J_m(kL\Delta n_j)\exp\left\{\mathrm{i}\left[mK_j x - \frac{\lambda z m^2 K_j^2}{4\pi} - m\Omega_j t\right]\right\}\\
&\quad \times \int_{\mu_1}^{\mu_2}\mathrm{d}\mu \exp\left\{\mathrm{i}\frac{\pi\mu^2}{2}\right\}\int_{-\infty}^{\infty}\mathrm{d}\nu\exp\left\{\mathrm{i}\frac{\pi\nu^2}{2}\right\}
\end{aligned}
\tag{9.2.29}
$$

式中

$$
\mu_1 = \sqrt{\frac{2}{\lambda z}}\left(x - \frac{d}{2}\right) - \sqrt{\frac{\lambda z}{2}}\frac{mK_j}{\pi}, \quad \mu_2 = \sqrt{\frac{2}{\lambda z}}\left(x + \frac{d}{2}\right) - \sqrt{\frac{\lambda z}{2}}\frac{mK_j}{\pi} \qquad (9.2.30)
$$

（9.2.29）式积分后得到

$$\Psi(\boldsymbol{r},t) = \exp\{\mathrm{i}[k(r_0 + z + n_0 L) - \omega t]\}$$

$$\times \frac{(1+\mathrm{i})\lambda z}{2} \sum_{j=1}^{p} \sum_{m=-\infty}^{\infty} \mathrm{i}^m \mathrm{J}_m(kL\Delta n_j) \exp\left\{\mathrm{i}\left[mK_j x - \frac{\lambda z m^2 K_j^2}{4\pi} - m\Omega_j t\right]\right\} \quad (9.2.31)$$

$$\times \{F(\mu_2) - F(\mu_1)\}$$

从上式可得到光子衍射后的频率为

$$\omega_{jm} = \omega + m\Omega_j, \qquad m = 0, \pm 1, \pm 2, \cdots \quad (9.2.32)$$

2. 纠缠双光子经多频声行波的 Fresnel 衍射

参考导出（9.2.31）式的过程，作替换：$k \to k_1 + k_2$，$\omega \to \omega_1 + \omega_2$，可得到纠缠双光子对多频声行波衍射后的量子态为

$$\Psi(\boldsymbol{r},t) = \frac{(1+\mathrm{i})\lambda_0 z}{2} \exp\{\mathrm{i}[(k_1 r_{01} + k_2 r_{02} + z + n_0 L) - (\omega_1 + \omega_2)t]\}$$

$$\times \sum_{j=1}^{p} \sum_{m=-\infty}^{\infty} \mathrm{i}^m \mathrm{J}_m((k_1 + k_2)L\Delta n_j) \exp\left\{\mathrm{i}\left[mK_j x - \frac{\lambda_0 z m^2 K_j^2}{4\pi} - m\Omega_j t\right]\right\} \quad (9.2.33)$$

$$\times \{F(\mu_2) - F(\mu_1)\}$$

由上式可给出纠缠双光子与声波的频率关系：

$$\omega_{jm} = \omega_1 + \omega_2 + m\Omega_j, \qquad m = 0, \pm 1, \pm 2, \cdots \quad (9.2.34)$$

9.2.6 单光子与纠缠双光子对多频水表面声行波的衍射

1. 单光子经多频水表面声行波的衍射

单光子经多频水表面声行波的衍射见图 9.2.6.

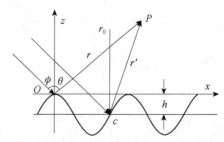

图 9.2.6　单光子经多频水表面声行波的衍射

单光子对多个不同频率的液体表面声波的衍射,用上述类似方法得到其量

子态

$$\Psi(\boldsymbol{r},t) = \int \mathrm{d}\boldsymbol{r}_c \exp\{\mathrm{i}[k(r_0 + 2z + r') - \omega t]\} \qquad (9.2.35)$$

式中

$$z = \sum_j [h_j \cos(K_j x_c - \Omega_j t) - h_j] \qquad (9.2.36)$$

式中 h_j 是波矢 K_j、频率 Ω_j 的第 j 个表面声波的振幅.

再作 Fraunhofer 近似 $r' \approx r - x_c \sin\theta$，（9.2.35）式变为

$$
\begin{aligned}
\Psi(\boldsymbol{r},t) = &\exp\left\{\mathrm{i}\left[k\left(r_0 + r - 2\sum_j h_j\right) - \omega t\right]\right\} \\
&\times \int_{-d/2}^{d/2} \mathrm{d}x_c \exp\left\{-\mathrm{i}\left[x_c \sin\theta - 2\sum_j h_j \cos(K_j x_c - \Omega_j t)\right]\right\}
\end{aligned} \qquad (9.2.37)
$$

式中 d 为所取表面声波与光子相互作用沿 x 方向的长度.

使用关系式 $\exp(\mathrm{i}x\cos\theta) = \sum\limits_{m=-\infty}^{\infty} \mathrm{i}^m \mathrm{J}_m(x)\exp(\mathrm{i}m\theta)$，得到

$$
\begin{aligned}
\Psi(\boldsymbol{r},t) = &\exp\left\{\mathrm{i}\left[k\left(r_0 + r - 2\sum_j h_j\right) - \omega t\right]\right\} \\
&\times \prod_j \sum_{m=-\infty}^{\infty} \mathrm{i}^m \mathrm{J}_m(2kh_j)\exp\{-\mathrm{i}m\Omega_j t\} \\
&\times \int_{-d/2}^{d/2} \mathrm{d}x_c \exp\{-\mathrm{i}(k\sin\theta - mK_j)x_c\}
\end{aligned} \qquad (9.2.38)
$$

考虑斜入射角 φ，上式变为

$$
\begin{aligned}
\Psi(\boldsymbol{r},t) = &\exp\left\{\mathrm{i}\left[k\left(r_0 + r - 2\sum_j h_j\right) - \omega t\right]\right\} \\
&\times \prod_j \sum_{m=-\infty}^{\infty} \mathrm{i}^m \mathrm{J}_m(2kh_j)\exp\{-\mathrm{i}m\Omega_j t\} \\
&\times \frac{d\sin\left\{[k(\sin\theta - \sin\varphi) - mK_j]\dfrac{d}{2}\right\}}{[k(\sin\theta - \sin\varphi) - mK_j]\dfrac{d}{2}}
\end{aligned} \qquad (9.2.39)
$$

从上式可得到光子衍射后的频率为

$$\omega_{jm} = \omega + m\Omega_j, \quad m = 0,\ \pm 1,\ \pm 2,\ \cdots \qquad (9.2.40)$$

（9.2.39）式取绝对值的平方，取极值，可得 Raman-Nath 衍射条件

$$\Lambda_j\left(\sin\theta-\sin\varphi\right)=m\lambda,\qquad m=0,\ \pm1,\ \pm2,\ \cdots \qquad (9.2.41)$$

式中 Λ_j 为第 j 声频波的波长，λ 为光子的波长. 相应地，Bragg 衍射条件为

$$\Lambda_j\sin\theta=\frac{\lambda}{2} \qquad (9.2.42)$$

为了与实验比较，我们取两个频率的声波，（9.2.39）式变为

$$\Psi(\boldsymbol{r},t)=\exp\{i[k(r_0+r-2(h_1+h_2))-\omega t]\}$$

$$\times\sum_{m,n=-\infty}^{\infty}i^{m+n}J_m(2kh_1)J_n(2kh_2)\exp\{-i(m\Omega_1+n\Omega_2)t\} \qquad (9.2.43)$$

$$\times d\cdot\frac{\sin\left\{[k(\sin\theta-\sin\varphi)-(mK_1+nK_2)]\dfrac{d}{2}\right\}}{[k(\sin\theta-\sin\varphi)-(mK_1+nK_2)]\dfrac{d}{2}}$$

式中 h_1、h_2 分别是频率 Ω_1、波矢 K_1 和频率 Ω_2、波矢 K_2 的两表面声波的振幅. 使用文献[3]的数据，可给出上式与实验的比较图，见图 9.2.7.

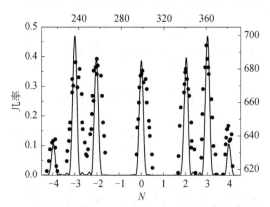

图 9.2.7 单光子经多频水表面声行波的衍射

$\lambda=0.6328\mu m$，$\Lambda_1=1.9mm$，$\Omega_1=220Hz$，$\alpha_1=3.9$，$\alpha_2=3.8$，

$\beta_1=1.95$，$\beta_2=2\times1.95$，$N=\Lambda_j z/\lambda x$（可表示衍射级次）

$\alpha_j=\left(4\pi/\lambda\right)h_j$，$\beta=d/\Lambda_j$，$j=1,2$

图 9.2.7 中点线为实验点，实线为按（9.2.43）式给出的理论曲线，结果表明，理论与实验符合得很好.

2. 纠缠双光子经多频水表面声行波的衍射

为得到纠缠双光子经多频水表面声行波衍射的量子态，作替换：$k\to k_1+k_2$，$\omega\to\omega_1+\omega_2$，可将（9.2.39）式变为

$$\Psi(\boldsymbol{r},t) = \exp\left\{i\left[k_1 r_{01} + k_2 r_{02} + (k_1 + k_2)\left(r - 2\sum_j h_j\right) - (\omega_1 + \omega_2)t\right]\right\}$$

$$\times \prod_j \sum_{m=-\infty}^{\infty} i^m J_m(2(k_1 + k_2)h_j) \exp\{-im\Omega_j t\} \qquad (9.2.44)$$

$$\times \frac{d\sin\left\{[(k_1 + k_2)(\sin\theta - \sin\varphi) - mK_j]\dfrac{d}{2}\right\}}{[(k_1 + k_2)(\sin\theta - \sin\varphi) - mK_j]\dfrac{d}{2}}$$

如果只考虑两个频率的声波, 由 (9.2.43) 式, 可得到纠缠双光子经两个频率的水表面声行波衍射的量子态

$$\Psi(\boldsymbol{r},t) = \exp\{i[(k_1 + k_2)(r_0 + r - 2(h_1 + h_2)) - (\omega_1 + \omega_2)t]\}$$

$$\times \sum_{m,n=-\infty}^{\infty} i^{m+n} J_m(2(k_1 + k_2)h_1) J_n(2(k_1 + k_2)h_2) \exp\{-i(m\Omega_1 + n\Omega_2)t\} \quad (9.2.45)$$

$$\times d \cdot \frac{\sin\left\{[(k_1 + k_2)(\sin\theta - \sin\varphi) - (mK_1 + nK_2)]\dfrac{d}{2}\right\}}{[(k_1 + k_2)(\sin\theta - \sin\varphi) - (mK_1 + nK_2)]\dfrac{d}{2}}$$

9.3　逆 Kapitza-Dirac 衍射效应

1933 年 Kapitza 与 Dirac 预言, 电子穿过驻波光场会被衍射, 即 Kapitza-Dirac 衍射效应[4]. 对于电子与原子的 Kapitza-Dirac 衍射效应, 已经得到许多实验的证实[5-7]. 2006 年我们曾给出电子与原子的 Kapitza-Dirac 衍射效应的两个公式[8]. 在这一节中我们讨论它的**逆**效应, 并给出这两种相似效应的解释. 将它与 Kapitza-Dirac 衍射效应比较, 发现它们有不同的结果, 但在某些参数下, 也有相似的结果.

粒子在重力场中一定条件下产生的驻波分布与通常光的单一波长的驻波不同, 它是粒子的动量 (或 de Broglie 波长) 随时间变化形成的驻波分布, 是一种量子力学意义下的驻波型几率密度分布. 这是一种新的驻波分布. 这种驻波分布也具有不随时间变化的波节与波腹位置, 但具有不完全对称性. 只有在失重条件下, 粒子才具有单一不变的 de Broglie 波长, 因而才会有通常意义下的驻波分布.

当光子穿过粒子驻波时的几率密度分布也会产生类似 Kapitza-Dirac 衍射效应那样的衍射分布 (对电子, 见文献[5, 6]; 对原子, 见文献[7]). 我们计算了

光子穿过由电子或原子的驻波几率密度分布后的衍射分布，给出了光子在屏上的几率分布公式（即光的衍射强度分布）. 将我们的光子几率分布公式，取 Kapitza-Dirac 衍射效应实验所给出的同样参数，我们作出的图形与 Kapitza-Dirac 衍射效应给出的分布图形相似. 由于粒子的驻波几率密度分布略有不对称性，因而光子的几率密度分布也呈现不完全对称，由于两者波长的不同，我们的衍射分布虽两者相似，但条纹较窄.

我们是第一个提出并建立了逆 Kapitza-Dirac 衍射效应的理论基础，我们所预言的这种效应的衍射分布，还需进一步的实验检验.

这样，我们就将光子衍射的路径积分理论，原子 Kapitza-Dirac 衍射效应的路径积分理论，以及逆 Kapitza-Dirac 衍射效应的路径积分理论在方法上统一起来. 关于光子衍射的路径积分理论，见文献[9]. 关于原子 Kapitza-Dirac 衍射效应的路径积分理论，见文献[8]，而关于光子路径积分理论应用的扩展，见量子物理光学[10].

利用原子与电子的 Kapitza-Dirac 衍射效应，可产生粒子的叠加态，同样，利用光子的逆 Kapitza-Dirac 衍射效应，也可产生光子的叠加态. 上述两种量子叠加态可应用于多量子叠加态的量子态隐形传递与量子计算中.

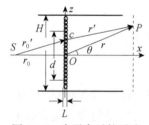

图 9.3.1　光子穿过粒子驻波分布的衍射

9.3.1　电子的逆 Kapitza-Dirac 衍射效应

电子从两平面的下端出发在高度为 H 的两平面之间来回运动，电子在重力场中的这种运动可形成驻波几率密度分布，见图 9.3.1. 电子在重力场中的驻波几率密度分布可由电子在重力场中的传播子给出[11].

入射波为（文献[11]中（3-62）式）

$$\Psi_i = \exp\left(\frac{i}{\hbar}S_{cl}\right) = \exp\left\{\frac{i}{\hbar}\left(\frac{1}{2}pz - \frac{1}{4}mgzt - \frac{1}{24}mg^2t^3\right)\right\} \qquad (9.3.1)$$

反射波为

$$\Psi_r = \exp\left(\frac{i}{\hbar}S_{cl}\right) = \exp\left\{\frac{i}{\hbar}\left(-\frac{1}{2}pz - \frac{1}{4}mgzt - \frac{1}{24}mg^2t^3\right)\right\} \qquad (9.3.2)$$

总波函数为

$$\Psi = \Psi_i + \Psi_r = 2\cos\left(\frac{1}{2\hbar}pz\right)\cdot\exp\left\{-\frac{i}{\hbar}\left(\frac{1}{4}mgzt + \frac{1}{24}mg^2t^3\right)\right\} \qquad (9.3.3)$$

式中 p 为电子的动量，m 是电子的质量，g 是重力加速度，t 是电子的运动时间．

　　因此，电子几率密度为

$$\rho = \Psi^* \Psi = 4\cos^2\left(\frac{1}{2\hbar}pz\right) = 4\cos^2\left\{\frac{mz}{2\hbar}\sqrt{2g(H-z)}\right\} \qquad (9.3.4)$$

式中，$p = mv = m\sqrt{2g(H-z)}$．

　　电子驻波几率密度分布，见图 9.3.2．

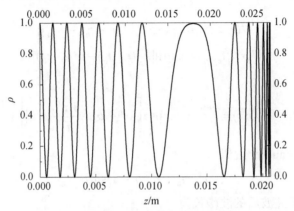

图 9.3.2　重力场中电子的驻波几率密度分布

$m=9.10534 \times 10^{-31}\text{kg}$，$g=9.8\text{ms}^{-2}$，$H=0.0207\text{m}$

$v_0=(2gH)^{1/2}$，$v_0=0.637\text{ms}^{-2}$，$\Lambda=h/mv_0$，$\Lambda=1.142\text{mm}$

对氢原子，其几率密度分布，见图 9.3.3．

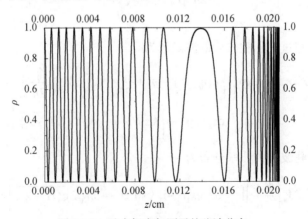

图 9.3.3　重力场中氢原子的驻波分布

$M=1.674 \times 10^{-27}\text{kg}$，$g=9.8\text{ms}^{-2}$，$H=0.0207\text{m}$

$v_0=(2gH)^{1/2}$，$v_0=0.637\text{ms}^{-2}$，$\Lambda=h/Mv_0$，$\Lambda=6.214 \times 10^{-7}\text{m}$

图 9.3.3 中参数 M 是氢原子的质量．

光子与电子相互作用的有质动力势为[12]

$$\overline{V} = V_0 \cos^2\left(\frac{pz}{2\hbar}\right), \qquad V_0 = \frac{2e^2 I}{\varepsilon_0 cm\omega^2} \qquad (9.3.5)$$

光子波函数为[9]

$$\Psi(\boldsymbol{r},t) = \int \mathrm{d}z_c U(\boldsymbol{r},t;\boldsymbol{r}_c,t_0) U(\boldsymbol{r}_c,t_0;\boldsymbol{r}_0,0)\exp(\mathrm{i}\overline{V}\tau/\hbar) \qquad (9.3.6)$$

式中传播子为

$$U(\boldsymbol{r}_c,t_0;\boldsymbol{r}_0,0) = \exp\{\mathrm{i}[k\cdot(\boldsymbol{r}_c - \boldsymbol{r}_0) - \omega t_0]\} \qquad (9.3.7)$$

$$U(\boldsymbol{r},t;\boldsymbol{r}_c,t_0) = \exp\{\mathrm{i}[k\cdot(\boldsymbol{r} - \boldsymbol{r}_c) - \omega(t - t_0)]\} \qquad (9.3.8)$$

即

$$\Psi(\boldsymbol{r},t) = \int_{-d/2}^{d/2} \mathrm{d}z_c \exp\left\{\mathrm{i}\left[kr_0' + kr' + \frac{\overline{V}\tau}{\hbar} - \omega t\right]\right\} \qquad (9.3.9)$$

对远场，取 Fraunhofer 近似

$$r_0' \approx r_0, \quad r' \approx r - z_c \sin\theta \qquad (9.3.10)$$

即光子穿过电子驻波后的波函数为

$$\begin{aligned}
\Psi(\boldsymbol{r},t) &= \exp\left\{\mathrm{i}\left[k(r_0 + r) - \omega t + \frac{V_0\tau}{2\hbar}\right]\right\}\int_{-d/2}^{d/2}\mathrm{d}z_c \exp\left\{-\mathrm{i}\left[kz_c\sin\theta - \frac{V_0\tau}{2\hbar}\cos\left(\frac{pz_c}{\hbar}\right)\right]\right\} \\
&= \exp\left\{\mathrm{i}\left[k(r_0 + r) - \omega t + \frac{V_0\tau}{2\hbar}\right]\right\}\sum_{n=-\infty}^{\infty}\mathrm{i}^n\mathrm{J}_n\left(\frac{V_0\tau}{2\hbar}\right)\int_{-d/2}^{d/2}\mathrm{d}z_c\exp\left\{-\mathrm{i}\left[k\sin\theta - \frac{n}{\hbar}p\right]z_c\right\}
\end{aligned}$$
$$(9.3.11)$$

有重力时光子穿过电子驻波后的波函数为

$$\begin{aligned}
\Psi(\boldsymbol{r},t) &= \exp\left\{\mathrm{i}\left[k(r_0 + r) - \omega t + \frac{V_0\tau}{2\hbar}\right]\right\}\sum_{n=-\infty}^{\infty}\mathrm{i}^n\mathrm{J}_n\left(\frac{V_0\tau}{2\hbar}\right) \\
&\times \int_{-d/2}^{d/2}\mathrm{d}z_c\exp\left\{-\mathrm{i}\left[k\sin\theta - \frac{n}{\hbar}m\sqrt{2g(H - z_c)}\right]z_c\right\}
\end{aligned} \qquad (9.3.12)$$

光子穿过电子驻波后的几率分布为

$$|\Psi(\boldsymbol{r},t)|^2 = \left|\sum_{n=-\infty}^{\infty}\mathrm{i}^n\mathrm{J}_n\left(\frac{V_0\tau}{2\hbar}\right)\int_{-d/2}^{d/2}\mathrm{d}z_c\exp\left\{-\mathrm{i}\left[k\sin\theta - \frac{n}{\hbar}m\sqrt{2g(H - z_c)}\right]z_c\right\}\right|^2 \qquad (9.3.13)$$

无重力时光子穿过电子驻波后的波函数为

$$\Psi(\boldsymbol{r},t)=\exp\left\{i\left[k(r_0+r)-\omega t+\frac{V_0\tau}{2\hbar}\right]\right\}\frac{d\sin\left[\left(\dfrac{\Lambda}{\lambda}\sin\theta-n\right)\dfrac{\pi d}{\Lambda}\right]}{\left(\dfrac{\Lambda}{\lambda}\sin\theta-n\right)\dfrac{\pi d}{\Lambda}} \quad(9.3.14)$$

光子穿过电子驻波后的几率分布为

$$\left|\Psi(\boldsymbol{r},t)\right|^2=\left|\sum_{n=-\infty}^{\infty}i^nJ_n\left(\frac{V_0\tau}{2\hbar}\right)\frac{d\sin\left[\left(\dfrac{\Lambda}{\lambda}\sin\theta-n\right)\dfrac{\pi d}{\Lambda}\right]}{\left(\dfrac{\Lambda}{\lambda}\sin\theta-n\right)\dfrac{\pi d}{\Lambda}}\right|^2 \quad(9.3.15)$$

式中 $k=\dfrac{2\pi}{\Lambda}$，Λ 电子的 de Broglie 波长．由上式可得 Raman-Nath 衍射条件与 Bragg 衍射条件．

光子斜入射时 Raman-Nath 衍射条件：

$$\Lambda(\sin\theta-\sin\varphi)=n\lambda,\quad n=0,\ \pm1,\ \pm2,\ \cdots \quad(9.3.16)$$

Bragg 衍射条件：

$$\Lambda\sin\theta=\frac{\lambda}{2} \quad(9.3.17)$$

取与 Kapitza-Dirac 衍射效应论文中同样的参数，可作出两者相似的图形，见图 9.3.4 与图 9.3.5，图中 $\gamma(\theta)=(\Lambda/\lambda)\sin(\theta)$，是一个与角度有关的无量纲参数．

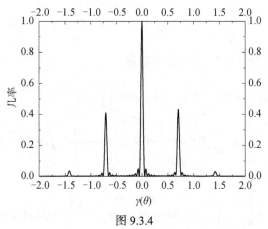

图 9.3.4

$\alpha=V_0\tau/(2\hbar)$，$\beta=d/\Lambda$，$\alpha=1.1$，$\beta=0.44$

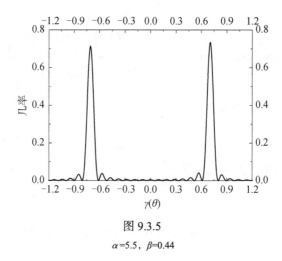

图 9.3.5

$\alpha=5.5,\ \beta=0.44$

9.3.2　原子的逆 Kapitza-Dirac 衍射效应

由（9.3.6）式得光子穿过原子驻波后的波函数为

$$\Psi(\boldsymbol{r},t)=\int_{-d/2}^{d/2}\mathrm{d}z_c\exp\left\{\mathrm{i}\left[kr_0'+kr'+\frac{\overline{V}\tau}{\hbar}-\omega t\right]\right\}\qquad（9.3.18）$$

式中[13]

$$\overline{V}=\frac{\hbar\Omega^2}{4\delta\omega}\cos^2\left(\frac{pz}{2\hbar}\right)=V_0\cos^2\left(\frac{pz}{2\hbar}\right)$$

$$V_0=\frac{\hbar\Omega^2}{4\delta\omega},\quad\delta\omega=\omega_a-\omega,\quad\Omega=\frac{\mu E_0}{\hbar}（\text{Rabi频率}）\qquad（9.3.19）$$

有重力时光子穿过原子驻波后的波函数为

$$\Psi(\boldsymbol{r},t)=\exp\left\{\mathrm{i}\left[k(r_0+r)-\omega t+\frac{\Omega^2\tau}{8\delta\omega}\right]\right\}\sum_{n=-\infty}^{\infty}\mathrm{i}^n\mathrm{J}_n\left(\frac{\Omega^2\tau}{8\delta\omega}\right)$$

$$\times\int_{-d/2}^{d/2}\mathrm{d}z_c\exp\left\{-\mathrm{i}\left[k\sin\theta-\frac{nMz_c}{\hbar}\sqrt{2g(H-z_c)}\right]\right\}\qquad（9.3.20）$$

其光子穿过原子驻波后的几率分布为

$$|\Psi(\boldsymbol{r},t)|^2=\left|\sum_{n=-\infty}^{\infty}\mathrm{i}^n\mathrm{J}_n\left(\frac{\Omega^2\tau}{8\delta\omega}\right)\int_{-d/2}^{d/2}\mathrm{d}z_c\exp\left\{-\mathrm{i}\left[k\sin\theta-\frac{nMz_c}{\hbar}\sqrt{2g(H-z_c)}\right]\right\}\right|^2\qquad（9.3.21）$$

对于无重力时光子穿过原子驻波后的波函数为

$$\Psi(\boldsymbol{r},t)=\exp\left\{\mathrm{i}\left[k(r_0+r)-\omega t+\frac{\Omega^2\tau}{8\delta\omega}\right]\right\}$$

$$\times\sum_{n=-\infty}^{\infty}\mathrm{i}^n J_n\left(\frac{\Omega^2\tau}{8\delta\omega}\right)\frac{d\sin\left[\left(\frac{\Lambda}{\lambda}\sin\theta-n\right)\frac{\pi d}{\Lambda}\right]}{\left(\frac{\Lambda}{\lambda}\sin\theta-n\right)\frac{\pi d}{\Lambda}} \quad (9.3.22)$$

式中 $k=\dfrac{2\pi}{\Lambda}$，Λ 为原子的 de Broglie 为长.

其光子穿过原子驻波后的几率分布为

$$\left|\Psi(\boldsymbol{r},t)\right|^2=\left|\sum_{n=-\infty}^{\infty}\mathrm{i}^n J_n\left(\frac{\Omega^2\tau}{8\delta\omega}\right)\frac{d\sin\left[\left(\frac{\Lambda}{\lambda}\sin\theta-n\right)\frac{\pi d}{\Lambda}\right]}{\left(\frac{\Lambda}{\lambda}\sin\theta-n\right)\frac{\pi d}{\Lambda}}\right|^2 \quad (9.3.23)$$

光子穿过原子驻波后的几率分布见图 9.3.6.

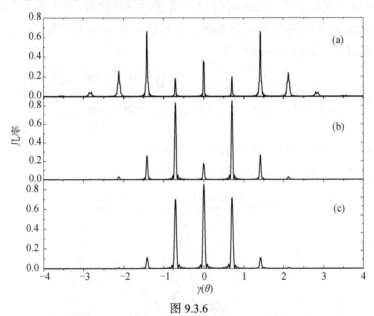

图 9.3.6

$\alpha=\Omega^2\tau/(8\delta\omega)$，$\beta=d/\Lambda$，$\delta\omega=\omega_a-\omega$，$\Omega=\mu E_0/\hbar$.

（a）$\alpha=3.3$，$\beta=0.84$；（b）$\alpha=1.92$，$\beta=0.5$；（c）$\alpha=1.38$，$\beta=0.38$

9.3.3　与 Kapitza-Dirac 衍射效应给出的图形结果的比较

原子或电子穿过驻波激光场后的波函数为[8]

$$\Psi\left(\mathbf{r},t\right)=\left(\frac{m}{\mathrm{i}h}\right)^{5/2}\frac{2v}{kr_0 r\sqrt{t}}\sum_{n=-\infty}^{\infty}(-\mathrm{i})^n \mathrm{J}_n\left(\frac{V_0\tau}{2\hbar}\right)\frac{\sin\left[\left(\dfrac{mv\sin\theta}{\hbar k}+\dfrac{mgt}{\hbar k}-2n\right)kd\right]}{\dfrac{mv\sin\theta}{\hbar k}+\dfrac{mgt}{\hbar k}-2n} \qquad (9.3.24)$$

$$\times\exp\left\{\frac{\mathrm{i}}{\hbar}\left[\frac{mv^2}{2}t-\frac{mgT(z+|z_0|)}{2}-\frac{mg^2t^3}{12}-\frac{V_0\tau}{2}\right]\right\}$$

其中

$$V=V_0\cos^2(kz)$$

对电子[12]

$$V_0=\frac{2e^2 I}{\varepsilon_0 mc\omega^2} \qquad (9.3.25)$$

对原子[13]

$$V_0=\frac{\hbar\Omega^2}{\delta\omega},\quad \delta\omega=\omega_a-\omega \qquad (9.3.26)$$

式中 ω_a 与 ω 分别是原子与场的频率. k 是光子驻波的波数，$\Omega=\mu E_0/\hbar$ 是带有偶极矩 μ 和最大场振幅 E_0 的原子 Rabi 频率，J_n 是第 n 级 Bessel 函数.

电子穿过光子驻波后的几率为

$$\left|\Psi\left(\mathbf{r},t\right)\right|^2=\left(\frac{m}{h}\right)^5\frac{4v^2}{k^2 r_0^2 r^2 t}\times\left|\sum_{n=-\infty}^{\infty}(-\mathrm{i})^n \mathrm{J}_n\left(\frac{V_0\tau}{2\hbar}\right)\frac{\sin\left[\left(\dfrac{mv\sin\theta}{\hbar k}+\dfrac{mgt}{\hbar k}-2n\right)kd\right]}{\dfrac{mv\sin\theta}{\hbar k}+\dfrac{mgt}{\hbar k}-2n}\right|^2 \qquad (9.3.27)$$

对电子，可作出它的几率分布图，见图 9.3.7. 图 9.3.7 中 Kapitza-Dirac 衍射效应实验结果为点线[5]，我们的理论结果为实线[8].

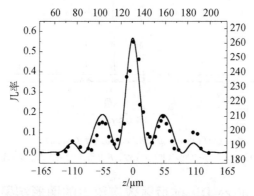

图 9.3.7　Kapitza-Dirac 衍射效应[5]

$\alpha=V_0\tau/(2\hbar)$, $\beta=d/\lambda$

$\alpha=1.1$, $\beta=0.44$, $I=5\times10^{14}\mathrm{W\cdot m^{-2}}$, $\tau=1.1\times10^{-12}\mathrm{s}$, $v_0=1.1\times10^7\,\mathrm{ms^{-1}}$, $\Lambda=6.613\times10^{-11}\,\mathrm{m}$

（9.3.27）式中，$\sin(\theta) = z/r \approx z/x$，图 9.3.7 中 Λ 为电子的 de Broglie 波长.

光子穿过电子驻波后的几率分布见图 9.3.8，即逆 Kapitza-Dirac 衍射效应.

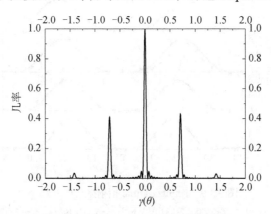

图 9.3.8　逆 Kapitza-Dirac 衍射效应

$\alpha=1.1$，$\beta=0.44$，$I=5 \times 10^{14}\text{W·m}^{-2}$，$\tau=1.1 \times 10^{-12}\text{s}$

图 9.3.8 中 $\gamma(\theta) = (\Lambda/\lambda)\sin(\theta)$，是一个与角度有关的无量纲参数. 比较图 9.3.7 与图 9.3.8 可见，在参数相同情况下，它们的几率分布相似，不同之处在于，由于波长不同，图 9.3.8 中曲线要窄得多.

电子穿过光子驻波后，另一种情况下的几率分布见图 9.3.9[6]，即 Kapitza-Dirac 衍射效应，在这里，对于电子穿过强激光驻波场，其波函数变为

$$\Psi(r,t) = \left(\frac{m}{\mathrm{i}h}\right)^{5/2} \frac{2v}{kr_0 r\sqrt{t}} \sum_{n=-\infty}^{\infty} (-\mathrm{i})^n \mathrm{J}_n\left(\frac{V_0\tau}{2\hbar}\right) \frac{\sin\left[\left(\dfrac{mv\sin\dfrac{\theta}{\delta}}{\hbar k} + \dfrac{mgt}{\hbar k} - 2n\right)kd\right]}{\dfrac{mv\sin\dfrac{\theta}{\delta}}{\hbar k} + \dfrac{mgt}{\hbar k} - 2n} \quad (9.3.28)$$

$$\times \exp\left\{\frac{\mathrm{i}}{\hbar}\left[\frac{mv^2}{2}t - \frac{mgT(z+|z_0|)}{2} - \frac{mg^2t^3}{12} - \frac{V_0\tau}{2}\right]\right\}$$

式中 δ 为描写强激光驻波场引起衍射偏转角增大的因子，它随电子速度的不同而变化. 上式的几率分布见图 9.3.9.

图 9.3.9 中实验结果为点线[6]，我们的理论结果为实线[8]. 各 δ_j（$j=1$，2，3，4）依次为从上到下各曲线的参数.

将图 9.3.9 中关于电子 Kapitza-Dirac 衍射效应的最下一条曲线与光子的逆 Kapitza-Dirac 衍射效应进行比较，即电子穿过光驻波后一种情况下的几率分布见

图 9.3.10.

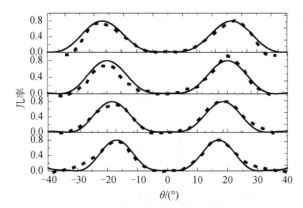

图 9.3.9   Kapitza-Dirac 衍射效应[6]（1）

$\alpha=2.064\times10^4$，$\beta=0.238$，$I=8\times10^{17}\mathrm{W\cdot m^{-2}}$，$\tau=6.452\times10^{-12}\mathrm{s}$，$\delta_1=4.3\times10^2$，
$\delta_2=4.56\times10^2$，$\delta_3=4.678\times10^2$，$\delta_4=4.698\times10^2$

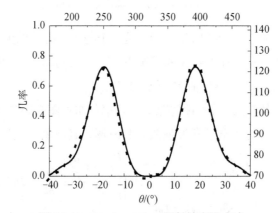

图 9.3.10   Kapitza-Dirac 衍射效应[6]（2）

$\alpha=5.5$，$\beta=0.25$，$\delta=4.8\times10^2$，$I=5.269\times10^{14}\mathrm{W\cdot m^{-2}}$，$\tau=1.3\times10^{-12}\mathrm{s}$

图 9.3.10 中实验结果为点线[6]，我们的理论结果为实线[8].

相应的光子穿过电子驻波后的几率分布见图 9.3.11，即逆 Kapitza-Dirac 衍射效应.

将图 9.3.10 与图 9.3.11 比较可见，在参数 α 与 β 相同的情况下，它们的几率分布相似，不同之处在于，由于波长不同，图 9.3.11 中曲线要窄得多.

原子穿过光子驻波后的波函数见（9.3.24）与（9.3.26）式（文献[8]）. 原子穿过光子驻波后的几率分布见图 9.3.12[7]，即 Kapitza-Dirac 衍射效应.

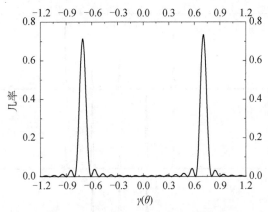

图 9.3.11　逆 Kapitza-Dirac 衍射效应

$\alpha=5.5,\ \beta=0.25$

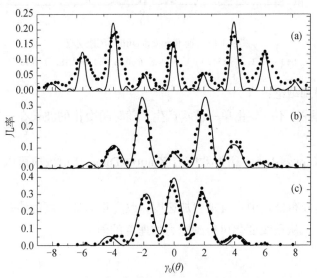

图 9.3.12　Kapitza-Dirac 衍射效应[7]

$\alpha=\Omega^2\tau/2\delta\omega,\ \beta=d/\lambda,\ \delta\omega=\omega_a-\omega,\ \Omega=\mu E_0/\hbar.$

（a）$\alpha=3.3,\ \beta=0.84$；（b）$\alpha=1.92;\ \beta=0.5$；（c）$\alpha=1.38,\ \beta=0.38$

图 9.3.12 中实验结果为点线[7]，我们的理论结果为实线[8]．图 9.3.12 中 $\gamma_0(\theta)=$ $(mv/(\hbar k))\sin(\theta)=(\lambda/\Lambda)\sin(\theta)$，是一个与角度有关的无量纲参数，这里 Λ 为原子的 de Broglie 波长．

光子穿过原子驻波后的几率分布见图 9.3.13，即逆 Kapitza-Dirac 衍射效应将图 9.3.12 与图 9.3.13 比较可见，在参数相同的情况下，它们的几率分布相似，不同之处在于，由于波长不同，图 9.3.13 中曲线要窄得多．

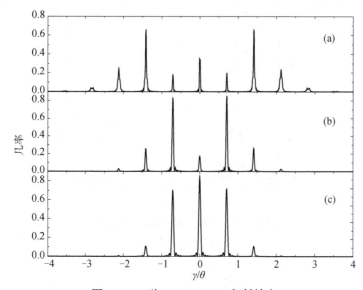

图 9.3.13　逆 Kapitza-Dirac 衍射效应

（a）$\alpha=3.3$，$\beta=0.84$；（b）$\alpha=1.92$，$\beta=0.5$；（c）$\alpha=1.38$，$\beta=0.38$

由上述得到结论：

（1）形成驻波不一定由单一波场产生，随时间变化的波长在一定条件下也能产生驻波.

（2）逆 Kapitza-Dirac 衍射效应与 Kapitza-Dirac 衍射效应可以有相似的衍射分布.

（3）几率分布公式中含有重力加速度，改变重力加速度的值，条纹分布将发生变化，反之，从条纹变化可得到重力加速度的值.

9.4　超分辨成像的量子理论
及单片谐衍射透镜复消色差的一种设计

超分辨成像的方法有多种[14-16]，使用最多的是折衍透镜混合成像系统[17-19]，并用传统方法. 我们知道，折射系统与衍射系统是两个完全不同的系统，不能用统一的方法表示. 为此，常将衍射系统等效为一折射系统，且不能给出简明的光强分布公式. 使用我们提出的光子量子态的路径积分表示公式[20]，统一地给出了如下几个系统的纵向及横向光子量子态公式，其几率分布（相对光强），通过作图可直接显示沿光轴纵向及横向的光强分布，这些系统有：单个阶梯谐衍射透镜，折/衍混合透镜，折射透镜加折/衍混合透镜以及变折射率半球与球透镜，我们讨论这些系统的超分辨率. 传统意义上的超分辨，是指将这些系统与通常折射系统的衍射 Airy 斑半径进行比较，如果一系统的二维衍射图中第一个最小半径比对应系统的 Airy 斑半径小，就可以说该系统超分辨，也即这个系统超过了衍射极限. 严格意义上的超分辨，应该是系统没有衍射的超分辨. 这只有在亚波长且观测距离小于或近于波长的情况下才能实现. 这时，各系统没有实质差别，其光强分布均成相似的锥形（可称之为箭射）. 这时，可实现很高的超分辨.

为解决透镜系统复消色差，通常采用多透镜组合或折/衍混合透镜[20]. 为了满足既是超分辨又复消色差的系统，我们提出用单片阶梯谐衍射透镜也可实现复消色，计算结果效果较好. 这种透镜可应用于照相物镜、头盔显示物镜等.

在本节中，我们讨论有衍射的超分辨成像问题，关于无衍射的超分辨成像见第 5 章：近场光学与亚波长光学.

最后我们讨论变折射率微透镜的超分辨成像，我们将看到，使用单个变折射率微球透镜，将具有与恒定折射率微球光学显微镜相近的超分辨率，如果使用变折射率微球光学显微镜，则可达到 1nm 的分辨率.

9.4.1　阶梯型谐衍射透镜

单光子穿过二维阶梯形衍射透镜的衍射，见图 6.5.4.

由一般公式（1.2.3），将（6.6.7）式与（6.6.8）加以改写，可得光子穿过二维阶梯谐衍射透镜后的量子态为

$$\psi(r,t) = \exp\{i[k(r_0+nd)-\omega t]\} \sum_{m=1}^{M} \sum_{K=0}^{N-1} \exp\left\{-i\frac{2\pi}{\lambda}(n-1)d\cdot\frac{K}{N}\right\}$$

$$\times \int_{\sum_{j=1}^{m}T_j+\frac{T_m}{N}K}^{\sum_{j=1}^{m}T_j+\frac{T_m}{N}(K+1)} \rho_c d\rho_c \int_0^{2\pi} d\varphi_c \exp\left\{i\frac{2\pi}{\lambda}\sqrt{z^2+(x-\rho_c\cos\varphi_c)^2+(y-\rho_c\sin\varphi_c)^2}\right\}$$

（9.4.1）

式中 N 是阶梯数，M 是环带总数，d 是透镜厚度. 各环带宽度为

$$T_j = \left(\sqrt{j}-\sqrt{j-1}\right)\sqrt{2p\lambda_0 f_0}, \quad j=1, 2, \cdots, 27 \qquad (9.4.2)$$

式中 T_j 见图 6.5.4，λ_0 是设计波长，f_0 是设计焦距. 上述单光子穿过二维阶梯谐

衍射透镜后的几率分布为

$$q(x,y,z) = \left| \sum_{m=1}^{M} \sum_{K=0}^{N-1} \exp\left\{ -\mathrm{i}\frac{2\pi}{\lambda}(n-1)d \cdot \frac{K}{N} \right\} \right.$$

$$\left. \times \int_{\sum_{j=1}^{m}T_j + \frac{T_m}{N}K}^{\sum_{j=1}^{m}T_j + \frac{T_m}{N}(K+1)1} \rho_c \mathrm{d}\rho_c \int_0^{2\pi} \mathrm{d}\varphi_c \exp\left\{ \mathrm{i}\frac{2\pi}{\lambda}\sqrt{z^2 + (x-\rho_c\cos\varphi_c)^2 + (y-\rho_c\sin\varphi_c)^2} \right\} \right|^2$$

$$(9.4.3)$$

1. 阶梯谐衍射透镜（轴向与横向）

由（9.4.3）式及参数：$M=8$, $N=32$, $\lambda_0=0.52\mu\mathrm{m}$, $n_0=1.76274$, $p=11$, $\lambda=0.52\mu\mathrm{m}$, $n=1.76274$, $d=p\lambda_0/(n-1)$, $d=7.499279\mu\mathrm{m}$, $f_0=50\times10^3\mu\mathrm{m}$, $D = 2\sum_{j=1}^{8}T_j$, $D=4.269997\times10^3\mu\mathrm{m}$, 焦距 $f=50\times10^3\mu\mathrm{m}$. 得到光子经阶梯谐衍射透镜后的轴向几率分布，见图 9.4.1.

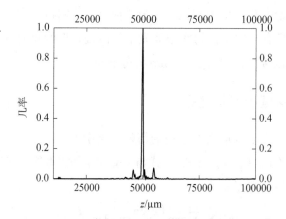

图 9.4.1　光子经阶梯谐衍射透镜后的轴向几率分布

$M=8$, $N=32$, $p=11$, $\lambda=0.52\mu\mathrm{m}$, $n=1.76274$, $d=p\lambda/(n-1)$,

$d=7.299479\mu\mathrm{m}$, $f=50\times10^3\mu\mathrm{m}$, $T_1=752.14634\mu\mathrm{m}$,

T_2, T_3 等由（9.4.2）式计算

由图 9.4.1 可见，计算给出的焦距与设计焦距一致.

由（9.4.3）式光子经阶梯谐衍射透镜后的横向几率分布，见图 9.4.2.

由图 9.4.2 可得第一最小几率半径为 $r_S=4.5\mu\mathrm{m}$.

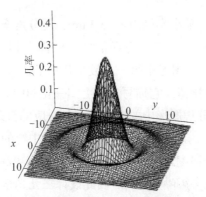

图 9.4.2　光子经阶梯谐衍射透镜后的横向几率分布

M=8，N=32，p=11，λ=0.52μm，n=1.76274，d=pλ/(n-1)，

d=7.299479μm，f=50×10³μm，T_1=752.14634μm，

T_2，T_3 等由（9.4.2）式计算，第一最小几率半径（4.5，4.5）μm

2. 平凸透镜（横向）

由（2.10.16）式，单光子穿过平凸透镜后的量子态为

$$\Psi(\boldsymbol{r},t) = \exp\{i[k(r_0 + d - (n-1)(R-d)) - \omega t]\}$$

$$\times \int_0^{D/2} \rho_c \mathrm{d}\rho_c \int_0^{2\pi} \mathrm{d}\varphi_c \exp\left\{i\frac{2\pi}{\lambda}\Big[(n-1)\sqrt{R^2 - \rho_c^2}\right. \qquad (9.4.4)$$

$$\left. + \sqrt{z^2 + (x - \rho_c\cos\varphi_c)^2 + (y - \rho_c\sin\varphi_c)^2}\Big]\right\}$$

对于孔径 D =4.269997×10³μm 与焦距 f=50000μm 的平凸透镜，其几率分布见图 9.4.3.

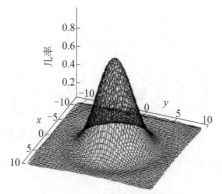

图 9.4.3　光子经平凸球面透镜衍射的横向几率分布

λ=0.52μm，n=1.76274，d=59.808003μm，f=50×10³μm

D=4.269997×10³μm，R=3.8137×10⁴μm.

第一最小几率半径（5.3，5.3）μm

由图 9.4.3 可得第一最小半径为 $r_L = 5.3\ \mu m$，超分辨率为 $4.5/5.3 \approx 0.849$.

为描写超分辨，可引入三个物理量描写焦面上超分辨图形的特征[17,21]：$G = r_s/r_L$，定义为超分辨图形中第一个最小几率半径与对应的折射图形中 Airy 斑的第一个最小半径的比值，它描写焦面上归一化的中心斑点的大小. Strehl 比 $S = I_s/I_L$，定义为超分辨图形中的中心强度与对应的折射图形中 Airy 斑的中心强度之比. $M = I_M/I_S$，定义为超分辨图形中离开中峰的第一个邻峰的最大强度与超分辨图形中的中峰强度之比. G 越小表明分辨率越高，S 越大说明主瓣能量利用率越高，M 越小则旁瓣噪声越低. 因此设计二元光学元件需考虑尽可能地缩小 G、提高 S、降低 M 以满足应用的需要. 从图 9.4.2 与图 9.4.3 中我们可得到如下参数：

$$I_S = 0.436, \quad I_L = 1$$
$$G = r_s/r_L = 4.5/5.3 \approx 0.849$$
$$S = I_S/I_L = 0.436/1 = 0.436$$
$$M = I_M/I_S = 0.0324/0.436 \approx 0.0743$$

9.4.2 平凸透镜与阶梯平凸透镜的组合

1. 平凸透镜与阶梯平凸透镜组合

平凸透镜与阶梯平凸透镜的组合，见图 9.4.4.

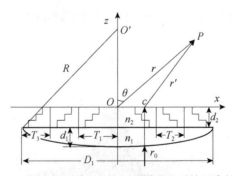

图 9.4.4 光子穿过平凸透镜与阶梯平凸透镜组合的衍射

对于光子穿过平凸透镜与阶梯平凸透镜组合的衍射，由（9.4.4）式与（9.4.1）式，其量子态为

$$\Psi(x,y,z,t) = \exp\left\{ i\left\{ \frac{2\pi}{\lambda}[r_0 + d_1 + d_2 - (n_1-1)(R-d_1)] - \omega t \right\} \right\}$$

$$\times \sum_{m=1}^{M} \sum_{K=0}^{N} \exp\left\{ i\frac{2\pi}{\lambda}(n_2-1)\frac{d_2}{N}K \right\}$$

$$\times \int_{\sum_{j=1}^{m} T_j + \frac{T_m}{N}K}^{\sum_{j=1}^{m} T_j + \frac{T_m}{N}(K+1)} \rho_c d\rho_c \int_0^{2\pi} d\varphi_c \exp\left\{ i\frac{2\pi}{\lambda}\left[(n_1-1)\sqrt{R^2 - \rho_c^2} \right. \right.$$

$$\left. \left. + \sqrt{z^2 + (x - \rho_c\cos\varphi_c)^2 + (y - \rho_c\sin\varphi_c)^2} \right] \right\}$$

（9.4.5）

给定参数，对于平凸透镜：λ=0.52μm，n_1=1.76274，d_1=59.808003μm，f_0=50 × 10^3μm，R=$(n-1)f_0$，R=3.8137 × 10^4μm，D_1= 4.269997 × 10^3μm. 对于阶梯谐衍射透镜：M=8，N=32，λ_0=0.52μm，n_0=1.76274，p=11，λ=0.52μm，n_2=1.76274，d_2=$p\lambda_0$/（n_0-1），d_2=7.499279μm，f_0=50 × 10^3μm，$D_2 = 2\sum_{j=1}^{8} T_j$，$D_2$=4.269997 × 10^3μm. 可得光子穿过平凸透镜与阶梯平凸透镜组合衍射的轴向几率分布 $q(z)=|\Psi(z)|^2$，可作图 9.4.5.

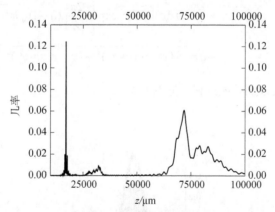

图 9.4.5　光子穿过平凸透镜与阶梯平凸透镜组合衍射的轴向几率分布

由图 9.4.5 可见，轴向为多焦点，取焦点为f=1.7094 × 10^4μm，再由（9.4.5）式，我们得到光子穿过平凸透镜与阶梯平凸透镜组合衍射的横向几率分布 $q(x,y)=|\Psi(x,y)|^2$，见图 9.4.6.

由图 9.4.6 可见，第一最小几率半径为 r_S =1.4μm，中峰峰值 I_S 为 0.12548，离中峰最近的第一个峰值 I_M 为 0.015533.

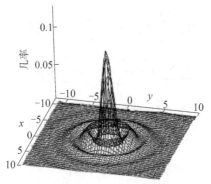

图 9.4.6　光子穿过平凸透镜与阶梯平凸透镜组合衍射的横向几率分布

对平凸透镜：$\lambda=0.52\mu m$，$n_1=1.76274$，$d_1=59.808003\mu m$，$f_0=50\times10^3\mu m$，$R=(n_1-1)f_0$，$R=3.8137\times10^4\mu m$，$D_1=4.269997\times10^3\mu m$；对阶梯谐衍射透镜：$M=8$，$N=32$，$\lambda_0=0.52\mu m$，$n_0=1.76274$，$p=11$，$\lambda=0.52\mu m$，$n_2=1.76274$，$d_2=p\lambda_0/(n_0-1)$，$d_2=7.499279\mu m$，$f_0=50\times10^3\mu m$，第一最小几率半径（1.4，1.4）$\mu m$

2. 双凸球面透镜

利用（9.4.4）式，光子穿过双凸球面透镜衍射的量子态为

$$\Psi(x,y,z,t)=\exp\left\{i\left\{\frac{2\pi}{\lambda}[r_0+2d-(n-1)(R-d)]-\omega t\right\}\right\}$$
$$\times\int_0^{D/2}\rho_c d\rho_c\int_0^{2\pi}d\varphi_c\exp\left\{i\frac{2\pi}{\lambda}\left[(n-1)\sqrt{R^2-\rho_c^2}\right.\right.\qquad（9.4.6）$$
$$\left.\left.+\sqrt{z^2+(x-\rho_c\cos\varphi_c)^2+(y-\rho_c\sin\varphi_c)^2}\right]\right\}$$

其横向几率分布 $q(x,y)=|\Psi(x,y)|^2$，见图 9.4.7.

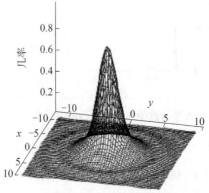

图 9.4.7　光子穿过双凸球面透镜衍射的几率

$\lambda=0.52\mu m$，$n=1.76274$，$f=25\times10^3$，$R=2(n-1)f$，$R=3.8137\times10^4$，$D=4.269997\times10^3\mu m$，$d=R-\sqrt{[R-(D/2)^2]}$，$d=59.808003\mu m$.

第一最小几率半径（4.5,4.5）μm

由图 9.4.7 可见，第一最小几率半径为 $r_L = 4.5\mu m$.

由图 9.4.6 与图 9.4.7，可得到如下参数：

$$I_S = 0.12548, \ I_L = 1$$
$$G = r_S / r_L = 1.4 / 4.5 \approx 0.311$$
$$S = I_S / I_L = \ 0.12548 / 1 = \ 0.12548$$
$$M = I_M / I_S = 7.596109 \times 10^{-3} / 0.12548 \approx 0.0605$$

9.4.3　二平凸透镜与阶梯谐衍射透镜组合

1. 二平凸透镜与阶梯平凸透镜组合

二平凸透镜与阶梯平凸透镜的组合，见图 9.4.8. 用 9.4.2 节 1. 平凸透镜和阶梯平凸透镜的组合类似计算方法，可得到光子穿过二平凸透镜与阶梯平凸透镜组合衍射后的量子态

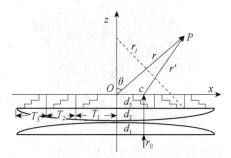

图 9.4.8　二平凸透镜与阶梯平凸透镜的组合

$$\Psi(x,y,z,t) = \exp\left\{ i\left\{ \frac{2\pi}{\lambda}[r_0 + d_1 + d_2 + d_3 - (n_1 + n_2 - 2)(R - d_1)] - \omega t \right\} \right\}$$

$$\times \sum_{m=1}^{M} \sum_{K=0}^{N} \exp\left\{ i\frac{2\pi}{\lambda}(n_3 - 1)\frac{d_3}{N}K \right\}$$

$$\times \int_{\sum_{j=1}^{m} T_j + \frac{T_m}{N}K}^{\sum_{j=1}^{m} T_j + \frac{T_m}{N}(K+1)} \rho_c d\rho_c \int_0^{2\pi} d\varphi_c \exp\left\{ i\frac{2\pi}{\lambda}\left[(n_1 + n_2 - 2)\sqrt{R^2 - \rho_c^2} \right.\right.$$

$$\left.\left. + \sqrt{z^2 + (x - \rho_c\cos\varphi_c)^2 + (y - \rho_c\sin\varphi_c)^2} \right] \right\}$$

（9.4.7）

式中 n_1, n_2 为图 9.4.8 中下面两个平凸透镜的折射率；n_3 为阶梯平凸透镜的折射率；r_0 是光子从远场始点到第一个平凸透镜的距离；d_1, d_2, d_3 为各透镜的厚度；R 为平凸透镜的曲率半径；T_j 为第 j 个锯齿阶梯的宽度.

取参数：对平凸透镜：$\lambda=0.52\mu m$，$n_1=n_2=1.76274$，$d_1=d_2=59.748975\mu m$，$f_0=50\times10^3\mu m$，$R_1=(n_1-1)f_0$，$R_1=R_2=3.83435\times10^4\mu m$，$D_1=D_2=4.267891\times10^3\mu m$. 对阶梯谐衍射透镜：$M=8$，$N=32$，$\lambda_0=0.52\mu m$，$n_0=1.76274$，$p=11$，$\lambda=0.52\mu m$，$n_3=1.76274$，$d_3=p\lambda_0/(n_0-1)$，$d_3=7.499279\mu m$，$f_0=50\times10^3\mu m$，$D_3=2\sum_{j=1}^{8}T_j$，$D_3=4.267891\times10^3\mu m$. 可得系统轴向有多个焦点，取其中一个焦点 $z=12660\mu m$，可给出对应的二维横向几率分布 $q(x,y)=|\Psi(x,y)|^2$，见图 9.4.9.

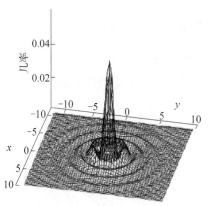

图 9.4.9　光子穿过二平凸透镜与阶梯平凸透镜组合衍射后的横向几率分布

第一最小几率半径（1.0, 1.0）μm

由图 9.4.9 可见，第一最小几率半径为 $r_S=1.0\mu m$.

2. 三平凸透镜组合

三平凸透镜的组合，见图 9.4.10.

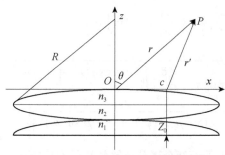

图 9.4.10　三平凸透镜的组合

利用（9.4.4）式，可以得到光子穿过三平凸透镜组合后的量子态为

$$\Psi(x,y,z,t) = \exp\left\{i\left\{\frac{2\pi}{\lambda}[r_0 + 3d - 3(n-1)(R-d)] - \omega t\right\}\right\}$$

$$\times \int_0^{D/2} \rho_c \mathrm{d}\rho_c \int_0^{2\pi} \mathrm{d}\varphi_c \exp\left\{i\frac{2\pi}{\lambda}\left[3(n-1)\sqrt{R^2 - \rho_c^2}\right.\right.$$

$$\left.\left. + \sqrt{z^2 + (x - \rho_c\cos\varphi_c)^2 + (y - \rho_c\sin\varphi_c)^2}\right]\right\} \tag{9.4.8}$$

其几率分布 $q(x,y) = |\Psi(x,y,z,t)|^2$，见图 9.4.11.

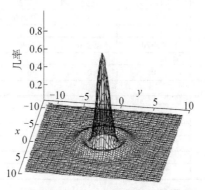

图 9.4.11　光子穿过三平凸透镜组合后的横向几率分布

$\lambda=0.52\mu m$，$n=1.76274$，$f=50 \times 10^3$，$R=(n-1)f$，$R=3.8137 \times 10^4$，
$D=4.278317 \times 10^3 \mu m$，$z=16585\mu m$. 第一最小几率半径（1.7，1.7）$\mu m$

图 9.4.11 中第一最小几率半径为 $r_L = 1.7$，由图 9.4.9 与图 9.4.11 可得到如下图形参数：

$$I_S = 0.05884, \qquad I_L = 1$$
$$G = r_S / r_L = 1.0 / 1.7 \approx 0.588$$
$$S = I_S / I_L = 0.05884 / 1 = 0.05884$$
$$M = I_M / I_S = 7.361824 \times 10^{-3} / 0.05884 \approx 0.125$$

9.4.4　单片谐衍射透镜复消色差的一种设计

考虑透镜的复消色差，在表 9.4.1 中列出了阶梯型谐衍射透镜与平凸透镜轴向焦距的比较.

阶梯型谐衍射透镜与平凸透镜的比较（横向），见图 9.4.2 与图 9.4.3.

从表 9.4.1 中可见，对于阶梯型谐衍射透镜，在波长分别为 0.635556μm，0.52μm，0.476667μm 的红、绿、蓝三色，它们轴向焦距相同，而从图 9.4.2 与图 9.4.3 可看出，图中中心峰的半径不超过 10μm. 由上述可见，我们完成了一个既是超分辨又复消色差的阶梯谐衍射透镜系统，对于所选蓝、绿、红三色光，其轴向复消色差为零, 横向第一最小半径小于对应的平凸透镜衍射 Airy 斑半径, 即超分辨. 注意, 上述阶梯谐衍射透镜的复消色差是对上述三个特定的波长成立, 不能将它应用于整个可见光波段, 如果白光是由上述波长的三色光混合而成, 则将这种白光照射所设阶梯型谐衍射透镜, 它也会使其轴向复消色差为零.

表 9.4.1   阶梯型谐衍射透镜与平凸透镜的比较（轴向）

阶梯型谐衍射透镜					
	紫光	蓝光	绿光	绿光	红光	红光
$\lambda/\mu m$	0.408571	0.476667	0.52	0.572	0.635556	0.715
高折射率	1.79072	1.7717	1.76274	1.75906	1.75874	1.75109
焦距 /μm	49960	49970	49970	49970	49970	49980
相差 /μm	10	0	0	0	0	10

平凸透镜					
$\lambda/\mu m$	0.408571		0.52			0.715
高折射率	1.79072		1.76274			1.75109
焦距/μm	49000		49950			50570
相差/μm	−1000					600

单片阶梯谐衍射透镜, 折/衍混合透镜及折射透镜加折/衍混合透镜系统的超分辨率比较见表 9.4.2.

表 9.4.2   单片阶梯谐衍射透镜, 折/衍混合透镜及折射透镜加折/衍混合透镜系统的超分辨率比较

名称	分辨率 $G= r_s / r_L$	Strehl 比 $S= I_S / I_L$	最高旁瓣强度 $M= I_M / I_S$
单片阶梯谐衍射透镜	0.849	0.436	0.0743
折/衍混合透镜	0.311	0.12548	0.0605
折射透镜加折/衍混合透镜	0.588	0.05884	0.125

折/衍混合透镜系统已经用在照相物镜与头盔显示物镜上.

9.4.5   变折射率微透镜的超分辨成像

1. 变折射率半球透镜的超分辨成像

1）恒定折射率半球透镜的焦距

我们先讨论恒定折射率半球透镜的焦距. 由图 2.12.2 右凸半球透镜的光路及（2.12.14）式, 取波长 $\lambda=0.5876\mu m$, 给定适当的参数, 我们可得到光子沿 z 轴的几率分布 $q(z)=|\Psi(z)|^2$, 见图 9.4.12.

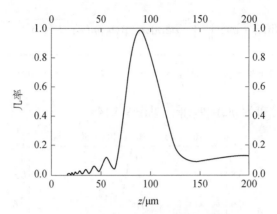

图 9.4.12　恒定折射率半球透镜的焦距

$\lambda=0.5876\mu m$，$n=1.575$，$R=54\mu m$，$f=89.4\mu m$

从图 9.4.12 中可得到焦距 $f=89.4\mu m$.

2）恒定折射率半球透镜焦距处的横向几率分布

由（2.12.14）式，可得到沿 z 轴焦点处光子的横向几率分布 $q(x,y)=|\Psi(x,y)|^2$，见图 9.4.13.

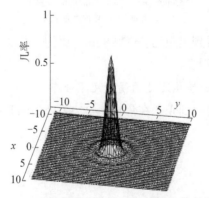

图 9.4.13　光经恒定折射率半球透镜的几率分布

$\lambda=0.5876\mu m$，$n=1.575$，$R=54\mu m$，$f=89.4\mu m$.

第一最小几率半径（1.4，1.4）μm

从图 9.4.13 中可得到近中峰第一最小几率的半径为 $r_L=1.4$，中峰强度为 $I_L=1.0$.

3）变折射率半球透镜的焦距

对于变折射率半球透镜，它的焦距可用如下方法计算. 仍由（2.12.14）式，将式中透镜折射率换成折射率沿垂直于光轴呈线性分布的函数 $n(\rho)=n(0)$（$1-A\rho$），于是我们得到光子经变折射率右凸半球透镜后的波函数为

·265·

$$\Psi(\boldsymbol{r},t) = \exp\{i(kr_0 - \omega t)\}\int_0^{\rho_0}\int_0^{2\pi}\rho d\rho d\varphi \exp\Big\{ik\Big[n(p)\sqrt{R^2 - \rho^2}$$

$$+\sqrt{\Big(z + R - \sqrt{R^2 - \rho^2}\Big)^2 + (x - \rho\cos\varphi)^2 + (y - \rho\sin\varphi)^2}\Big]\Big\}$$

（9.4.9）

它沿 z 轴的几率分布为 $q(z)=|\Psi(z)|^2$，见图 9.4.14.

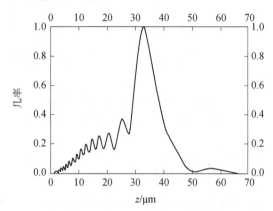

图 9.4.14　变折射率半球透镜的焦距

λ=0.5876μm，$n(0)$=1.575，R=54μm，A=0.0021，
f=32.98μm（以半球顶点为原点）

从图 9.4.14 中可得到焦距为 f=32.98μm，比图 9.4.12 中恒定折射率半球透镜的焦距 f=89.4μm 要小得多.

4）变折射率半球透镜焦距处的横向几率分布

由（9.4.9）式，可得到光子在焦点 f=32.98 处横向几率分布 $q(x,y)=|\Psi(x,y)|^2$，见图 9.4.15.

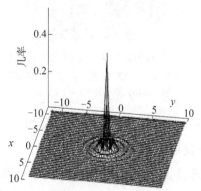

图 9.4.15　光经变折射率半球透镜的几率分布

λ=0.5876μm，n=1.575，R=54μm，A=0.0021，
f=32.98μm（以半球顶点为原点），第一最小几率半径（0.50，0.50）μm

从图 9.4.15 中可得到光子横向几率第一最小值的半径 r_S =0.50μm，中峰值为 I_S=0.517649，邻近几率第一最大值 I_M =0.052791．

由图 9.4.12 与图 9.4.15 可得到如下参数：

$$G=r_S / r_L =0.50/1.4 \approx 0.357$$

$$S=I_S / I_L =0.5176/1 \approx 0.518$$

$$M=I_M / I_S =0.05291/0.51749 \approx 0.102$$

分辨率 G 的表示式需要与变折射率半球透镜对应的恒定折射率半球透镜的第一最小几率的半径做比较．通常我们用最小几率半径的一半与光波长做比较，这样我们可得到与波长比较的分辨率=（0.50/2）/0.5876≈0.425，即 0.425λ，与 0.5λ 相比，表明单个变折射率半球透镜的超分辨率不高．

2. 变折射率球透镜的超分辨成像

1）恒定折射率微球透镜的焦距

由图 2.12.3 球透镜的光路及（2.12.20）式，得到光子经恒定折射率球透镜沿 z 轴的几率分布 $q(z)=|\Psi(z)|^2$，见图 9.4.16．

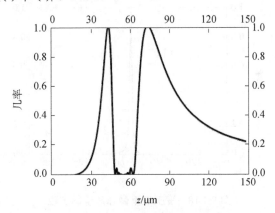

图 9.4.16　恒定折射率球透镜的焦距

λ=0.5876μm，n=1.575，R=54μm，f_1=42.90，f_2=73.15μm，x=0，y=0

从图 9.4.16 可以看到恒定折射率球透镜的焦距有两个，一个在球内，一个在球外．球内的焦距为 f_1=42.90μm，球外的焦距为 f_2=73.15μm．

2）恒定折射率微球透镜焦距处的横向几率分布

由（2.12.20）式，可给出在焦点 f=73.15 处，光子几率分布，见图 9.4.17．

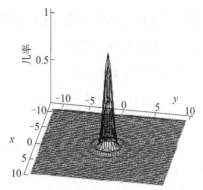

图 9.4.17　光子经恒定折射率球透镜后的几率分布

$\lambda=0.5876\mu m$，$n=1.575$，$R=54\mu m$，$f=73.15\mu m$，

$h_0=0.3R$，第一最小几率半径（1.17，1.17）μm

从图 9.4.17 中可得到第一最小几率半径 $r_L=1.17\mu m$，中峰强度 $I_L=1.0$.

3）变折射率微球透镜的焦距

对于变折射率微球透镜，由（8.8.1）式，可得到一定参数下光子经线性变折射率微球透镜的几率分布 $q(z)=|\Psi(z)|^2$，见图 9.4.18.

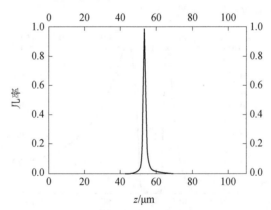

图 9.4.18　变折射率微球透镜的焦距

$\lambda=0.5876\mu m$，$n(0)=1.575$，$R=54\mu m$，$f=54.07\mu m$，

$A=0.0015$，$n(h)=n(0)(1-Ah)$，$h=0.3R$

由图 9.4.18 中可得到变折射率微球透镜的焦距为 $f=54.07\mu m$，即焦距在微球透镜的表面处.

4）变折射率微球透镜焦距处的横向几率分布

由（8.8.4）式，可得到在焦点 $f=54.07\mu m$ 处线性变折射率微球透镜的横向几率分布 $q(x,y)=|\Psi(x,y)|^2$，见图 9.4.19.

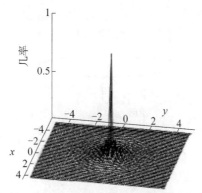

图 9.4.19　光子经变折射率微球透镜后的几率分布
λ=0.5876μm，n=1.575，R=54μm，
f=54.07μm，A=0.0015，h=0.3R，
第一最小几率半径（0.16, 0.16）μm

从图 9.4.19 中可得到第一最小几率的半径 r_S=0.16μm，中峰值为 I_S=1.0，离中峰最近的第一最大几率峰值为 I_M=7.607562×10^{-3}.

比较图 9.4.17 与图 9.4.19 可得到如下参数：

G=r_S/r_L=0.16/1.7≈0.094

S=I_S/I_L=1.0/1.0=1

M=I_M/I_S=7.607562×10^{-3}/1.0=7.607562×10^{-3}

如果以通常计算分辨率的方法，分辨率=（0.16/2）/0.5876≈0.136，即 0.136λ，与 0.5λ 相比，表明单个变折射率微球透镜的超分辨率较高.

3. 变折射率微球光学显微镜的超分辨成像

2011 年文献[22]的作者发现了一种新的微球超分辨显微技术，他们将光学透明微球（如二氧化硅）放置在所需成像的表面，利用普通光学显微镜，使用 4.74μm 微球与放大 80 倍的显微镜（数值孔径 NA=0.9），成功分辨了 50nm 直径的样品，其分辨率达（1/8）λ=50nm（λ=400nm）到（1/14）λ=53.57nm（λ=750nm）. 2013 年文献[23]的作者从几何光学角度分析微球透镜的光学成像特性及其与显微物镜配合实现高分辨显微的成像，见图 9.4.20[24].

按图 9.4.17 中对半径 54μm、折射率为 1.575 的恒定折射率微球透镜所作的光子的横向几率分布图，它的分辨率为（1.17/2）/0.5876≈0.996(μm)，如果再用 80 倍放大的显微镜来观测，则可近似分辨 0.996/80≈0.012(μm)，即 12nm 的间隔.

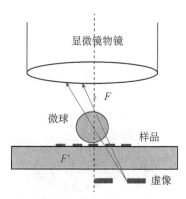

图 9.4.20　恒定折射率微球透镜显微镜的超分辨成像

　　我们提出用变折射率微球透镜也可以实现微球透镜光学显微镜的超分辨成像，其分辨率可达到更高的数值. 变折射率微球透镜的超分辨成像示意图见图 9.4.21. 图中我们画出了一条光子可能路径的光路，其焦距的计算及焦距处的横向几率分布见图 9.4.18 与图 9.4.19. 样品经微球成像后再经显微镜成像可得到更高分辨率的放大像.

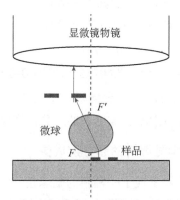

图 9.4.21　变折射率微球透镜显微镜的超分辨成像

　　从图 8.8.10、图 8.8.11 与图 9.4.19 变折射率微球透镜的横向几率分布中看出，前两图的微球半径为 52.5μm，后一图的微球半径为 54μm，它们给出微球焦点处第一最小几率半径均为 0.16μm，其对应的分辨率为（0.16/2）/0.5876≈0.136，即 0.136λ.

　　上述计算表明我们不用显微镜只用一个变折射率微球透镜就能接近上述（1/8=0.125）λ 及（1/14=0.071）λ 的超分辨率. 如果使用 20 倍的低倍显微镜，则可近似估计其分辨率为（0.16/2）/20=4×10^{-3}，即可分辨 4nm 的间隔. 如果用 80 倍的显微镜，则可近似达到（0.16/2）/80=1×10^{-3}，可分辨 1nm 的间隔.

图 9.4.19 给出了变折射率微球透镜的几率分布. 对横向的几率分布, 我们还可用像高的几率分布来表示. 由(8.8.5)式, 我们得到变折射率球透镜像高的几率分布, 见图 9.4.22.

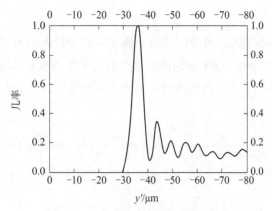

图 9.4.22　变折射率微球透镜的像高

$\lambda=0.5876\mu m$, $n(0)=1.575$, $R=54\mu m$, $f=54.07\mu m$, $h_0=0.3R$, $A=0.0015$, $y=0.3R$, $y'=-36.19\mu m$, $s=-78.273754\mu m$, $s'=174.859731\mu m$, $H=-0.114452R$, $H'=0.767042R$

从图 9.4.22 中可得到像的放大倍数为 $y'/y=-2.234$, $s'/s=-2.234$, 这表明关系式成立: $y'/y=s'/s$. 图中所列参数 H 为物方等效基点位置. H' 为像方等效基点位置.

如果取另一组参数, 我们还可得到更高的放大率, 见图 9.4.23.

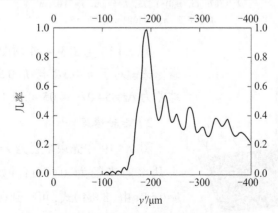

图 9.4.23　变折射率微球透镜的像高

$\lambda=0.5876\mu m$, $n(0)=1.575$, $R=54\mu m$, $f=54.07\mu m$, $h_0=0.3R$, $A=0.0017$, $y=0.3R$, $y'=-188.555\mu m$, $s=-58.641544\mu m$, $s'=682.558603\mu m$, $H=-0.366564R$, $H'=0.614837$

从图 9.4.23 中可得到像的放大倍数为 $y'/y=-11.64$，$s'/s=-11.64$，这表明关系式成立：$y'/y= s'/s$．图中所列参数 H 为物方等效基点位置．H' 为像方等效基点位置．

最后我们讨论变折射率微球透镜的量子像差．

1）轴向球差

对于变折射率球透镜，由图 9.4.18，当光束的半径 $h=0.3R$ 时，变折射率微球透镜的焦距 $f=54.07\mu m$．如果取同样的参数而光束半径取 $h=0.5R$ 时，由（8.8.1）式，可得到一定参数下光子经线性变折射率微球透镜的几率分布 $q(z)=|\Psi(z)|^2$，见图 9.4.24．

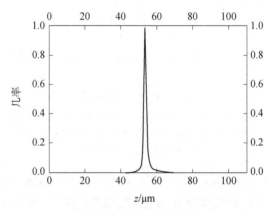

图 9.4.24 光子经线性变折射率微球透镜的焦距

$\lambda=0.5876\mu m$，$n(0)=1.575$，$R=54\mu m$，$f=54.05\mu m$

$A=0.0015$，$n(h)=n(0)(1-Ah)$，$h=0.5R$

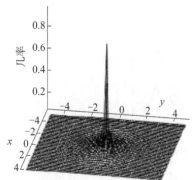

图 9.4.25 光子经变折射率微球透镜后的几率分布

$\lambda=0.5876\mu m$，$n=1.575$，$R=54\mu m$，

$f=54.05\mu m$，$A=0.0015$，$h=0.5R$，

第一最小几率半径（0.16, 0.16）μm

图 9.4.18 与图 9.4.24 两图给出的变折射率微球透镜对于 $h=0.3R$ 与 $h=0.5R$ 两射高的轴向球差为 $\Delta z'=54.07-54.05=0.02$（$\mu m$）．

2）垂轴球差

图 9.4.19 中光束半径为 $h=0.3R$，其第一最小几率的半径为 0.16μm，如果光束半径取 $h=0.5R$，由（8.8.4）式，可得到在焦点 $f=54.05\mu m$ 处线性变折射率微球透镜的横向几率分布 $q(x,y)=|\Psi(x,y)|^2$，可作图 9.4.25．

由图 9.4.19 与图 9.4.25 可得到变折射率微球透镜的垂轴球差为 $\Delta x=0.16-0.16=0.00$（μm）．

3）轴向色差

由（8.8.1）式，我们可以计算不同波长的光子经变折射率微球透镜后沿轴向的几率，见图 9.4.26 与图 9.4.27.

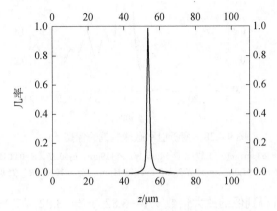

图 9.4.26　变折射率微球透镜的焦距（1）

$\lambda=0.6563\mu m$，$n=1.571$，$R=54\mu m$，$f=54.119\mu m$，$A=0.0015$，$h=0.3R$

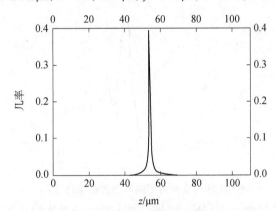

图 9.4.27　变折射率微球透镜的焦距（2）

$\lambda=0.4861\mu m$，$n=1.585$，$R=54\mu m$，$f=54.045\mu m$，$A=0.0015$，$h=0.3R$

比较图 9.4.26 和图 9.4.27，可得到变折射率微球透镜的轴向色差为

$$\Delta z'_{FC}=54.119-54.045=0.074（\mu m）$$

4）垂轴色差

由（8.8.5）式，我们可以计算不同波长的光照射下，物经变折射率微球透镜的像高几率分布. 见图 9.4.28 与图 9.4.29.

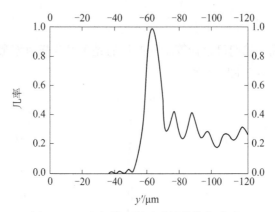

图 9.4.28　变折射率微球透镜的像高（1）

$\lambda=0.6563\mu m$, $n(0)=1.571$, $R=54\mu m$, $f=54.119\mu m$, $h_0=0.3R$, $A=0.0015$,

$y=0.3R$, $y'=-61.94\mu m$, $s=-68.273\mu m$, $s'=261.041\mu m$, $H=-0.198639R$, $H'=0.165914R$

从图 9.4.28 可得到像的放大倍数 $y'/y=-3.82$, $s'/s=-3.82$, 与公式 $y'/y=s'/s$ 一致.

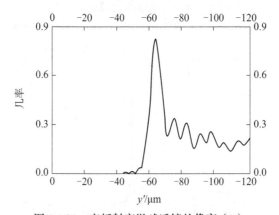

图 9.4.29　变折射率微球透镜的像高（2）

$\lambda=0.4861\mu m$, $n(0)=1.585$, $R=54\mu m$, $f=54.045\mu m$, $h_0=0.3R$, $A=0.0015$,

$y=0.3R$, $y'=-62.94\mu m$, $s=-68.049\mu m$, $s'=264.381\mu m$, $H=-0.2028R$, $H'=0.1040R$

　　从图 9.4.29 可得到像的放大倍数 $y'/y=-3.885$, $s'/s=-3.885$, 与公式 $y'/y=s'/s$ 一致. 图中参数 H 为物方等效基点位置, H' 为像方等效基点位置.

　　比较图 9.4.28 与图 9.4.29 的结果, 对于变折射率微球透镜, 对两个不同波长, 其垂轴色差为 $\Delta y'_{FC}=-61.94+62.94=1.0$（$\mu m$). 这表明变折射率微球透镜的色差较大, 这是由于变折射率微球透镜比恒定折射率微球透镜像的放大倍数要大得多的缘故. 因此, 我们可采取其他方法以减小色差.

参 考 文 献

［1］ Deng L-B. Diffraction of entangled photon pairs by ultrasonic waves. Frontiers of Physics，2012，7（2）：239-243.

［2］ Cummins H Z，Knable N. Single sideband modulation of coherent light by Bragg reflection from acoustical waves. Proceedings of the IEEE，1963，51：1246.

［3］ 苗润才，滕晓丽，叶青. 液体表面低频声波的非线性声光效应. 光子学报，2003，32（10）：1264-1268.

［4］ Kapitza P L，Dirac P A M. The reflection of electrons from standing light waves. Mathematical Proceedings of the Cambridge Philosophical Society，1933，29：297-300.

［5］ Freimund D L，Aflatooni K，Batelaan H. Observation of the Kapitza-Dirac effect. Nuture，2001，413：142-143.

［6］ Bucksbaum P H，Schumacher D W，Bashkansky M. High-intensity Kapitza-Dirac effect. Physical Review Letters，1988，61：1182-1185.

［7］ Martin P J，Gould P L，Oldaker B G，et al. Diffraction of atoms moving through a standing light wave. Physical Review. A，General Physics，1987，36：2495-2498.

［8］ Deng L-B. Theory of atom optics：Feynman's path integral approach. Front. Phys. China，2006，1（1）：47.

［9］ Deng L-B. Diffraction of entangled photon pairs by ultrasonic waves. Frontiers of Physics，2012，7（2）：239-243.

［10］ 邓履璧. 量子物理光学. 第十五届全国量子光学学术报告会，2012：8.

［11］ Feynman R P，Hibbs A R. Quantum Mechanics and Path Integrals. New York：McGraw-Hill，1965.

［12］ Batelaan H. The Kapitza-Dirac effect. Contemporary Physics，2000，41：369-381.

［13］ Walls D F，Milburn G J. Quantum Optics. Berlin：Springer，1994.

［14］ Zalevsky Z，Mendlovic D. Optical Superresolution. New York：Springer，2004.

［15］ Zalevsky Z. Super-Resolved Imaging：Geometrical and Diffraction Approaches. New York：Springer，2011.

［16］ Wei J S. Nonlinear Super-Resolution Nano-Optics and Applications. Berlin：Springer-Verlag，2015.

［17］ Sales T R M，Morris G M. Diffractive superresolution elements. Journal of the Optical Society of America A，1997，14：1637-1646.

［18］ Liu H，Yan Y，Yi D，et al. Theories for the design of a hybrid refractive-diffractive superresolution lens with high numerical aperture. Journal of the Optical Society of America，A，Optics，Image

Science, and Vision, 2003, 20: 913-924.

[19] 崔庆丰. 用二元光学元件实现复消色差. 光学学报, 1994, 14: 877-881.

[20] Deng L-B. Diffraction of entangled photon pairs by ultrasonic waves. Frontiers of Physics, 2012, 7（2）: 239-243.

[21] Sales T R M, Morris G M. Fundamental limits of optical superresolution. Optics Letters, 1997, 22: 582-584.

[22] Wang Z, Guo W, Li L, et al. Optical virtual impinging at 50nm lateral resolution with a white-light nanoscope. Nature Communications, 2011, 2: 218.

[23] 王淑莹, 章海军, 张东仙. 基于微球透镜的任选区高分辨光学显微成像新方法研究. 物理学报, 2013, 62: 176-180.

[24] 周锐, 吴梦雪, 沈飞, 等. 基于近场光学的微球超分辨显微效应. 物理学报, 2017, 66: 8-25.

本 书 结 语

　　总结我们的理论对光子在传输、干涉与衍射中的描述：在我们的理论中，我们提出了光子量子态的路径积分表示式，讨论了两种初始态光子，单光子与纠缠双光子（即初态是叠加态的光子），光子在传输中表现出三种形态，散射态（含反射与折射）、衍射态与箭射态．光子所表现出的这些状态可用统一的光子态的路径积分来表示，光子态的坐标波函数绝对值的平方表示光子在感光板上的几率分布，即相对光强分布，这些分布表示光子的终态行为．上述理论结果，与经典物理光学中的几何光学、远场光学及中场光学部分结果一致，但表述完全不同．在近场光学、亚波长光学、二元光学、变折射率光学、单光子与纠缠双光子的超声衍射、逆 Kapitza-Dirac 衍射效应、超分辨成像的量子理论与单片谐衍射透镜复消色差的一种设计等，与传统物理光学的表述也完全不同，是一种全新的理论体系．它的特点是：使用量子力学中波函数的几率解释描述光子的行为．使用我们提出的光子量子态的路径积分表示式可统一简明地给出百分之九十以上的计算结果．这样，我们就将经典物理光学建立在量子力学基本原理的基础之上，称为**量子物理光学**．

　　科学研究需不断前行，正如一首中国古诗所说：
　　山重水复疑无路，柳暗花明又一村．